高等数学(经管类)

主　编　周　玮　刘玉菡　王　栋
副主编　于秀萍　张彭飞　陈允峰
参　编　李淑敏　唐镆涵

北京理工大学出版社
BEIJING INSTITUTE OF TECHNOLOGY PRESS

内 容 简 介

本书内容包括：函数、极限与连续，导数与微分，导数的应用，积分及其应用，多元函数微分学，常微分方程及其应用，行列式与矩阵，线性方程组与线性规划，共8章．

本书充分体现“贴近实际、面向专业、为专业服务”的思想，突出实用性、专业性、通俗性．在体系编排上注重模块化，根据专业需要将数学模块与经济内容融合；在内容选取上体现与专业结合的思想，注重培养学生应用数学解决实际问题的能力．

本书可作为高等院校经济管理类专业的教材，也可供经济管理人员和科技人员参考．

图书在版编目（CIP）数据

高等数学：经管类 / 周玮，刘玉菡，王栋主编．—北京：北京理工大学出版社，2019.9
ISBN 978－7－5682－7654－2

Ⅰ.①高…　Ⅱ.①周…　②刘…　③王…　Ⅲ.①高等数学－高等学校－教材　Ⅳ.①O13

中国版本图书馆CIP数据核字（2019）第222723号

出版发行 / 北京理工大学出版社有限责任公司
社　　址 / 北京市海淀区中关村南大街5号
邮　　编 / 100081
电　　话 / （010）68914775（总编室）
　　　　　82562903（教材售后服务热线）
　　　　　68948351（其他图书服务热线）
网　　址 / http：// www.bitpress.com.cn
经　　销 / 全国各地新华书店
印　　刷 / 涿州市新华印刷有限公司
开　　本 / 787毫米×1092毫米　1/16
印　　张 / 17　　　　　　　　　　　　　责任编辑 / 李玉昌
字　　数 / 402千字　　　　　　　　　　文案编辑 / 李玉昌
版　　次 / 2019年9月第1版　2019年9月第1次印刷　　责任校对 / 周瑞红
定　　价 / 85.00元　　　　　　　　　　责任印制 / 施胜娟

图书出现印装质量问题，请拨打售后服务热线，本社负责调换

前　言

高等数学是高等教育各专业必修的一门公共基础课程．本书根据高等教育经管类专业的培养目标，针对会计、审计、电商、物流、市场营销、国际贸易等经管类专业特点，深入挖掘专业中的数学知识，以职业岗位能力培养为主线，将数学实验、数学建模融入教学，充分体现了“联系实际、深化概念、面向专业、加强应用”的高职数学教育特色．

本书主要具有以下三方面特色：

1. 面向专业，突出高等数学课程的专业性与服务性

本书根据经管类专业中的核心数学知识重组教学内容，将高等数学分为微积分和线性代数两大模块，教学内容上充分体现“贴近实际、面向专业、为专业服务”的思想，突出专业性、实用性和通俗性．

2. 采用案例教学，将数学建模、数学实验融入教学

教材编写形式新颖，每章都包括案例引出、概念分析、应用举例、数学实验和数学建模案例等内容．通过实例引出概念，减少抽象的理论证明，借助于几何直观图形和实际案例帮助读者了解概念．通过 Mathematica 数学软件实现计算和作图，通过数学建模案例提高数学的应用性．本书生动活泼的编写方式改变了传统数学教材“枯燥呆板的面孔”，给人以亲切实用的感觉．

3. 信息化教学资源丰富，可以帮助读者自主学习

信息化电子资源的融入，极大地丰富了教材内容，教学课件、动画视频和微课视频可以帮助读者多渠道进行学习，习题测试可以检测学习效果．信息化电子资源拓展了教材内容，满足了专升本学习要求，为学生的可持续发展奠定了基础．

参加本书编写的有周玮（第 1 章、第 6 章），刘玉菡（第 2、3 章），张彭飞（第 4 章），于秀萍（第 5 章），陈允峰（第 7 章），王栋（第 8 章）；全书框架结构安排、统稿、定稿由周玮承担，李淑敏、唐镆涵整理了部分资料．

尽管我们作出了很大努力，但由于水平有限，书中不当之处，恳请广大同仁及读者批评指正．

编　者

前言

目　录

第 1 章

函数、极限与连续

初等数学研究的对象多数是常量，而高等数学则是以变量为研究对象的一门学科．函数关系就是变量之间的对应关系，极限方法是研究变量的一种基本方法，本章将介绍变量、函数、极限及函数的连续性，以及它们的一些性质．

1.1 函 数

1.1.1 函数的概念

函数的概念

1. 变量

在现实世界中，会遇到各种各样的量，其中有些量在变化过程中保持不变，即取一定的数值，而另外一些量却有变化．把某一变化过程中可取不同值的量称为变量；在某一变化过程中保持不变的量称为常量（或常数）．通常用字母 a，b，c 等表示常量，用字母 x，y，z，t 等表示变量．

例 1 金属圆周的周长 l 和半径 r 的关系为 $l=2\pi r$，当圆周受热膨胀时，半径 r 发生变化，周长 l 也随之变化；当 r 在其变化范围内有确定值时，周长 l 也就确定．在这里 r 和 l 是变量，π 和 2 是常量．

例 2 某一时期银行的人民币定期储蓄存期与年利率见表 1－1．

表 1－1

存期	三个月	六个月	一年	二年	三年	五年
年利率/%	1.71	2.07	2.25	2.70	3.24	3.60

上述两例的实际意义、表达方式虽不相同，但具有共同之处：都表达了两个变量在变化过程中的对应关系．

2. 邻域

在高中已学过数集及区间的概念，下面给出高等数学中常用的邻域的概念．

给定实数 a，以点 a 为中心的任何开区间称为点 a 的邻域，记作 $U(a)$．

邻域

设 δ 为给定的正数，则称开区间 $(a-\delta,a+\delta)$ 为**点 a 的 δ 邻域**，记作 $U(a,\delta)$，即

$$U(a,\delta)=\{x\,|\,a-\delta<x<a+\delta\}$$

点 a 称为邻域的中心，δ 称为邻域的半径，如图 1-1 所示.

由于 $\{x\,|\,a-\delta<x<a+\delta\}=\{x\,|\,|x-a|<\delta\}$，所以

$$U(a,\delta)=\{x\,|\,|x-a|<\delta\}$$

表示与点 a 距离小于 δ 的一切点 x 的全体.

有时会用到点 a 的 δ 邻域中把 a 去掉，如图 1-2 所示，此时称为**点 a 的去心 δ 邻域**，记作 $\mathring{U}(a,\delta)$，即

$$\mathring{U}(a,\delta)=\{x\,|\,0<|x-a|<\delta\}$$

其中：$0<|x-a|$ 表示 $x\neq a$.

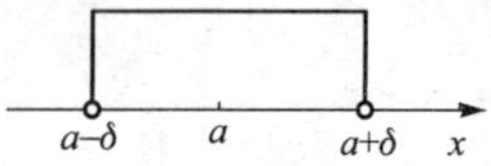

图 1-1

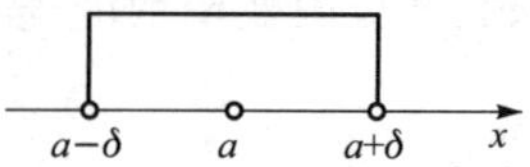

图 1-2

3. 函数概念及其表示方法

定义 1　设 x 和 y 是两个变量，D 是实数集 $\mathbf{R}$ 的非空子集，若对于任意的 $x\in D$，变量 y 按照某个对应关系 f 都有唯一确定的实数与之对应，则称 y 为 x 的函数，记作 $y=f(x)$. 其中 x 称为自变量，y 称为因变量，D 称为函数的**定义域**，即 $f(x)$ 是定义在 D 上的函数，函数值 $f(x)$ 的全体所构成的集合称为**函数 $f(x)$ 的值域**，记作 M，即

$$M=\{y\,|\,y=f(x),\ x\in D\}$$

由函数的定义可知，函数的定义域与对应关系是确定函数的两个要素，函数与自变量、因变量选用的字母无关．两个函数只有在定义域相同、对应关系也相同时，才是同一个函数.

函数的表示法通常有三种：解析法、表格法、图像法.

如例 1 表明周长 l 是半径 r 的函数，为解析法；例 2 表明了年利率与存期之间的对应函数关系，这是表格法．下面再介绍图像法.

例 3　某出租车公司规定收费标准如下：路程不足 3 km 时，车费是 5 元，超过 3 km的部分每千米加收 1.5 元．出租车车费与路程的函数关系如图 1-3 所示.

这种表示函数关系的方法叫作图像法.

研究任何函数都要首先考虑其定义域，函数的定义域是使其有意义的一切实数组成的集合．求函数定义域时，一般需要考虑以下几个方面：

(1)分式的分母不能为零；

(2)开偶次方时，被开方部分非负；

(3)指数函数和对数函数中，底数大于零且不等于 1，对数函数真数部分大于零；

(4)含反三角函数的 $\arcsin x$ 或 $\arccos x$，要满足 $|x|\leqslant 1$.

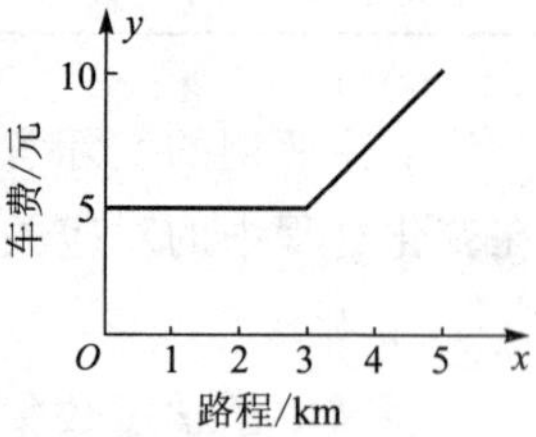

图 1-3

若函数同时含有以上几种情况，则取其交集.

例4　求函数 $f(x)=\frac{1}{1-x}+\sqrt{9-x^2}$ 的定义域.

解

要使函数有意义，必须

$$\begin{cases}1-x\neq 0\\9-x^2\geqslant 0\end{cases}\quad 即\begin{cases}x\neq 1\\-3\leqslant x\leqslant 3\end{cases}$$

所以函数的定义域为 $\{x\mid -3\leqslant x\leqslant 3$ 且 $x\neq 1\}$ 或 $[-3,1)\cup(1,3]$.

例5　说明函数 $y=\ln x^2$ 与 $y=2\ln x$ 是否相同？

解

因为函数 $y=\ln x^2$ 的定义域是 $(-\infty,0)\cup(0,+\infty)$，而函数 $y=2\ln x$ 的定义域是 $(0,+\infty)$，因此两个函数不相同.

4. 分段函数

前面出租车收费的例子，路程 x 与车费 y 的关系可以表示为

$$y=\begin{cases}5, & 0<x\leqslant 3\\5+1.5(x-3), & x>3\end{cases}$$

分段函数

绝对值函数可以表示为

$$y=|x|=\begin{cases}x, & x\geqslant 0\\-x, & x<0\end{cases}$$

像这样把定义域分成若干部分，函数关系由不同的式子分段表达的函数称为分段函数．分段函数是微积分中常见的一种函数．需要注意的是，分段函数是由几个关系式合起来表示一个函数，而不是几个函数．对于自变量 x 在定义域内的某个值，函数 y 只能有唯一的值与之对应．分段函数的定义域是各段自变量取值集合的并集.

例6　设函数

$$f(x)=\begin{cases}x^2, & 0\leqslant x\leqslant 1\\3x, & x>1\end{cases}$$

求 $f\left(\frac{1}{2}\right)$，$f(2)$ 及函数定义域，并作出其图形.

解

因为 $\frac{1}{2}\in[0,1]$，所以 $f\left(\frac{1}{2}\right)=\frac{1}{4}$；因为 $2\in(1,+\infty)$，所以 $f(2)=6$，函数定义域为 $[0,+\infty)$. 图像如图1-4所示.

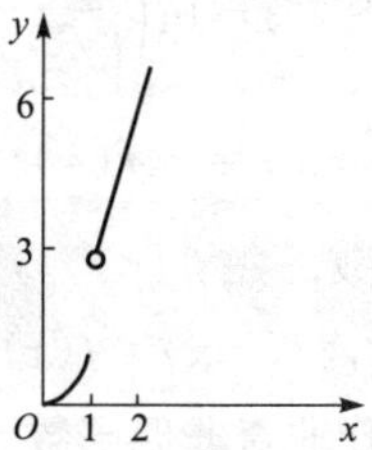

图1-4

5. 函数的特性

(1)有界性.

函数的特性

定义 2 设函数 $f(x)$在某区间 I 上有定义，若存在正数 M，使得对于任意的 $x\in I$，都有 $|f(x)|\leqslant M$，则称 $f(x)$在区间 I 上有界.

例如，函数 $f(x)=\cos x$ 在$(-\infty,+\infty)$上都有 $|\cos x|\leqslant 1$，所以 $f(x)=\cos x$ 在$(-\infty,+\infty)$上有界；而函数 $\varphi(x)=\dfrac{1}{x}$，对于任意给定的正数 $M(M>1)$，当$0<x<\dfrac{1}{M}$时，$x\in(0,1)$，$|\varphi(x)|=\dfrac{1}{x}>M$，因此 $\varphi(x)=\dfrac{1}{x}$在$(0,1)$内无界.

(2)单调性.

定义 3 若对于区间 I 内任意两点 x_1，x_2，当 $x_1<x_2$时，恒有 $f(x_1)<f(x_2)$，则称 $f(x)$在区间 I 上单调增加，区间 I 称为**单调增区间**；当 $x_1<x_2$时，恒有 $f(x_1)>f(x_2)$，则称 $f(x)$在区间 I 上单调减少，区间 I 称为**单调减区间**，单调增区间和单调减区间统称为**函数的单调区间**.

我们将在后面的章节专门介绍函数单调性的判别方法.

(3)奇偶性.

定义 4 设函数 $f(x)$的定义域 D 关于原点对称，如果对于任意 $x\in D$，都有 $f(-x)=f(x)$，则称 $f(x)$为**偶函数**；若 $f(-x)=-f(x)$，则称 $f(x)$为**奇函数**. 偶函数图像关于 y 轴对称，奇函数图像关于坐标原点对称.

(4)周期性.

定义 5 设函数 $f(x)$的定义域为 D，如果存在正数 T，使得对于任意 $x\in D$，都有 $f(x+T)=f(x)$，则称 $f(x)$为**周期函数**，T 为函数的周期. 周期函数的图像每隔周期的整数倍重复出现.

例 7 判断下列函数的奇偶性.

(1)$f(x)=2^x+2^{-x}$；　　(2)$f(x)=\ln(x+\sqrt{1+x^2})$；

(3)$f(x)=x+\cos x$.

解

(1)因为 $f(-x)=2^{-x}+2^x=f(x)$，所以 $f(x)=2^x+2^{-x}$是偶函数.

(2)因为

$$f(-x)=\ln(-x+\sqrt{1+x^2})=\ln\left(\frac{1}{\sqrt{x^2+1}+x}\right)$$
$$=-\ln(\sqrt{1+x^2}+x)=-f(x)$$

所以 $f(x)=\ln(x+\sqrt{1+x^2})$是奇函数.

(3)因为 $f(-x)=-x+\cos(-x)$，$f(-x)\neq f(x)$且 $f(-x)\neq -f(x)$，所以 $f(x)=x+\cos x$ 既不是奇函数也不是偶函数，称作非奇非偶函数.

6. 反函数

设函数的定义域为 D，值域为 M，如果对于任意 $y\in M$，总有唯一确定的$x\in D$，

通过 $y=f(x)$ 与 y 对应，则得到以 y 为自变量、以 x 为因变量的新函数，称这个函数为 $y=f(x)$ 的反函数，记作 $x=f^{-1}(y)$，并称 $y=f(x)$ 为直接函数．习惯上，$y=f(x)$ 的反函数表示为 $y=f^{-1}(x)$，其定义域为 M，值域为 D. 在同一直角坐标系里，函数与其反函数的图像关于直线 $y=x$ 对称.

例 8　求函数 $y=2x-1$ 的反函数，并作出图像.

解

由 $y=2x-1$ 得 $x=\dfrac{y+1}{2}$，将变量 x 与 y 交换，得 $y=\dfrac{x+1}{2}$，这就是函数 $y=2x-1$ 的反函数. 图像如图 1－5 所示.

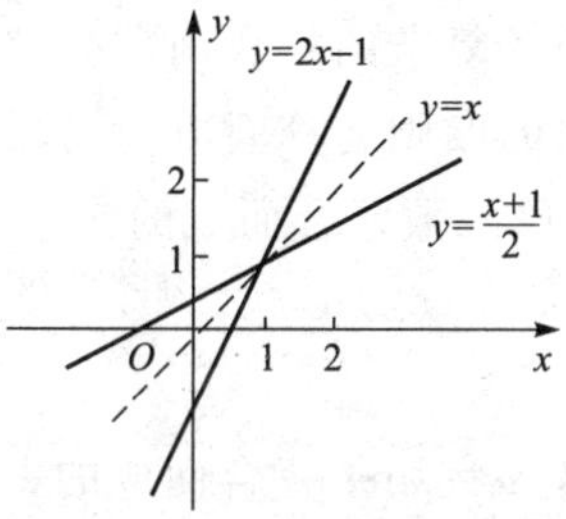

图 1－5

并不是所有函数都有反函数，但是单调函数的反函数总是存在.

1.1.2　初等函数

我们通常遇到的函数是初等函数，而初等函数是由基本初等函数通过一定的运算关系构成的．本节主要介绍基本初等函数、复合函数和初等函数的概念.

1. 基本初等函数

定义 6　如下六种函数统称为基本初等函数：

(1) 常数函数 $y=C$　（C 为常数）；

(2) 幂函数 $y=x^{\mu}$　（μ 为实数）；

(3) 指数函数 $y=a^{x}$（$a>0$，$a\neq1$，a 为常数）；

(4) 对数函数 $y=\log_{a}x$（$a>0$，$a\neq1$，a 为常数）；

(5) 三角函数 $y=\sin x$，$y=\cos x$，$y=\tan x$，$y=\cot x$，$y=\sec x$，$y=\csc x$；

(6) 反三角函数 $y=\arcsin x$，$y=\arccos x$，$y=\arctan x$，$y=\operatorname{arccot} x$.

基本初等函数

基本初等函数的性质及图形在中学已经学过，在后面的学习中还要经常涉及，希望同学们熟练掌握，灵活应用.

2. 复合函数

复合函数

在实际应用中，常见的有基本初等函数，以及由基本初等函数通过四则运算或组合而成的函数．例如：$y=\sin(x+1)$ 就不是基本初等函数，它是由基本初等函数 $y=\sin u$、$u=x+1$ 通过中间变量 u 连接而成的一个函数．这种通过基本初等函数组合而成的函数称作复合函数.

定义 7　如果 y 是 u 的函数 $y=f(u)$，而 u 又是 x 的函数 $u=\varphi(x)$，且 $\varphi(x)$ 的值域与 $f(u)$ 的定义域的交集非空，则 y 通过中间变量 u 成为 x 的函数，称 y 为 x 的复合函数，记作 $y=f(\varphi(x))$，其中 u 称为中间变量.

由复合函数的定义可知：

(1)只有满足定义中所述条件的两个函数才可以复合，例如，$y=\arcsin u$，$u=x^2+2$，由于 $u=x^2+2$ 的值域为 $[2,+\infty)$ 与 $y=\arcsin u$ 的定义域 $[-1,1]$ 的交集为空集，故不能复合；

(2)中间变量可以是多个，例如，$y=\sqrt{u}$，$u=v^2+1$，$v=\cos x$，则 $y=\sqrt{\cos^2 x+1}$，这里 u，v 都是中间变量.

值得注意的是，如何将一个较复杂的复合函数分解为几个简单函数(即基本初等函数或由基本初等函数经过有限次的四则运算而成的函数)，将是经常遇到的问题.

例 9　下列函数是由哪些简单函数复合而成的？

(1) $y=\ln\sin x$；　　(2) $y=e^{\cos\sqrt{\ln x+1}}$.

解

(1) $y=\ln\sin x$ 是由 $y=\ln u$，$u=\sin x$ 复合而成的；

(2) $y=e^{\cos\sqrt{\ln x+1}}$ 是由 $y=e^u$，$u=\cos v$，$v=\sqrt{t}$，$t=\ln x+1$ 复合而成的.

3. 初等函数

定义 8　由基本初等函数经过有限次四则运算或有限次复合步骤所构成的，并由一个解析式表示的函数，叫做初等函数. 显然，分段函数一般不是初等函数.

初等函数

习　题　1.1

1. 下列函数 $f(x)$ 与 $g(x)$ 是否相同？

(1) $f(x)=\lg x^2$，$g(x)=2\lg x$；

(2) $f(x)=\sin x$，$g(x)=\sqrt{\sin^2 x}$；

(3) $f(x)=\ln[x(x-1)]$，$g(x)=\ln x+\ln(x-1)$.

2. 求下列函数的定义域.

(1) $y=\sqrt{3-x}+\sin\sqrt{x}$；　　(2) $y=\sqrt{x^2-5x+4}$；

(3) $y=\dfrac{\sqrt{9-x^2}}{\ln(x+2)}$；　　(4) $y=\arcsin\dfrac{x-1}{2}$.

3. 已知 $f(x)=\dfrac{x-1}{x+1}$，求 $f(-2)$，$f(0)$，$f(a)$，$f(-a)$，$f\left(\dfrac{1}{a}\right)$，$f(a^2)$，$f(a+1)$，$f(a+h)$.

4. 判断下列函数的奇偶性.

(1) $f(x)=x^2\cos x$；

(2) $f(x)=\sin x-\cos x+x$；

(3) $f(x)=\log_a(x+\sqrt{1+x^2})$.

5. 指出下列函数的复合过程.

(1) $y=(2x-1)^3$；　　(2) $y=2^{\sin^3 x}$；

(3) $y=\lg\cos(x^2-1)$；　　(4) $y=\sqrt{\ln(\ln\sqrt{x})}$.

6. 已知 $f(x)=\dfrac{x}{1+x}$，求 $f[f(f(x))]$.

7. 若 $f(x)=\begin{cases} x+2, & x<0, \\ -1, & x=0, \\ (x-1)^2, & x>0. \end{cases}$ 求 $f[f(-1)]$.

1.2　经济中常用的函数

在用数学方法来分析经济变量间的关系时，需要找出变量间的函数关系，然后用微积分等知识分析这些经济函数的特性. 本节主要介绍几个常见的经济函数.

1.2.1　需求函数与供给函数

1. 需求函数

一种商品的市场需求量，与消费者人数、消费者收入、人们的习惯、季节以及商品的价格等因素有关. 为简化问题的分析，只考虑商品的价格对商品需求量的影响. 商品需求量 Q 与该商品价格 p 的函数关系，称为**需求函数**，记为 $Q=Q(p)$. 这里价格 $p>0$ 是自变量.

例 1　某音像店售 CD，当 CD 价格为 15 元/张时，每天销售量为 100 张，售价每提高 0.1 元，销量减少 5 张，试求需求函数.

解

设需求函数为 Q，该 CD 售价为 p 元/张，由题意得

$$Q=100-\frac{p-15}{0.1}\times 5$$

即

$$Q=50(17-p)$$

由此可以看出，需求函数是单调减函数，且这种 CD 的售价不能超过 17 元，否则没有销路.

一般需求量随价格的上涨而减少，故需求函数通常是价格的单调减函数.

图 1-6 所示的是一条需求曲线.

常见的需求函数有：

(1)线性需求函数　$Q=a-bp\,(a>0,\ b>0)$；

(2)二次需求函数　$Q=a-bp-cp^2\,(a>0,\ b>0,\ c>0)$；

(3)指数需求函数　$Q=ae^{-bp}\,(a>0,\ b>0)$.

需求函数 $Q=Q(p)$ 的反函数就是价格函数，记作 $p=p(Q)$.

价格函数也反映了商品需求与价格的关系.

2. 供给函数

某种商品的供给量也受该商品价格高低的影响，记商品供给量为 S，p 为商品价格，则商品供给量 S 也可看作价格 p 的函数，称为供给函数，记作 $S=S(p)$.

一般供给量随价格上涨而增加，故供给函数通常是价格的单调增函数.

常见的供给函数有线性函数、二次函数、幂函数、指数函数等.

使某种商品的市场需求量与供给量相等的价格 p_0，称为均衡价格，当价格 p 高于 p_0 时，供给量将增加而需求量将相应地减少，这时产生“供过于求”的现象；当价格 p 低于均衡价格 p_0 时，供给量减少而需求量增加，这时会产生“供不应求”的现象，使价格上升(图 1-7).

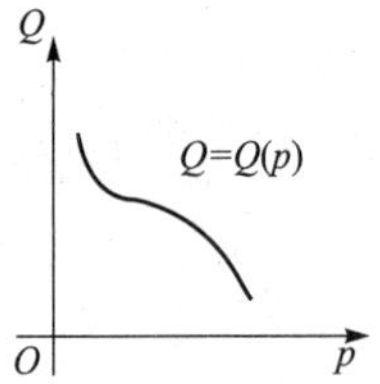

图 1-6

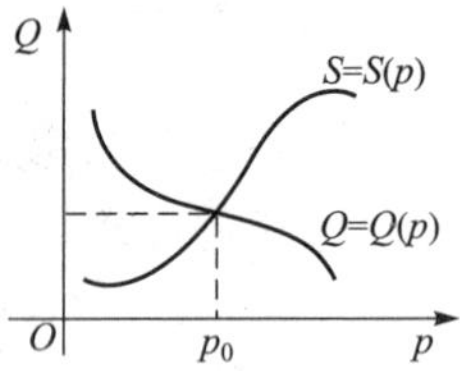

图 1-7

例 2　当小麦每千克的收购价为 1.2 元时，某粮食收购站每天能收购 8 000 kg；如果收购价每千克提高 0.1 元，则收购量每天可增加 2 000 kg，求小麦的线性供给函数.

解

设小麦的线性供给函数为

$$S=ap+b$$

由题意得

$$\begin{cases}8\ 000=1.2a+b\\10\ 000=1.3a+b\end{cases}$$

解得 $a=20\ 000$，$b=-16\ 000$，所求供给函数为

$$S=20\ 000p-16\ 000$$

由此可以看出，小麦的供给函数是单调增函数，当价格上涨时，小麦收购量会增大.

例 3　已知某商品的供给函数是 $S=-5+3p$，需求函数是 $Q=11-p$，试求该商品的均衡价格.

解

由供需均衡条件，可得

$$11-p_0=-5+3p_0$$

由此，均衡价格 $p_0=4$.

1.2.2　总成本函数、收入函数和利润函数

1. 总成本函数

在生产和产品的经营活动中需要有场地、机器设备、劳动力、原材料等投入，称为

生产成本. 它与商品的产量或销售量 q 有密切的关系，称为总成本函数，记作 $C(q)$. 总成本函数由固定成本 C_1 和可变成本 $C_2(q)$ 两部分组成，即 $C(q)=C_1+C_2(q)$，固定成本 C_1 与产量 q 无关，如场地、设备等；可变成本 $C_2(q)$ 随产量 q 的增加而增加，如原材料等.

一般情况下，总成本函数是一个增函数，常见的总成本函数有线性函数、二次函数、三次函数等.

评价企业生产的好坏，有时需要用到平均成本这个概念，即生产 q 个单位产品时，单位产品的成本，记作 $\overline{C}$，即

$$\overline{C}=\frac{C(q)}{q}=\frac{\text{固定成本}+\text{可变成本}}{\text{产量}}$$

例 4　生产某种商品的总成本(单位：元)是 $C(q)=200+2q$，求生产 40 件这种商品时的总成本和平均成本.

解

生产 40 件该商品时的总成本为

$$C(40)=200+2\times 40=280(\text{元})$$

平均成本为

$$\overline{C}=\frac{C(q)}{q}\bigg|_{q=40}=\frac{280}{40}=7(\text{元/件})$$

2. 收入函数和利润函数

人们总希望尽可能减少成本，提高收入和利润，而收入和利润这些经济变量也都与产品的产量或销售量 q 密切相关，它们可以看做 q 的函数，分别称为收入函数和利润函数，记作 $R(q)$ 和 $L(q)$.

收入可分为总收入 $R(q)$ 和平均收入 $\overline{R}$. 设 p 为商品价格，q 为商品销售量，则有

$$R=R(q)=q\cdot p(q)$$

$$\overline{R}=\frac{R(q)}{q}=p(q)$$

其中：$p(q)$ 是商品的价格函数.

生产一定数量产品的总收入与总成本之差就是其总利润 L，即

$$L=L(q)=R(q)-C(q)$$

它的平均利润为

$$\overline{L}=\frac{L(q)}{q}$$

一般情况下，收入随销售量的增加而增加，而利润并不总是如此，利润函数通常有以下三种情形：

(1) $L(q)=R(q)-C(q)>0$，此时称为有盈余生产，生产利润为正；

(2) $L(q)=R(q)-C(q)<0$，此时称为亏损生产，生产利润为负；

(3) $L(q)=0$，此时称为无盈亏生产，把无盈亏生产时的产量记为 q_0，称为无盈亏点.

例 5　设某商品的价格函数是 $p(q)=60-0.5q$，求该商品的收入函数，并求销售 20 件商品时的总收入和平均收入.

解

收入函数为

$$R(q)=p(q)\cdot q=60q-0.5q^2$$

平均收入为

$$\overline{R}(q)=\frac{R(q)}{q}=p(q)=60-0.5q$$

由此可得销售20件商品时的总收入和平均收入分别为

$$R(20)=60\times 20-0.5\times 20^2=1\ 000$$

$$\overline{R}(20)=60-0.5\times 20=50$$

例6 已知某商品的成本函数为 $C(q)=5+4q+q^2$，若销售单价为10元/件.

求：(1)该商品销售的无盈亏点；

(2)若每天销售10件该商品，为了不亏本，销售单价应定为多少才合适？

解

(1)利润函数为

$$\begin{aligned}L(q)&=R(q)-C(q)\\&=10q-(5+4q+q^2)\\&=6q-5-q^2\end{aligned}$$

由 $L(q)=0$，即 $6q-5-q^2=0$，解得两个无盈亏点 $q_1=1$ 和 $q_2=5$. 显然，当 $q<1$ 或 $q>5$ 时，经营亏损；当 $1<q<5$ 时，经营盈利，因此 $q=1$ 和 $q=5$ 分别是盈利的最低和最高产量.

(2)设销售单价为 p 元/件，则利润函数为 $L(q)=R(q)-C(q)=pq-(5+4q+q^2)$，为使经营不亏本，必须 $L(10)\geqslant 0$，即 $10p-145\geqslant 0$，也就是 $p\geqslant 14.5$. 所以，为了不亏本，销售单价应不低于14.5元/件.

习　题　1.2

1. 已知生产某种商品 q 件时的总成本(单位：万元) $C(q)=10+6q+0.1q^2$，该商品的销售单价为9万元. 求：(1)该商品的利润函数；(2)生产10件该商品时的总利润和平均利润.

2. 某玩具厂生产某种玩具，已知每件出厂价是20元，每件可变成本是15元，每天固定成本是2 000元，试求每天的销售收入函数、总成本函数、利润函数. 为了不亏本，每天至少应生产多少件玩具？

3. 一商品售价为500元/台时，每月可销售1 500台，当降价50元时每月增销250台，该商品的成本为400元/台，求利润与售价的函数关系.

1.3　函数的极限

极限是微积分学的重要概念之一，用于研究变量在某一过程中的变化趋势，极限的思想和方法是微积分的基本思想和方法.

1.3.1　数列的极限

按一定规律排列的无穷多个数 x_1，x_2，x_3，…，x_n，…，称为**数列**，简记为$\{x_n\}$，其中：x_1叫作数列的第一项，x_2叫作数列的第二项，x_n叫作数列的第 n 项，又称**通项**或**一般项**．例如：

$$1, \frac{1}{2}, \frac{1}{3}, \frac{1}{4}, \cdots, \frac{1}{n}, \cdots$$

$$\frac{1}{2}, \frac{2}{3}, \frac{3}{4}, \cdots, \frac{n}{n+1}, \cdots$$

数列也可看作是定义域为全体正整数的函数.

讨论数列$\{x_n\}$的极限，就是讨论当 n 无限增大时，数列的通项 x_n的变化趋势，特别是是否趋向于某个确定常数.

定义 1　设数列$\{x_n\}$，当 n 无限增大时，x_n趋向于一个确定常数 A，则称数列$\{x_n\}$**以 A 为极限**，记作$\lim\limits_{n\to\infty}x_n=A$ 或 $x_n\to A(n\to\infty)$，读作"当 n 趋向于无穷大时，数列$\{x_n\}$的极限等于 A"或"当 n 趋于无穷大时，x_n趋于 A".

有极限的数列称为**收敛数列**，没有极限的数列称为**发散数列**.

例 1　数列$\left\{\frac{1}{n}\right\}$：$1, \frac{1}{2}, \frac{1}{3}, \frac{1}{4}, \cdots, \frac{1}{n}, \cdots$.

当 n 无限增大时，$\frac{1}{n}$无限接近于常数 0，所以该数列的极限为 0，即

$$\lim_{n\to\infty}\frac{1}{n}=0$$

例 2　数列$\{(-1)^{n+1}\}$：$1, -1, 1, -1, \cdots, (-1)^{n+1}, \cdots$.

当 n 无限增大时，数列在数值 1 和-1 之间来回摆动，不趋于一个确定的常数，故该数列当 $n\to\infty$时没有极限，亦称该数列是发散的.

例 3　数列$\{2n\}$：$2, 4, 6, 8, \cdots, 2n, \cdots$.

当 n 无限增大时，其通项 x_n也无限增大，但不趋向于任何常数，故该数列没有极限.

由于 $x_n=2n$，随着 n 无限增大，它取正值且无限增大，有确定的变化趋势，在此借助于极限的记法表示它的变化趋势，记作

$$\lim_{n\to\infty}2n=+\infty \quad 或 \quad 2n\to+\infty(n\to\infty)$$

并称该数列当 $n\to\infty$时的极限是**正无穷大**.

同理，对于数列$\{-n\}$，则可记为

$$\lim_{n\to\infty}(-n)=-\infty \quad 或 \quad -n\to-\infty(n\to\infty)$$

并称该数列当 $n\to\infty$时的极限是**负无穷大**.

对于数列$\{(-1)^n n\}$，则可记为

$$\lim_{n\to\infty}(-1)^n n=\infty \quad 或 \quad (-1)^n n\to\infty(n\to\infty)$$

并称该数列当 $n\to\infty$ 时的极限是无穷大.

函数的极限

1.3.2 函数的极限

函数的极限是数列极限的推广，根据自变量的变化过程，分两种情况来讨论.

1. 当 $x\to\infty$ 时，函数 $f(x)$ 的极限

定义 2 如果当 x 的绝对值无限增大时，函数 $f(x)$ 趋于一个常数 A，则称当 $x\to\infty$ 时函数 $f(x)$ 以 A 为极限，记作

$$\lim_{x\to\infty} f(x)=A \quad 或 \quad f(x)\to A(x\to\infty)$$

如果从某一点起，x 只能取正值或负值趋于无穷，则有如下定义.

定义 3 如果当 $x>0$ 且无限增大时，函数 $f(x)$ 趋于一个常数 A，则称当 $x\to+\infty$ 时函数 $f(x)$ 以 A 为极限，记作

$$\lim_{x\to+\infty} f(x)=A \quad 或 \quad f(x)\to A(x\to+\infty)$$

定义 4 如果当 $x<0$ 且绝对值无限增大时，函数 $f(x)$ 趋于一个常数 A，则称当 $x\to-\infty$ 时函数 $f(x)$ 以 A 为极限，记作

$$\lim_{x\to-\infty} f(x)=A \quad 或 \quad f(x)\to A(x\to-\infty)$$

例 4 求 $\lim\limits_{x\to\infty}\left(1+\frac{1}{x^2}\right)$.

解

函数图像如图 1-8 所示，当 $x\to+\infty$ 时，$\frac{1}{x^2}$ 无限变小，函数值趋于 1；当 $x\to-\infty$ 时，函数值同样趋于 1，所以有

$$\lim_{x\to\infty}\left(1+\frac{1}{x^2}\right)=1$$

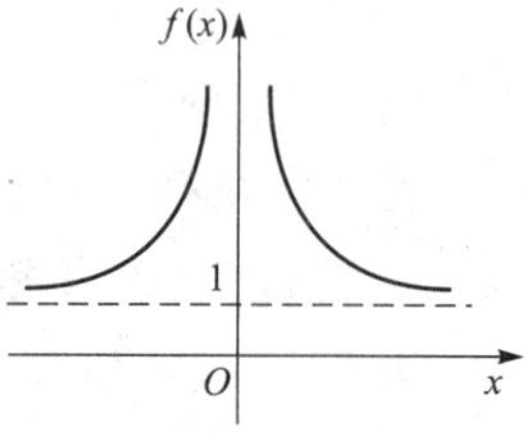

图 1-8

定理 1 当 $x\to\infty$ 时，函数 $f(x)$ 的极限存在的充分必要条件是：当 $x\to+\infty$ 时和当 $x\to-\infty$ 时函数的极限都存在而且相等，即

$$\lim_{x\to\infty} f(x)=A \Leftrightarrow \lim_{x\to-\infty} f(x)=\lim_{x\to+\infty} f(x)=A$$

2. 当 $x\to x_0$ 时，函数 $f(x)$ 的极限

考察函数 $f(x)=\frac{x^2-4}{x-2}$，当 x 分别从左边和右边趋于 2 时的变化情况，见表 1-2.

表 1-2

x	1.5	1.8	1.9	1.95	1.99	…	2.001	2.01	2.05	2.1	2.2
$f(x)=\frac{x^2-4}{x-2}$	3.5	3.8	3.9	3.95	3.99	…	4.001	4.01	4.05	4.1	4.2

由表 1-2 不难看出，当 $x\to2$ 时，函数 $f(x)$ 无限地趋于常数 4，我们称当 $x\to2$ 时，$f(x)$ 的极限是 4. 由此可以看到，当自变量 x 趋于某个值 x_0 时，函数极限是否存在与函数在该点有无定义无关.

定义 5 设函数 $f(x)$ 在点 x_0 的某邻域(x_0 点可以除外)内有定义. 如果当 x 以任意

方式无限接近于 x_0(但 $x\neq x_0$)时，函数 $f(x)$ 无限趋于一个常数 A，则称**当 x 趋于 x_0 时，函数 $f(x)$ 以 A 为极限**，记作

$$\lim_{x\to x_0} f(x)=A \quad 或 \quad f(x)\to A(x\to x_0)$$

例 5　求 $\lim\limits_{x\to 2} x^3$.

解

当自变量 x 趋于 2 时，函数 x^3 趋于 8，根据极限定义知 $\lim\limits_{x\to 2} x^3=8$.

显然，由极限的定义容易得知：

(1) $\lim\limits_{x\to x_0} x=x_0$；

(2) $\lim\limits_{x\to x_0} C=C$.

在讨论 $x\to x_0$ 时函数 $f(x)$ 的极限问题中，对 $x\to x_0$ 的过程，若限制 $x<x_0$ 或 $x>x_0$，便引出了单侧极限的概念.

函数的单侧极限

定义 6　设函数 $f(x)$ 在 x_0 的左侧附近(x_0 点本身可以除外)有定义，如果当 x 从 x_0 的左侧(即 $x<x_0$)趋于 x_0 时，函数 $f(x)$ 无限趋于常数 A，则称常数 A 为 $f(x)$ 在 x_0 处的**左极限**，记作

$$\lim_{x\to x_0^-} f(x)=A \quad 或 \quad f(x_0^-)=A$$

定义 7　设函数 $f(x)$ 在 x_0 的右侧附近(x_0 点本身可以除外)有定义，如果当 x 从 x_0 的右侧(即 $x>x_0$)趋于 x_0 时，函数 $f(x)$ 无限趋于常数 A，则称常数 A 为 $f(x)$ 在 x_0 处的**右极限**，记作

$$\lim_{x\to x_0^+} f(x)=A \quad 或 \quad f(x_0^+)=A$$

前面考察的函数 $f(x)=\dfrac{x^2-4}{x-2}$，当 x 从小于 2 的一侧趋于 2 时，函数 $f(x)$ 的左极限为 4，即 $\lim\limits_{x\to 2^-}\dfrac{x^2-4}{x-2}=4$；当 x 从大于 2 的一侧趋于 2 时，函数 $f(x)$ 的右极限为 4，即 $\lim\limits_{x\to 2^+}\dfrac{x^2-4}{x-2}=4$，于是得出函数 $f(x)=\dfrac{x^2-4}{x-2}$ 当 $x\to 2$ 时的极限为 4，即 $\lim\limits_{x\to 2}\dfrac{x^2-4}{x-2}=4$.

由左右极限的定义可以得到下面的定理.

定理 2　当 $x\to x_0$ 时，函数 $f(x)$ 的极限存在的充分必要条件是函数 $f(x)$ 在 x_0 处的左、右极限都存在而且相等，即

$$\lim_{x\to x_0} f(x)=A \Leftrightarrow \lim_{x\to x_0^-} f(x)=\lim_{x\to x_0^+} f(x)=A$$

上面给出的数列极限和函数极限的定义，其本质可以概括为：若变量 y 在某一变化过程中总无限趋于一个常数 A，就称该变量以 A 为极限，记作

$$\lim y=A$$

例 6　设函数 $f(x)=\begin{cases} x+1, & x<0, \\ 3x, & x\geqslant 0, \end{cases}$ 试判断 $\lim\limits_{x\to 0} f(x)$ 是否存在?

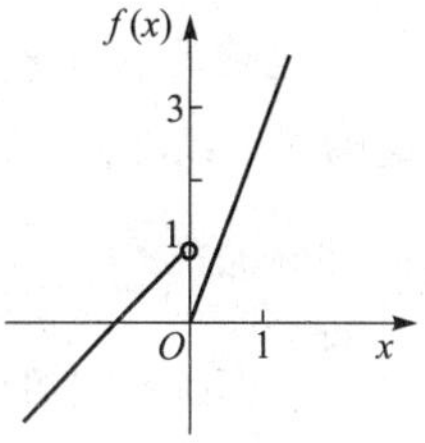

图 1－9

解

因为 $\lim\limits_{x\to 0^-} f(x)=\lim\limits_{x\to 0^-}(x+1)=1$；$\lim\limits_{x\to 0^+} f(x)=\lim\limits_{x\to 0^+} 3x=0$，左、右极限都存在但不相等，所以 $\lim\limits_{x\to 0} f(x)$ 不存在(图 1－9).

习 题 1.3

1. 当 $n\to\infty$ 时，判断下列数列的敛散性.

(1) $x_n=\sin\dfrac{1}{n}$；　　(2) $x_n=2^{\frac{1}{n}}$；

(3) $x_n=\dfrac{\sqrt{n+2}}{n}$；　　(4) $x_n=(-1)^n\dfrac{1}{n}$；

(5) $x_n=\sqrt{n+1}$；　　(6) $x_n=\cos n$.

2. 求下列函数的极限.

(1) $\lim\limits_{x\to 2}\dfrac{x^2+5}{x-3}$；　　(2) $\lim\limits_{x\to 1}\dfrac{x^2-2x+1}{x^3-x}$.

3. 设 $f(x)=\begin{cases}1-x, & 0\leqslant x<1,\\ 1, & x=1,\\ 3-x, & 1<x\leqslant 2,\end{cases}$ 求极限 $\lim\limits_{x\to 1^-}f(x)$，$\lim\limits_{x\to 1^+}f(x)$，问极限 $\lim\limits_{x\to 1}f(x)$ 是否存在？

1.4 无穷小与无穷大

有些函数在某个变化过程中，其绝对值无限减小，而另一些函数的绝对值却无限增大. 下面来讨论这两种情况.

1.4.1 无穷小量

无穷小量

定义 1 若当 $x\to x_0$(或 $x\to\infty$)时，函数 $f(x)$ 以零为极限，即

$$\lim_{x\to x_0}f(x)=0 \quad \text{或} \quad \lim_{x\to\infty}f(x)=0$$

则称函数 $f(x)$ 为该变化过程中的无穷小量，简称无穷小，通常用 α，β，γ 等表示.

例如，当 $x\to 0$ 时，$\sin x$，x^2 是无穷小量；当 $x\to 1$ 时，$(x-1)^2$ 是无穷小量；当 $x\to\infty$ 时，$\dfrac{1}{x}$ 是无穷小量.

理解无穷小量的概念应注意，无穷小量表达的是变量的变化状态，而不是一个确定的量，无穷小量必须结合具体变化过程才有意义.

例如，当 $x\to\infty$ 时，$\dfrac{1}{x}$ 是无穷小，而当 $x\to 0$ 时，$\dfrac{1}{x}$ 就不是无穷小.

根据无穷小的概念，可以得到极限与无穷小如下的关系.

定理 1 当 $x\to x_0$(或 $x\to\infty$)时，函数 $f(x)$ 以 A 为极限的充分必要条件是 $f(x)$ 可以表示为 A 与一个无穷小量 α 的和，即 $\lim f(x)=A\Leftrightarrow f(x)=A+\alpha(x)$，其中 α 为无穷小量.

1.4.2　无穷大量

无穷大量

定义 2　若当 $x\to x_0$（或 $x\to\infty$）时，在自变量某变化过程中，函数 $f(x)$ 的绝对值无限增大，则称函数 $f(x)$ 为该变化过程中的**无穷大量**，简称**无穷大**，记作 $\lim f(x)=\infty$.

例如，当 $x\to 0$ 时，$\dfrac{1}{x^2}$ 是无穷大量；当 $x\to\infty$ 时，$x+1$，x^2 是无穷人量.

注意　无穷大量是一个变量，这里用了极限符号 $\lim f(x)=\infty$，并不表示 $f(x)$ 的极限存在，事实上，若 $\lim f(x)=\infty$，则 $f(x)$ 在该变化过程中极限不存在.

由上面的例子可知，当 $x\to 0$ 时，$\dfrac{1}{x^2}$ 是无穷大量，而 x^2 是无穷小量；当 $x\to\infty$ 时，$x+1$ 就是无穷大量，而 $\dfrac{1}{x+1}$ 是无穷小量，这说明无穷小量和无穷大量存在倒数关系.

定理 2　在同一变化过程中，若 $f(x)$ 是无穷大，则 $\dfrac{1}{f(x)}$ 是无穷小；反之，若 $f(x)$ 是无穷小，且 $f(x)\neq 0$，则 $\dfrac{1}{f(x)}$ 是无穷大.

1.4.3　无穷小的性质

无穷小的性质

性质 1　有限个无穷小的代数和仍为无穷小.

性质 2　有界变量与无穷小的乘积仍为无穷小.

性质 3　常数与无穷小的乘积仍为无穷小.

性质 4　有限个无穷小的乘积是无穷小.

例 1　求 $\lim\limits_{x\to 0} x\sin\dfrac{1}{x}$.

解

因为 $\left|\sin\dfrac{1}{x}\right|\leqslant 1$，即 $\sin\dfrac{1}{x}$ 是有界变量，当 $x\to 0$ 时，x 是无穷小，由性质 2 知，当 $x\to 0$ 时，乘积 $x\sin\dfrac{1}{x}$ 是无穷小，即 $\lim\limits_{x\to 0} x\sin\dfrac{1}{x}=0$.

由性质可知，无穷小与有界函数、常数、无穷小量的乘积仍为无穷小，但不能认为无穷小与任何量的乘积都是无穷小．无穷小与无穷大的乘积就不一定是无穷小.

1.4.4　无穷小的比较

无穷小的比较

由无穷小的性质可知，两个无穷小的和、差与乘积仍然是无穷小，而两个无穷小的商的情况就不同了．例如 $x\to 0$ 时，x，$2x$ 和 x^2 都是无穷小．但是，我们知道 $\lim\limits_{x\to 0}\dfrac{x^2}{x}=\lim\limits_{x\to 0}x=0$，$\lim\limits_{x\to 0}\dfrac{x}{2x}=\dfrac{1}{2}$，$\lim\limits_{x\to 0}\dfrac{2x}{x^2}=\lim\limits_{x\to 0}\dfrac{2}{x}=\infty$，可见

无穷小的商可以是无穷小，可以是常数，也可以是无穷大，这是因为无穷小趋于零的速度是不同的，由此得出下列定义.

定义 3 设 α 和 β 是同一变化过程中的无穷小，且设 $\beta\neq 0$.

(1)若 $\lim \dfrac{\alpha}{\beta}=0$，则称 α 是比 β 高阶的无穷小，也称 β 是比 α 低阶的无穷小，记作 $\alpha=o(\beta)$.

(2)若 $\lim \dfrac{\alpha}{\beta}=C$ （C 是不等于零的常数），则称 α 与 β 是同阶无穷小；若 $C=1$，则称 α 与 β 是等价无穷小，记作 $\alpha\sim\beta$.

由定义知，当 $x\to 0$ 时，x^2 是 x 和 $2x$ 的高阶无穷小，而 x 和 $2x$ 是同阶无穷小.

两个无穷小阶的高低描述了两个无穷小趋于零的速度的快慢，阶高的趋于零的速度快，阶低的趋于零的速度慢，若两个无穷小是等价无穷小，则在求极限的过程中可以相互代替．当 $x\to 0$ 时，常见的等价无穷小如下：

$$\sin x\sim x;\quad \tan x\sim x;\quad 1-\cos x\sim\frac{1}{2}x^2;$$

$$\ln(1+x)\sim x;\quad (1+x)^n-1\sim nx;\quad \mathrm{e}^x-1\sim x.$$

例 2 求 $\lim\limits_{x\to 0}\dfrac{\tan 2x}{\sin 3x}$.

解

当 $x\to 0$ 时，$\tan 2x\sim 2x$，$\sin 3x\sim 3x$，所以有

$$\lim_{x\to 0}\frac{\tan 2x}{\sin 3x}=\lim_{x\to 0}\frac{2x}{3x}=\frac{2}{3}$$

习 题 1.4

1. 下列各题中哪些是无穷小？哪些是无穷大？

(1) $x\to\infty$，$\sin\dfrac{1}{x}$；　　(2) $x\to 1$，$\dfrac{x+1}{x-1}$；

(3) $x\to+\infty$，e^{-x}；　　(4) $x\to 0^+$，$\ln x$.

2. 利用无穷小性质求解.

(1) $\lim\limits_{x\to\infty}\dfrac{\arctan x}{x}$；　　(2) $\lim\limits_{x\to 0}x^2\cos\dfrac{1}{x^2}$；

(3) $\lim\limits_{x\to\frac{\pi}{3}}\left(x-\dfrac{\pi}{3}\right)\cos\left(x-\dfrac{\pi}{3}\right)$；　　(4) $\lim\limits_{x\to\infty}\dfrac{\cos x}{x}$.

3. 利用等价无穷小代换计算下列极限.

(1) $\lim\limits_{x\to 0}\dfrac{1-\cos x}{x\sin x}$；　　(2) $\lim\limits_{x\to 0^+}\dfrac{\sin ax}{\sqrt{1-\cos x}}(a\neq 0)$.

1.5　极限的运算

极限的运算法则

1.5.1　极限的运算法则

设在同一变化过程中，$\lim f(x)=A$，$\lim g(x)=B$，则

法则 1　$\lim[f(x)\pm g(x)]=\lim f(x)\pm\lim g(x)=A\pm B$

法则 2　$\lim[f(x)\cdot g(x)]=\lim f(x)\cdot\lim g(x)=A\cdot B$

特别有，$\lim[Cf(x)]=C\lim f(x)=CA$（$C$ 为常数）；

$\lim[f(x)]^k=[\lim f(x)]^k=A^k$（$k$ 为正整数）.

法则 3　若 $B\neq 0$，则 $\lim\dfrac{f(x)}{g(x)}=\dfrac{\lim f(x)}{\lim g(x)}=\dfrac{A}{B}$.

注意　法则 1、2 可以推广到有限多个函数的情形.

例 1　求 $\lim\limits_{x\to 1}(3x^2-5x+1)$.

解

$$\begin{aligned}\lim_{x\to 1}(3x^2-5x+1)&=\lim_{x\to 1}3x^2-\lim_{x\to 1}5x+\lim_{x\to 1}1\\&=3\lim_{x\to 1}x^2-5\lim_{x\to 1}x+1=3(\lim_{x\to 1}x)^2-5+1\\&=3-5+1=-1\end{aligned}$$

例 2　求 $\lim\limits_{x\to 2}\dfrac{x^2-3x+1}{2x-1}$.

解

$$\begin{aligned}\lim_{x\to 2}\frac{x^2-3x+1}{2x-1}&=\frac{\lim\limits_{x\to 2}(x^2-3x+1)}{\lim\limits_{x\to 2}(2x-1)}\\&=\frac{(\lim\limits_{x\to 2}x)^2-3\lim\limits_{x\to 2}x+\lim\limits_{x\to 2}1}{(\lim\limits_{x\to 2}2x)-\lim\limits_{x\to 2}1}=\frac{4-6+1}{4-1}=-\frac{1}{3}\end{aligned}$$

从上面两例可以得到如下结论：

(1)如果函数 $f(x)$为多项式，则 $\lim\limits_{x\to x_0}f(x)=f(x_0)$；

(2)如果 $P(x)$，$Q(x)$是多项式，且 $\lim\limits_{x\to x_0}Q(x)=Q(x_0)\neq 0$，则

$$\lim_{x\to x_0}\frac{P(x)}{Q(x)}=\frac{\lim\limits_{x\to x_0}P(x)}{\lim\limits_{x\to x_0}Q(x)}=\frac{P(x_0)}{Q(x_0)}$$

对于有理式$\dfrac{P(x)}{Q(x)}$，如果 $\lim\limits_{x\to x_0}Q(x)=Q(x_0)=0$，则不能应用法则 3 求解，需进行特别处理.

1.5.2　未定式

未定式

在同一变化过程中，如果 $f(x)$、$g(x)$两个函数都是无穷小或无穷大，

则对于极限 $\lim \dfrac{f(x)}{g(x)}$，显然不能用极限的运算法则来计算．通常称这种极限为未定式，分别记为$\dfrac{0}{0}$型或$\dfrac{\infty}{\infty}$型．未定式除了这两种基本类型外，还有 $0\cdot\infty$，$\infty-\infty$，1^{∞}，0^{0}，∞^{0}等情形．注意，$\dfrac{0}{0}$，$\dfrac{\infty}{\infty}$等均只是记号，不代表数.

下面将主要介绍$\dfrac{0}{0}$和$\dfrac{\infty}{\infty}$两种未定式的求法.

例 3　求$\lim\limits_{x\to 4}\dfrac{x^2-5x+4}{x-4}$.

分析　当 $x\to 4$ 时，分子与分母的极限都是 0，是$\dfrac{0}{0}$型，不能应用法则 3，又因为分子、分母有公因子 $x-4$，而当 x 趋向于 4 时，$x-4$ 不等于 0，故可以约去不为 0 的分母，通过化简求解.

解

$$\begin{aligned}\lim_{x\to 4}\frac{x^2-5x+4}{x-4}&=\lim_{x\to 4}\frac{(x-1)(x-4)}{x-4}\\&=\lim_{x\to 4}(x-1)=3\end{aligned}$$

例 4　求$\lim\limits_{x\to 4}\dfrac{\sqrt{x}-2}{x-4}$.

解

这是$\dfrac{0}{0}$型未定式，将分子有理化，得

$$\begin{aligned}\lim_{x\to 4}\frac{\sqrt{x}-2}{x-4}&=\lim_{x\to 4}\frac{(\sqrt{x}-2)(\sqrt{x}+2)}{(x-4)(\sqrt{x}+2)}\\&=\lim_{x\to 4}\frac{x-4}{(x-4)(\sqrt{x}+2)}\\&=\lim_{x\to 4}\frac{1}{\sqrt{x}+2}=\frac{1}{4}\end{aligned}$$

例 5　求$\lim\limits_{x\to 1}\left(\dfrac{1}{x-1}-\dfrac{2}{x^2-1}\right)$.

解

这是$\infty-\infty$型未定式，需通分化简，得

$$\lim_{x\to 1}\left(\frac{1}{x-1}-\frac{2}{x^2-1}\right)=\lim_{x\to 1}\frac{x+1-2}{(x-1)(x+1)}=\lim_{x\to 1}\frac{1}{x+1}=\frac{1}{2}$$

例 6　求$\lim\limits_{x\to\infty}\dfrac{3x^2-x+1}{x^2+2x+2}$.

解

当 $x\to\infty$时，此极限是$\dfrac{\infty}{\infty}$，分子和分母同除以最高次幂 x^2，则

$$\lim_{x\to\infty}\frac{3x^2-x+1}{x^2+2x+2}=\lim_{x\to\infty}\frac{3-\frac{1}{x}+\frac{1}{x^2}}{1+\frac{2}{x}+\frac{2}{x^2}}=\frac{3}{1}=3$$

例 7　求$\lim\limits_{x\to\infty}\frac{x^2+2x+2}{3x^3-x+1}$.

解

当 $x\to\infty$时，此极限是$\frac{\infty}{\infty}$型，分子、分母同除以 x^3，然后求极限，得

$$\lim_{x\to\infty}\frac{x^2+2x+2}{3x^3-x+1}=\lim_{x\to\infty}\frac{\frac{1}{x}+\frac{2}{x^2}+\frac{2}{x^3}}{3-\frac{1}{x^2}+\frac{1}{x^3}}=\frac{0}{3}=0$$

例 8　求$\lim\limits_{x\to\infty}\frac{3x^3-x+1}{x^2+2x+2}$.

解

因为$\lim\limits_{x\to\infty}\frac{3x^3-x+1}{x^2+2x+2}=\lim\limits_{x\to\infty}\frac{1}{\frac{x^2+2x+2}{3x^3-x+1}}$，由例 7 结果知$\lim\limits_{x\to\infty}\frac{x^2+2x+2}{3x^3-x+1}=0$，根据无穷小与无穷大的关系得

$$\lim_{x\to\infty}\frac{3x^3-x+1}{x^2+2x+2}=\infty$$

综合例 6、例 7、例 8 的结果，可以得到下面的结论：当 $a_0\neq0$，$b_0\neq0$，m，$n\in\mathbf{N}_+$时，有

$$\lim_{x\to\infty}\frac{a_0x^m+a_1x^{m-1}+\cdots+a_m}{b_0x^n+b_1x^{n-1}+\cdots+b_n}=\begin{cases}\frac{a_0}{b_0}, & m=n\\ 0, & m<n\\ \infty, & m>n\end{cases}$$

习　题　1.5

求下列极限.

(1)$\lim\limits_{x\to2}(x^2-5x+1)$；

(2)$\lim\limits_{x\to1}\frac{x^2+2x+5}{x^2+1}$；

(3)$\lim\limits_{x\to\infty}\left(2+\frac{1}{x}+\frac{3}{x^2}\right)$；

(4)$\lim\limits_{x\to1}\left(\frac{1}{x+1}-\frac{3}{x^3+1}\right)$；

(5)$\lim\limits_{x\to\infty}\frac{2x^2+x-1}{4x^3+x^2+1}$；

(6)$\lim\limits_{x\to\infty}\frac{3x^3+x^2+1}{5x^3-x^2}$；

(7)$\lim\limits_{x\to0}\frac{x^2}{1-\sqrt{1+x^2}}$；

(8)$\lim\limits_{x\to2}\frac{x^2-4}{x-2}$.

1.6 两个重要极限

1.6.1 极限$\lim\limits_{x\to 0}\frac{\sin x}{x}=1$

第一重要极限

函数$\frac{\sin x}{x}$在$x=0$处没有定义，下面通过列表观察$\frac{\sin x}{x}$的变化趋势.

从表 1-3 可以看出，当$|x|\to 0$时，$\frac{\sin x}{x}\to 1$. 可以证明：

$$\lim_{x\to 0}\frac{\sin x}{x}=1$$

表 1-3

x/rad	±0.5	±0.1	±0.05	±0.03	±0.01	…	→0
$\frac{\sin x}{x}$	0.958 85	0.998 33	0.999 58	0.999 85	0.999 98	…	→1

我们称之为第一重要极限，即当$x\to 0$时，$\sin x$和x是等价无穷小.

利用这个重要极限，可以求出与之相关的一类极限.

当$\lim\limits_{x\to x_0}\varphi(x)=0$，$\lim\limits_{x\to x_0}\sin[\varphi(x)]=0$时，$\lim\limits_{x\to x_0}\frac{\sin[\varphi(x)]}{\varphi(x)}=1$.

其特点是，在自变量的变化趋势下，分子和分母中一个是无穷小，一个是无穷小的正弦，它们是等价无穷小，即$\varphi(x)\sim\sin[\varphi(x)]$.

例 1 求$\lim\limits_{x\to 0}\frac{\sin 3x}{2x}$.

解

$$\lim_{x\to 0}\frac{\sin 3x}{2x}=\frac{3}{2}\lim_{x\to 0}\frac{\sin 3x}{3x}=\frac{3}{2}$$

例 2 求$\lim\limits_{x\to 0}\frac{\tan x}{x}$.

解

$$\lim_{x\to 0}\frac{\tan x}{x}=\lim_{x\to 0}\frac{\sin x}{x}\cdot\frac{1}{\cos x}=\lim_{x\to 0}\frac{\sin x}{x}\cdot\lim_{x\to 0}\frac{1}{\cos x}=1$$

例 3 求$\lim\limits_{x\to 0}\frac{\sin 5x}{\sin 3x}$.

解

$$\lim_{x\to 0}\frac{\sin 5x}{\sin 3x}=\lim_{x\to 0}\left(\frac{\sin 5x}{\sin 3x}\cdot\frac{3x}{5x}\cdot\frac{5x}{3x}\right)=\frac{5}{3}\lim_{x\to 0}\frac{\sin 5x}{5x}\cdot\lim_{x\to 0}\frac{3x}{\sin 3x}=\frac{5}{3}$$

例 4 求$\lim\limits_{x\to 0}\frac{1-\cos x}{x^2}$.

解

$$\lim_{x\to 0}\frac{1-\cos x}{x^2}=\lim_{x\to 0}\frac{2\sin^2\frac{x}{2}}{x^2}=\frac{1}{2}\lim_{x\to 0}\frac{\sin^2\frac{x}{2}}{\left(\frac{x}{2}\right)^2}=\frac{1}{2}\left[\lim_{x\to 0}\frac{\sin\frac{x}{2}}{\frac{x}{2}}\right]^2=\frac{1}{2}$$

1.6.2　极限 $\lim\limits_{x\to\infty}\left(1+\frac{1}{x}\right)^x=e$

第二重要极限

类似地，考察当 $x\to+\infty$ 和 $x\to-\infty$ 时，函数 $\left(1+\frac{1}{x}\right)^x$ 的值的变化趋势.

从表 1-4 可以看出，当 $x\to+\infty$ 和 $x\to-\infty$ 时，函数 $\left(1+\frac{1}{x}\right)^x$ 的值都无限趋于一个确定的数 2.718 281 828 459…，它是无理数 e，即 $\lim\limits_{x\to\infty}\left(1+\frac{1}{x}\right)^x=e$.

表 1-4

x	…	−100 000	−1 000	−10	10	1 000	100 000	…
$\left(1+\frac{1}{x}\right)^x$	…	2.718 30	2.719 64	2.867 97	2.593 74	2.716 92	2.718 27	…

若令 $x=\frac{1}{t}$，则当 $x\to\infty$ 时，$t\to 0$，上式可等价地表示为

$$\lim_{x\to\infty}\left(1+\frac{1}{x}\right)^x=\lim_{t\to 0}(1+t)^{\frac{1}{t}}=e$$

利用这个极限，可以求出与之相关的一类极限.

当 $\lim\limits_{x\to x_0}\varphi(x)=\infty$ 时，$\lim\limits_{x\to x_0}\left[1+\frac{1}{\varphi(x)}\right]^{\varphi(x)}=e$.

其特点是，在自变量的变化趋势下，幂指数的底数是 1 与一个无穷小的和，指数是同一无穷小的倒数，即(1+无穷小)^{无穷大}，这里无穷小与无穷大恰为倒数，则其极限为 e. 利用它可以求出很多“1^∞”型的极限.

例 5　求 $\lim\limits_{x\to\infty}\left(1+\frac{4}{x}\right)^x$.

解

$$\lim_{x\to\infty}\left(1+\frac{4}{x}\right)^x=\lim_{x\to\infty}\left[\left(1+\frac{4}{x}\right)^{\frac{x}{4}}\right]^4=e^4$$

例 6　求 $\lim\limits_{x\to\infty}\left(1-\frac{1}{x}\right)^x$.

解

令 $-x=t$，当 $x\to\infty$ 时，$t\to\infty$，所以有

$$\lim_{x\to\infty}\left(1-\frac{1}{x}\right)^x=\lim_{t\to\infty}\left(1+\frac{1}{t}\right)^{-t}=\left[\lim_{t\to\infty}\left(1+\frac{1}{t}\right)^t\right]^{-1}=e^{-1}$$

例 7　求 $\lim\limits_{x\to\infty}\left[\frac{x+3}{x-1}\right]^x$.

解

令 $1+\frac{1}{u}=\frac{x+3}{x-1}=1+\frac{4}{x-1}$，则 $\frac{1}{u}=\frac{4}{x-1}$，解得 $x=4u+1$，当 $x\to\infty$ 时，$u\to\infty$，于是有

$$\lim_{x\to\infty}\left[\frac{x+3}{x-1}\right]^x=\lim_{u\to\infty}\left(1+\frac{1}{u}\right)^{4u+1}=\lim_{u\to\infty}\left(1+\frac{1}{u}\right)^{4u}\lim_{u\to\infty}\left(1+\frac{1}{u}\right)=e^4$$

显然，上述极限对数列极限 $\lim\limits_{n\to\infty}\left(1+\frac{1}{n}\right)^n$ 同样成立，即

$$\lim_{n\to\infty}\left(1+\frac{1}{n}\right)^n=e$$

并且容易得知

$$\lim_{n\to\infty}\left(1+\frac{a}{n}\right)^{\frac{n}{a}}=e$$

例 8 求极限 $\lim\limits_{n\to\infty}\left(1+\frac{1}{n}\right)^{3n}$.

解

$$\lim_{n\to\infty}\left(1+\frac{1}{n}\right)^{3n}=\lim_{n\to\infty}\left[\left(1+\frac{1}{n}\right)^n\right]^3=e^3$$

1.6.3 连续复利公式

设 A_0 是本金，又称现在值，r 是年利率，t 是时间(单位：年)，A_t 是 t 年末的本利和，又称未来值. 复利就是利息加入本金再获利息. 即将投资于每期末所得利息加入该期的本金，并以此作为下一期的本金，继续投资.

若以一年为 1 期，按复利计算 t 年末本利和公式为

$$A_t=A_0(1+r)^t$$

若一年计息 n 期，并以 $\frac{r}{n}$ 为每期的利息，按复利计算，则 t 年末的本利和为

$$A_t=A_0\left(1+\frac{r}{n}\right)^{nt}$$

若计息期数 n 无限增大($n\to\infty$)，即计息周期无限缩短，这种情况称为连续复利，此时有

$$\lim_{n\to\infty}A_0\left(1+\frac{r}{n}\right)^{nt}=A_0\lim_{n\to\infty}\left[\left(1+\frac{r}{n}\right)^{\frac{n}{r}}\right]^{rt}=A_0e^{rt}$$

故以连续复利计算 t 年末本利和的公式为

$$A_t=A_0e^{rt}$$

例 9 某人贷款 100 万元做投资，贷款期限为 10 年，年利率为 5%，按下列两种情况计算 10 年末的还款金额：

(1)按复利计算，每年计息 2 次；

(2)按连续复利计算.

解

依题意设 $A_0=100$ 万元，$r=5\%$，$t=10$ 年，求未来值 A_{10}.

(1)每年计息 2 次，则 10 年末的本利和即还款金额为

$$A_{10}=100\times\left(1+\frac{0.05}{2}\right)^{2\times 10}=100\times 1.6386=163.86(\text{万元})$$

(2)按连续复利计算，10 年末的本利和为

$$A_{10}=100\mathrm{e}^{0.05\times 10}=100\times 1.6487=164.87(\text{万元})$$

习　题　1.6

求下列各极限值.

(1) $\lim\limits_{x\to 0}\dfrac{\sin 6x}{\sin 2x}$；

(2) $\lim\limits_{x\to\infty}x\tan\dfrac{1}{x}$；

(3) $\lim\limits_{x\to+\infty}3^x\sin\dfrac{1}{3^x}$；

(4) $\lim\limits_{x\to 2}\dfrac{\sin(x-2)}{x-2}$；

(5) $\lim\limits_{x\to 0}(1-2x)^{\frac{1}{x}}$；

(6) $\lim\limits_{x\to\infty}\left(1+\dfrac{3}{x}\right)^{x+2}$；

(7) $\lim\limits_{x\to\infty}\left(\dfrac{x}{x-1}\right)^{3x-1}$；

(8) $\lim\limits_{x\to\infty}\left(1-\dfrac{2}{x}\right)^{x}$.

1.7　函数的连续性

1.7.1　函数连续性的概念

函数连续性的概念

自然界中的许多现象，如空气和水的流动、气温的变化等，都是随时间不断变化的．这些现象的特点是，当时间变化很小时，相关量的变化也很小．反映在数学上，就是函数的连续性．本节讨论函数连续性的有关问题.

1. 函数在点 x_0 处连续

定义 1　设函数 $y=f(x)$，当自变量在其定义域内，由初值 x_0 变到终值 x 时，称 $x-x_0$ 为 **自变量的增量**(或 **改变量**)，记为 $\Delta x=x-x_0$；相应地函数值由初值 $f(x_0)$ 变到终值 $f(x)$，称 $f(x)-f(x_0)$ 为 **函数的增量**(或 **改变量**)，记作 $\Delta y=f(x)-f(x_0)$ 或 $\Delta y=f(x_0+\Delta x)-f(x_0)$.

注意　Δx 可能为正，也可能为负，但不能为零；Δy 可能为正，可能为负，也可能为零.

从函数图像来考察在给定点 x_0 处，函数的变化情况．如果一个函数是连续变化的，它的图像应该是一条没有间断的曲线，如图 1-10 所示；如果函数是不连续的，其图像就是在该点处间断了，如图 1-11 所示．从图 1-10 可以看出，函数 $y=f(x)$ 的图像在

该点处没有间断，当 x 在该点处的改变量 Δx 很小时，函数值在该点处相应的改变量 Δy 也很小，于是就有定义 2.

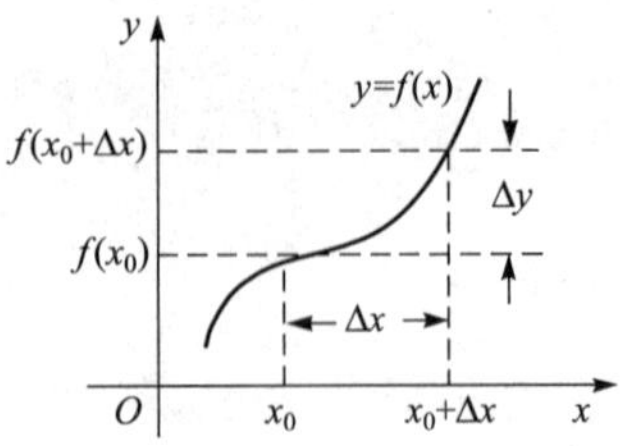

图 1-10

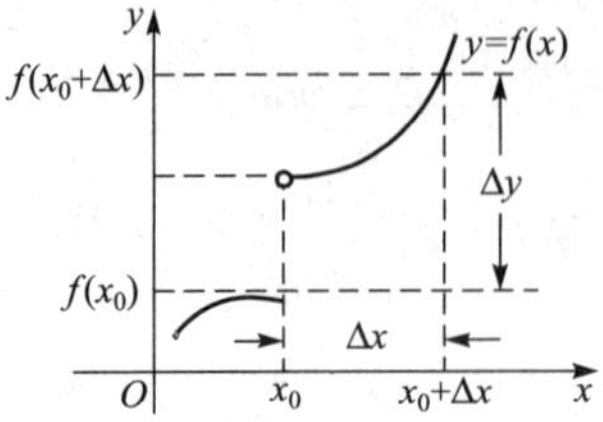

图 1-11

定义 2　设函数 $y=f(x)$ 在点 x_0 的某邻域内有定义，如果当自变量在 x_0 处的改变量 Δx 趋于零时，函数值的改变量 Δy 也趋于零，即 $\lim\limits_{\Delta x\to 0}\Delta y=0$，则称**函数 $f(x)$ 在点 x_0 处连续**，点 x_0 叫作 $f(x)$ 的**连续点**.

在定义 2 中，记 $x=x_0+\Delta x$，则当 $\Delta x\to 0$ 时，$x\to x_0$，此时有

$$\Delta y=f(x_0+\Delta x)-f(x_0)=f(x)-f(x_0)$$

于是

$$\lim_{\Delta x\to 0}\Delta y=\lim_{x\to x_0}[f(x)-f(x_0)]=\lim_{x\to x_0}f(x)-f(x_0)=0$$

即

$$\lim_{x\to x_0}f(x)=f(x_0)$$

定义 2′　设函数 $y=f(x)$ 在点 x_0 的某邻域内有定义，如果当 $x\to x_0$ 时，函数的极限存在，且等于它在该点的函数值 $f(x_0)$，即 $\lim\limits_{x\to x_0}f(x)=f(x_0)$，则称**函数 $f(x)$ 在点 x_0 处连续**.

例 1　证明函数 $y=3x^2-1$ 在点 x_0 处连续.

证

$$\begin{aligned}\Delta y&=f(x_0+\Delta x)-f(x_0)=[3(x_0+\Delta x)^2-1]-(3{x_0}^2-1)\\&=3\Delta x(2x_0+\Delta x)\end{aligned}$$

$$\lim_{\Delta x\to 0}\Delta y=\lim_{\Delta x\to 0}3\Delta x(2x_0+\Delta x)=0$$

因此函数 $y=3x^2-1$ 在点 x_0 处连续.

例 2　证明函数 $f(x)=x^3-x^2+1$ 在 $x=1$ 处连续.

证

$$\lim_{x\to 1}f(x)=\lim_{x\to 1}(x^3-x^2+1)=1$$

又 $f(1)=1$，由定义 2′知，函数 $f(x)=x^3-x^2+1$ 在 $x=1$ 处连续.

根据定义，函数 $f(x)$ 在点 x_0 处连续，满足下列条件：

(1) 函数 $f(x)$ 在点 x_0 处有定义；

(2) $\lim\limits_{x\to x_0}f(x)$ 存在；

(3) $\lim\limits_{x\to x_0}f(x)=f(x_0)$.

上述三条有一条不满足，函数 $f(x)$ 在 x_0 处就不连续.

例 3　判断下列函数在 $x=0$ 处是否连续.

(1) $y=\dfrac{1}{x}$；　　(2) $f(x)=\begin{cases}1, & x\geqslant 0,\\ -1, & x<0;\end{cases}$

(3) $g(x)=\begin{cases}x+1, & x\neq 0,\\ 0, & x=0;\end{cases}$　　(4) $h(x)=\begin{cases}\dfrac{\sin x}{x}, & x\neq 0,\\ 1, & x=0.\end{cases}$

解

(1) $y=\dfrac{1}{x}$ 在 $x=0$ 没有定义，则 $y=\dfrac{1}{x}$ 在 $x=0$ 处不连续.

(2) 因为 $\lim\limits_{x\to 0^+}f(x)=\lim\limits_{x\to 0^+}1=1$，$\lim\limits_{x\to 0^-}f(x)=\lim\limits_{x\to 0^-}(-1)=-1$，$\lim\limits_{x\to 0}f(x)$ 不存在，故函数 $f(x)$ 在 $x=0$ 处不连续.

(3) 因为 $\lim\limits_{x\to 0}g(x)=\lim\limits_{x\to 0}(x+1)=1$，$g(0)=0$，$\lim\limits_{x\to 0}g(x)\neq g(0)$，故函数 $g(x)$ 在 $x=0$ 处不连续.

(4) 因为 $\lim\limits_{x\to 0}h(x)=\lim\limits_{x\to 0}\dfrac{\sin x}{x}=1$，$h(0)=1$，$\lim\limits_{x\to 0}h(x)=h(0)$，故函数 $h(x)$ 在 $x=0$ 处连续.

2. 函数 $y=f(x)$ 在点 x_0 处左、右连续

若函数 $y=f(x)$ 在点 x_0 处有

$$\lim_{x\to x_0^+}f(x)=f(x_0)\quad 或\quad \lim_{x\to x_0^-}f(x)=f(x_0)$$

则分别称函数 $y=f(x)$ 在点 x_0 处**右连续或左连续**.

显然，$f(x)$ 在点 x_0 连续的充分必要条件是 $f(x)$ 在点 x_0 左连续且右连续.

如果函数 $f(x)$ 在区间 (a,b) 内每一点都连续，则称函数 $f(x)$ **在 (a,b) 内连续**；如果 $f(x)$ 在区间 (a,b) 内连续，且在点 a 右连续、点 b 左连续，则称函数 $f(x)$ **在 $[a,b]$ 上连续**.

连续函数的图像是一条连续不断的曲线.

1.7.2　间断点及其分类

间断点
及其分类

定义 3　如果函数 $y=f(x)$ 在点 x_0 不连续，则称点 x_0 为函数的一个**间断点**.

由函数在某点连续的定义可知，如果函数 $f(x)$ 在点 x_0 处有下列三种情况之一，则点 x_0 是函数 $f(x)$ 的一个间断点.

(1) 在点 x_0 处没有定义；

(2) 虽然在点 x_0 处有定义，但是 $\lim\limits_{x\to x_0}f(x)$ 不存在；

(3) 虽然在点 x_0 处有定义，且 $\lim\limits_{x\to x_0}f(x)$ 存在，但是 $\lim\limits_{x\to x_0}f(x)\neq f(x_0)$.

下面举例说明几种间断点的类型.

例 4　讨论函数 $f(x)=\dfrac{1}{x-1}$ 在点 $x=1$ 处的连续性.

解

因为 $f(x)=\dfrac{1}{x-1}$ 在 $x=1$ 处没有定义，所以 $x=1$ 是 $f(x)=\dfrac{1}{x-1}$ 的一个间断点．又因为 $\lim\limits_{x\to1}\dfrac{1}{x-1}=\infty$，所以点 $x=1$ 称为 $f(x)$ 的无穷间断点.

例 5　设函数 $f(x)=\begin{cases}x-2, & x\leqslant0,\\ x+2, & x>0,\end{cases}$ 讨论 $f(x)$ 在点 $x=0$ 的连续性.

解

由于 $f(x)$ 是一个分段函数，且

$$\lim_{x\to0^-}f(x)=\lim_{x\to0^-}(x-2)=-2,\quad \lim_{x\to0^+}f(x)=\lim_{x\to0^+}(x+2)=2,$$

$$\lim_{x\to0^-}f(x)\neq\lim_{x\to0^+}f(x)$$

显然，$f(x)$ 在点 $x=0$ 处左、右极限不相等，故 $\lim\limits_{x\to0}f(x)$ 不存在，称 $x=0$ 是函数 $f(x)$ 的一个跳跃间断点.

例 6　考察函数 $f(x)=\begin{cases}\dfrac{x^2-1}{x-1}, & x\neq1\\ 1, & x=1\end{cases}$ 在点 $x=1$ 处的连续性.

解

虽然函数 $f(x)$ 在点 $x=1$ 处有定义且 $f(1)=1$，又 $f(x)$ 在 $x=1$ 处函数的极限存在，即

$$\lim_{x\to1}f(x)=\lim_{x\to1}\frac{x^2-1}{x-1}=\lim_{x\to1}(x+1)=2$$

但是

$$\lim_{x\to1}f(x)\neq f(1)$$

所以 $x=1$ 是函数 $f(x)$ 的一个间断点，如图 1－12 所示.

可以看出，只要在 $x=1$ 处改变定义(或者补充定义)，即令 $f(1)=2$ 就可以使函数 $f(x)$ 在点 $x=1$ 处连续．称 $x=1$ 为 $f(x)$ 的可去间断点.

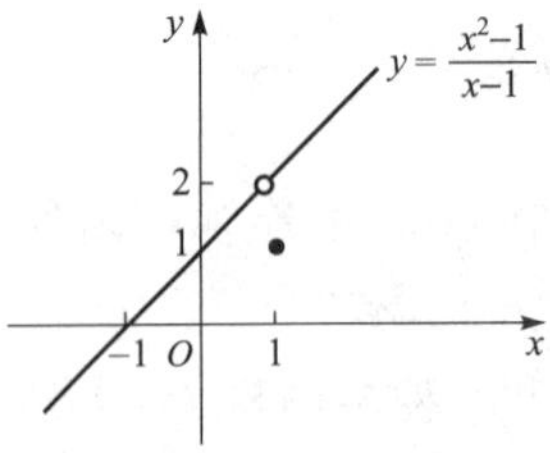

图 1－12

一般地，若 x_0 是 $f(x)$ 的间断点，但 $\lim\limits_{x\to x_0}f(x)$ 存在，则称 x_0 为 $f(x)$ 的可去间断点.

例 7　已知函数 $f(x)=\begin{cases}x^2+1, & x<0\\ 2x+b, & x\geqslant0\end{cases}$ 在点 $x=0$ 处连续，求 b 的值.

解

$$\lim_{x\to0^-}f(x)=\lim_{x\to0^-}(x^2+1)=1,\quad \lim_{x\to0^+}f(x)=\lim_{x\to0^+}(2x+b)=b$$

因为 $f(x)$ 在 $x=0$ 处连续，则 $\lim\limits_{x \to 0} f(x)$ 存在，等价于 $\lim\limits_{x \to 0^-} f(x) = \lim\limits_{x \to 0^+} f(x)$，即

$$b=1$$

一般地，函数的间断点，按照间断点处的左、右极限是否存在，分为第一类间断点和第二类间断点．如果函数 $f(x)$ 在 x_0 处的左、右极限都存在，那么称 x_0 为第一类间断点，此类间断点包括跳跃间断点（如例 5）和可去间断点（如例 6）；如果函数 $f(x)$ 在点 x_0 处的左、右极限至少有一个不存在，则称 x_0 为第二类间断点（如例 4）.

1.7.3　初等函数的连续性

初等函数的连续性

1. 初等函数的连续性

定理 1　一切基本初等函数在其定义域内是连续的，一切初等函数在其定义区间内是连续的.

注意，“定义域内”与“定义区间”是不同的．所谓定义区间，是指包含在定义域内的区间，有的初等函数，它的定义域是由一系列孤立的点构成的，不能构成区间，当然也就不能连续了．例如，$y=\sqrt{\sin x-1}$ 是初等函数，其定义域 $D=\left\{x \,\middle|\, x=2k\pi+\frac{\pi}{2},\ k \in \mathbf{Z}\right\}$，是一些孤立的点，根本不能构成区间，所以不可能连续.

定理 1 表明，初等函数的连续区间就是函数的定义区间，如函数 $f(x)=\frac{\ln(2+x)}{x}$ 的定义区间是 $(-2,0)\cup(0,+\infty)$，且 $\frac{\ln(2+x)}{x}$ 是初等函数，所以其连续区间就是 $(-2,0)\cup(0,+\infty)$.

2. 利用函数的连续性求极限

若 $f(x)$ 在 x_0 处连续，则有

$$\lim_{x \to x_0} f(x) = f(x_0)$$

即求连续函数的极限，可归结为计算函数值.

3. 复合函数的极限

定理 2　如果函数 $u=\varphi(x)$ 在点 x_0 处连续，且 $\varphi(x_0)=u_0$，而函数 $y=f(u)$ 在点 u_0 处连续，则复合函数 $y=f[\varphi(x)]$ 在点 x_0 处也连续，即 $\lim\limits_{x \to x_0} f[\varphi(x)] = f[\lim\limits_{x \to x_0}\varphi(x)] = f(u_0)$.

复合函数求极限，极限符号与函数符号可以互换.

例 8　求下列极限：

(1) $\lim\limits_{x \to \frac{\pi}{4}} \ln(\sin 2x)$；　　(2) $\lim\limits_{x \to 0} \frac{\ln(1+x)}{x}$；

(3) $\lim\limits_{x \to 0} \frac{e^x-1}{x}$.

解

(1) 由于函数 $f(x)=\ln(\sin 2x)$ 在 $x=\frac{\pi}{4}$ 处连续，故

$$\lim_{x \to \frac{\pi}{4}} \ln(\sin 2x) = \ln\left[\sin\left(2 \cdot \frac{\pi}{4}\right)\right] = \ln 1 = 0$$

(2)函数 $f(x)=\dfrac{\ln(1+x)}{x}$ 在 $x=0$ 处不连续，所以不能用代入法，根据复合函数求极限的方法，得

$$\lim_{x\to 0}\frac{\ln(1+x)}{x}=\lim_{x\to 0}\ln(1+x)^{\frac{1}{x}}=\ln\lim_{x\to 0}(1+x)^{\frac{1}{x}}=\ln \mathrm{e}=1$$

(3)令 $\mathrm{e}^x-1=t$，则 $x=\ln(1+t)$，得

$$\lim_{x\to 0}\frac{\mathrm{e}^x-1}{x}=\lim_{t\to 0}\frac{t}{\ln(1+t)}=\frac{1}{\lim\limits_{t\to 0}\dfrac{\ln(1+t)}{t}}=1$$

1.7.4 闭区间上连续函数的性质

闭区间上连续函数的性质

定理 3(最值定理) 闭区间上的连续函数一定有最大值和最小值.

如图 1-13 所示，$f(x)$ 在闭区间 $[a,b]$ 上连续，在点 x_1 处取得最小值 m，在点 x_2 处取得最大值 M.

定理 4(介值定理) 设 $f(x)$ 在闭区间 $[a,b]$ 上连续，且 $f(a)\neq f(b)$，μ 为介于 $f(a)$ 与 $f(b)$ 之间的任一实数，则至少存在一点 $\xi\in(a,b)$，使 $f(\xi)=\mu$，如图1-14所示.

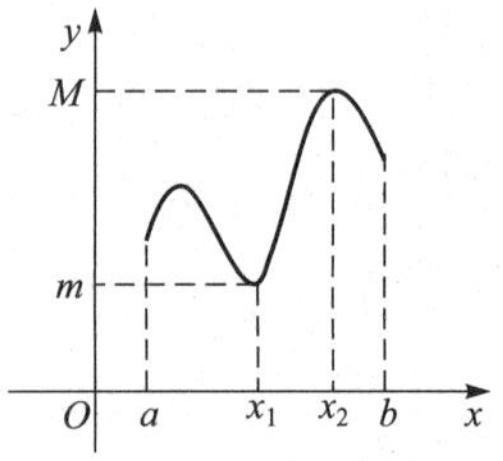

图 1-13

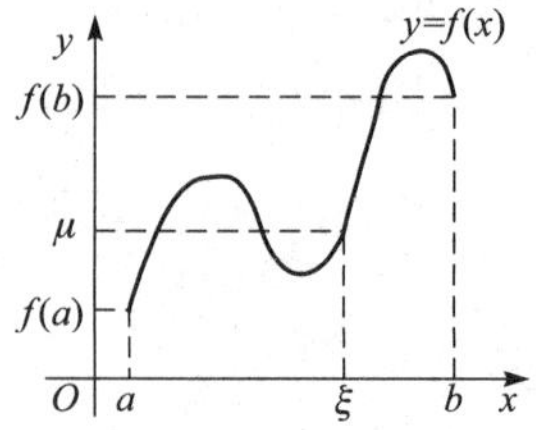

图 1-14

推论(零点定理) 若函数 $f(x)$ 在闭区间 $[a,b]$ 上连续，且 $f(a)\cdot f(b)<0$，则至少存在一点 $\xi\in(a,b)$，使得 $f(\xi)=0$，如图 1-15 所示.

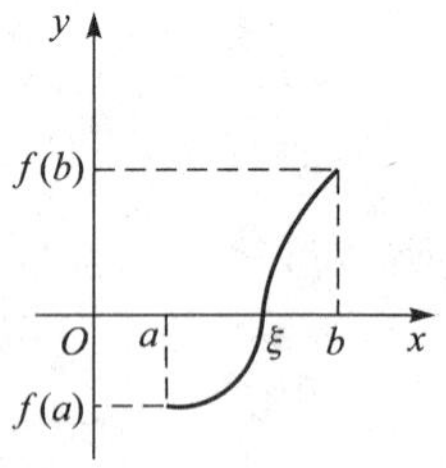

图 1-15

例 9 证明三次方程 $x^3-x+1=0$ 在 $(-2,1)$ 内至少有一个实根.

证

设函数 $f(x)=x^3-x+1$，则函数 $f(x)$ 的定义域为 $(-\infty,+\infty)$，因为 $f(x)=x^3-x+1$ 是初等函数，所以 $f(x)$ 在 $[-2,1]$ 上连续，又因为

$$f(-2)=-5<0,\quad f(1)=1>0$$

则由零点定理知，至少存在一点 $\xi\in(-2,1)$，使 $f(\xi)=\xi^3-\xi+1=0$.

习　题　1.7

1. 指出下列函数的间断点，并说明其类型.

(1) $f(x)=\dfrac{1}{(1+x)^2}$；　　(2) $f(x)=\begin{cases} x-1, & x<0, \\ 0, & x=0, \\ x+1, & x>0; \end{cases}$

(3) $f(x)=x\sin\dfrac{1}{x}$.

2. 设 $f(x)=\begin{cases} 2e^x, & x<0, \\ 3x+a, & x\geqslant 0, \end{cases}$ 在 $x=0$ 处连续，则 a 应为何值？

3. 求下列函数的极限.

(1) $\lim\limits_{x\to 0}\sqrt{x^2-x+6}$；　　(2) $\lim\limits_{x\to 0}\ln\dfrac{x}{\sin x}$；

(3) $\lim\limits_{x\to\frac{\pi}{3}}\sin^3 3x$；　　(4) $\lim\limits_{x\to\infty}(\sqrt{x^2+1}-\sqrt{x^2-1})$.

4. 证明三次方程 $x^3-x+3=0$ 在 $(-2,1)$ 内至少有一个实根.

1.8　数学建模简介

数与建模

1.8.1　数学建模的概念

通俗地讲，数学建模就是先把实际问题归结为数学问题，再用数学方法进行求解．把实际问题归结为数学问题，叫做建立数学模型．数学建模就是利用数学模型解决实际问题的全过程.

一般地说，数学模型可以描述为，对于现实世界的一个特定对象，为了一个特定目的，根据特有的内在规律，做出一些必要的简化假设，运用适当的数学工具，得到的一个数学结构．对于数学模型，我们并不陌生，前面介绍的各种公式与方法都可以看作数学模型.

1.8.2　数学建模的过程

数学建模的全过程分为表述、求解、解释、验证四个阶段，并且通过这些阶段完成从现实对象到数学模型，再从数学模型回到现实对象的循环，如图 1－16 所示.

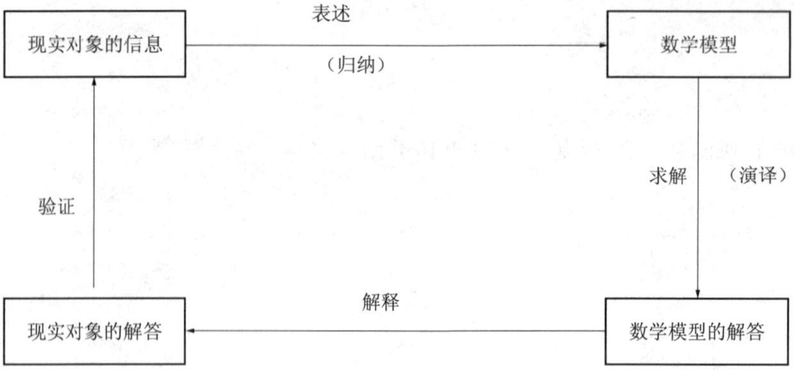

图 1-16

1.8.3 数学建模的步骤

建模要经过哪些步骤并没有一定的模式，通常与问题的性质、建模目的等有关，下面介绍数学建模的一般步骤，流程如图 1-17 所示.

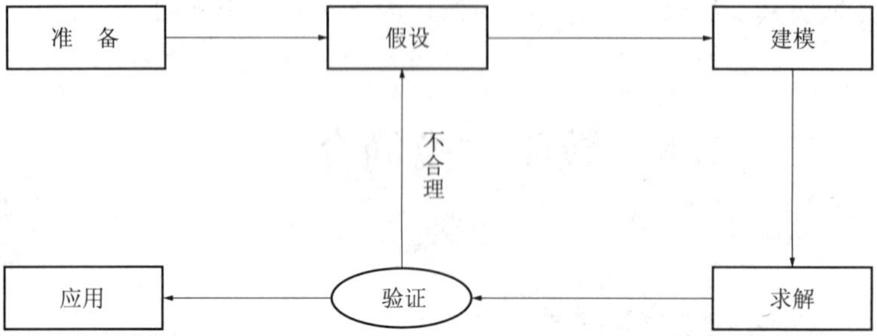

图 1-17

建模准备 提出实际问题后，要先对问题的背景、数据来源、模型使用的场合等做全面的调查研究.

模型假设 现实问题非常复杂，涉及面很广，建模时应抓住主要矛盾，忽略某些次要矛盾，进行一些理想化假设.

模型建立 根据问题的假设，利用与问题有关的自然科学、社会科学以及数学的规律和定理，建立起解决实际问题的框架——数学模型.

模型求解 通过人工或计算机求出模型的解析解或数值解.

模型验证 把模型本身的解进行实际检验，如果结果与实际不符，问题常常出在模型假设上，应该修改、补充假设，重新建模.

模型应用 把所得模型上升为理论，再指导实际应用.

1.8.4 数学建模案例：椅子问题(连续函数的介值定理模型)

1. 问题提出

把椅子往不平的地面上一放，通常只有三只脚着地，放不稳，然而只需稍微挪动几次，就可以使四只脚同时着地，放稳了．试用数学语言给以表述，并用数学模型来证实.

数学建模案例：椅子问题

2. 模型假设

(1)椅子四条腿一样长，椅脚与地面接触处可视为一个点，四脚的连线呈正方形.

(2)地面高度是连续变化的，沿任何方向都不会出现间断(没有像台阶那样的情况)，即地面可视为数学上的连续曲面.

(3)对于椅脚的间距、椅腿的长度而言，地面是相对平坦的，使椅子在任何位置至少有三只脚同时着地.

3. 建立模型

首先要用变量表示椅子的位置．注意到椅脚连线呈正方形，以中心为对称点，正方形绕中心的旋转正好代表了椅子位置的改变，于是可以用旋转角度这一变量表示椅子的位置(图 1-18).

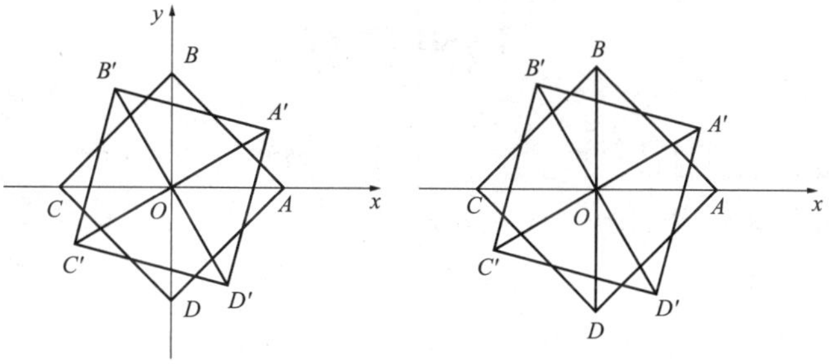

图 1-18

椅子四脚连接为正方形 $ABCD$，对角线 AC 与 x 轴重合，椅子绕中心点 O 旋转角度 θ 后，正方形 $ABCD$ 转至 $A'B'C'D'$ 的位置，所以对角线 AC 与 x 轴的夹角 θ 表示了椅子的位置.

如果用某个变量表示椅脚与地面的竖直距离，那么当这个距离为零时就是椅脚着地了，椅子在不同的位置时椅脚与地面的距离不同，所以这个距离是椅子位置变量 θ 的函数.

由对称性，设 A、C 两脚与地面的距离之和为 $f(\theta)$，B、D 两脚与地面的距离之和为 $g(\theta)$，则 $f(\theta)$，$g(\theta)\geqslant 0$，由假设(2)可知，f 和 g 都是连续函数；由假设(3)可知，椅子在任何位置至少有三只脚着地，所以对于任意的 θ，$f(\theta)$ 和 $g(\theta)$ 中至少有一个为 0. 当 $\theta=0$ 时，不妨设 $g(\theta)=0$，$f(\theta)>0$. 这样，改变椅子的位置使四只脚同时着地，就归结为证明如下的数学命题：

已知 $f(\theta)$ 和 $g(\theta)$ 是 θ 的连续函数，对任意 θ，$f(\theta)\cdot g(\theta)=0$，且 $g(0)=0$，$f(0)>0$，则存在 θ_0，使 $f(\theta_0)=g(\theta_0)=0$.

4. 模型求解

将椅子旋转 $90°\left(\theta=\frac{\pi}{2}\right)$，对角线 AC 与 BD 互换，由 $g(0)=0$ 和 $f(0)>0$，知

$$g\left(\frac{\pi}{2}\right)>0,\ f\left(\frac{\pi}{2}\right)=0$$

令 $h(\theta)=f(\theta)-g(\theta)$，则 $h(0)>0$，$h\left(\frac{\pi}{2}\right)<0$.

由 f 和 g 的连续性知 h 也是连续函数．由连续函数的介值定理知，至少存在一 $\theta_0\left(0<\theta_0<\frac{\pi}{2}\right)$，使 $h(\theta_0)=0$，即 $f(\theta_0)=g(\theta_0)$.

因为 $f(\theta_0)\cdot g(\theta_0)=0$，所以 $f(\theta_0)=g(\theta_0)=0$.

5. 模型评价及应用

模型中假设“四脚连线呈正方形”与现实不太相符，现实中凳子大都呈长方形，椅子呈等腰梯形，通过进一步讨论，可以证明，当四脚连线为长方形或等腰梯形，甚至是一般四顶点共圆的四边形，也可以通过转动放平稳.

1.9 数学实验：Mathematica 简介及极限运算

Mathematica 系统是目前世界上应用最广泛的符号计算系统之一，是由美国科学家 Stephen Wolfram 领导的 Wolfram 公司开发的一个数学软件．它内容丰富、功能强大，解决了初等数学、微积分和线性代数等众多数学领域中的许多复杂的问题. 它也是解决“数学建模”问题最好的工具之一.

Mathematica 提供了与 Matlab 和 Maple 等著名数学软件同样强大的功能，能够完成符号运算、数学图形绘制等多种操作. 但与这些数学软件相比，Mathematica 显得小巧得多.

Mathematica 的主要功能包括三个方面：符号演算、数值计算和绘图. Mathematica 可以完成许多符号演算以及数值计算的工作. 例如，它可以进行各种多项式的计算（四则运算、展开、因式分解）和有理式的计算. 它可以求多项式方程、有理式方程及超越方程的精确解和近似解；可以进行数值和表达式的向量以及矩阵运算. Mathematica 还可以求解已知函数的极限、导数、积分，对函数进行幂级数展开，求解某些常微分方程等. 使用 Mathematica 可以方便地做出一元函数和二元函数的图形，并且可以根据需要自由地选择图形的范围.

本章主要介绍 Windows 环境下 Mathematica 5.0 版在高等数学中的应用.

1.9.1 Mathematica 的运行

启动 Windows 后，在“开始”菜单的“程序”中单击 Mathematica 5，或者用鼠标左键双击桌面上的 Mathematica 图标，就启动了 Mathematica 5.0，在屏幕上显示如图 1 - 19 所示的工作窗口，系统取名 Untitled - 1，直到用户保存时重新命名为止.

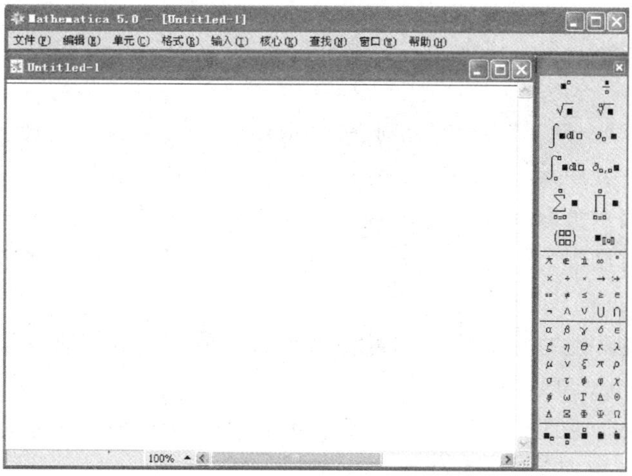

图 1－19

右边的符号框称为“基本输入模板”，若没有显示，则单击文件→控制面板→BasicInput 即可，利用“文件”中的“控制面板”也可以得到其他的有专门用途的模板.

在 Mathematica 的工作区窗口，通过键盘(或者模板)输入一行或多行表达式，然后按下 Shift＋Enter 组合键或小键盘的回车键，这时系统开始计算，工作区窗口自动给出“In[1]：＝”显示输入内容，并在“Out[1]＝”输出运算结果. 例如，在工作窗口输入 20 * (10－1)，按下 Shift＋Enter 组合键或小键盘的回车键，得到如图 1－20 所示的运算结果.

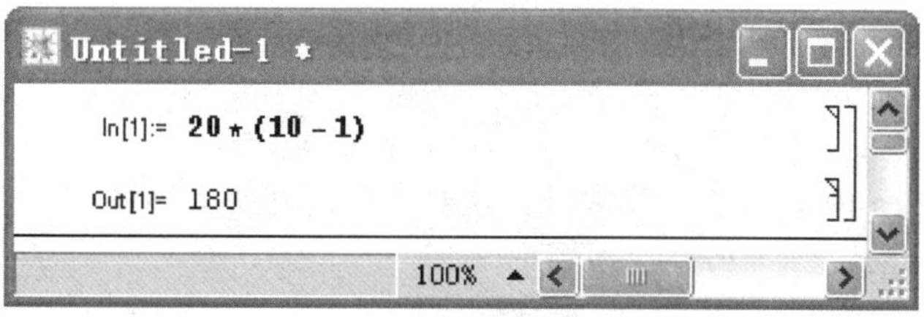

图 1－20

若在工作窗口中输入内容的右边加上分号“;”，则可以去掉显示结果，用分号作为表达式间的分割符号还可以实现在一个输入行中输入多个表达式，如图1－21 所示.

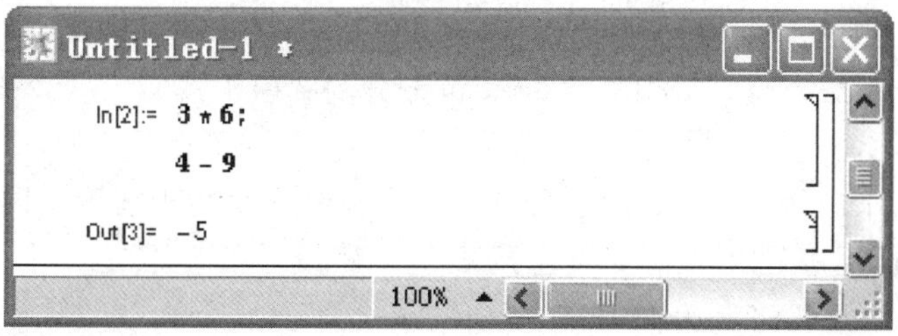

图 1－21

要退出系统，只要在“File”菜单中选择“Exit”命令或 Alt＋F4 组合键. 如果文件未存盘，系统将提示用户存盘，文件名以“. nb”为后缀，称为 Notebook 文件.

1.9.2 Mathematica 的基本符号

运算符号“+”“−”“*”“/”“^”分别表示 Mathematica 系统中的加、减、乘、除以及乘方的运算符号，其中乘可以用空格来代替，减号还可以用来表示一个数的符号，直接写在数的前边表示负号. 若数与符号之间没有运算符则意味着乘法运算，若两个符号之间没有运算符则视为一个整体. 如 $3a$ 即 $3\times a$，但是 bc 并不意味着 $b\times c$，而是表示一个整体.

运算的执行顺序为指数、乘法与除法、加法与减法，若要改变运算顺序，则必须用圆括号().

在 Mathematica 系统中每一个符号都表示一定的内容，它有可能是某个简单的运算结果，也有可能是一个复杂的代数表达式.

Mathematica 可以进行任意位的整数的精确计算以及分子分母为任意位整数的有理数的精确计算(四则运算、乘方等)，还可以进行任意精确度的数值(实数值或虚数值)计算，近似值的精度用命令 N 控制.

N[表达式]　给出表达式的 6 位有效数字(Mathematica 的默认值)的近似值

N[表达式，n]　给出表达式的 n 位有效数字的近似值

Mathematica 可以跟踪前面的计算结果，%表示前一个输出的内容，%%表示倒数第 2 个输出的内容，依此类推%…%(n 个)表示倒数第 n 个输出的内容.

1.9.3 Mathematica 的基本概念

1. 常量

在 Mathematica 中定义了一些常量，这些常量用开头大写的字母表示.

Pi　圆周率 π

E　自然对数的底数 e

I　虚数单位 i

Infinity　无穷大∞

Degree　度数$\frac{\pi}{180}$

GoldRatio　黄金分割率$(1+\sqrt{5})/2$

2. 变量

在 Mathematica 中，变量名用字母表示，大写和小写用于表示不同的变量.

Mathematica 用等号“=”为变量全局赋值，赋值号的左端是一个可以赋值的对象(变量)，右端可以是任何表达式.

x=value　给 x 赋值 value

x=y=value　同时给 x 和 y 赋相同的值 value

{x，y，…}={value1，value2，…}　分别给 x，y，…赋不同的值 value1，value2，…

Mathematica 用“函数名/. 自变量名称－>自变量值”的形式给一个变量临时赋值(其中“－>”是由键盘上的减号和大于号组成的，也可以直接用输入模板中的“→”输入)，或用“函数名/.{自变量名称－>自变量值，…，自变量名称－>自变量值}”的形式给多个变量赋值.

一旦给某一变量赋值后，这个值就一直保持不变. 当一个变量使用完之后，清除的方法是用 Clear 或 Remove 命令.

Clear[x]　　清除 x 的值，但保留变量 x

Remove[x]　　将变量 x 清除

Clear["Global`*"]　　清除所有变量的值

Remove["Global`*"]　　清除所有的变量

3. 常用函数

函数名是用字符串表示的，字符之间不能有空格，函数名的第一个字母总是大写，后面的字母小写，但如果函数名由几个段构成(如 ArcSin)，则每段的第一个字母都必须大写，这是 Mathematica 内部函数取名的规则. 函数的参数是用方括号括起来的，有多个参数的函数，参数之间用逗号分隔. 下面给出一些常用函数的函数名.

Sign[x]　　符号函数

Abs[x]　　x 的绝对值 $|x|$

Exp[x]　　以 e 为底的指数函数 e^x

Sqrt[x]　　$\sqrt{x}$

Log[a,x]　　以 a 为底的对数函数 $\log_a x$

Log[x]　　以 e 为底的对数函数 $\ln x$

Sin[x]，Cos[x]，Tan[x]，　　三角函数(变量以弧度为单位)

Cot[x]，Sec[x]，Csc[x]

ArcSin[x]，ArcCos[x]，　　反三角函数(变量以弧度为单位)

ArcTan[x]，ArcCot[x]

Random[Real，{$x$min，$x$max}]　　$x$min～$x$max 之间的随机函数

Mod[m，n]　　m 被 n 整除的余数

4. 自定义函数

Mathematica 中可以使用自定义函数，自定义函数格式如下：

g[x _]=表达式　　定义函数 $g(x)$

f[x _，y _]=表达式　　定义函数 $f(x,y)$

自定义函数必须使用下划线“_”，“_”代表任何表达式.

定义分段函数可以用 Which 语句，格式为 f[x _]=Which[条件，表达式，条件，表达式]，也可以用“/；条件”语句来定义，格式为 f[x _]：=表达式/；条件.

例 1　定义函数 $f(x)=\dfrac{x-1}{x+1}$，并求 $f(0)$值以及 $f\left(\dfrac{1}{a}\right)$的表达式.

解

具体结果如图 1－22 所示.

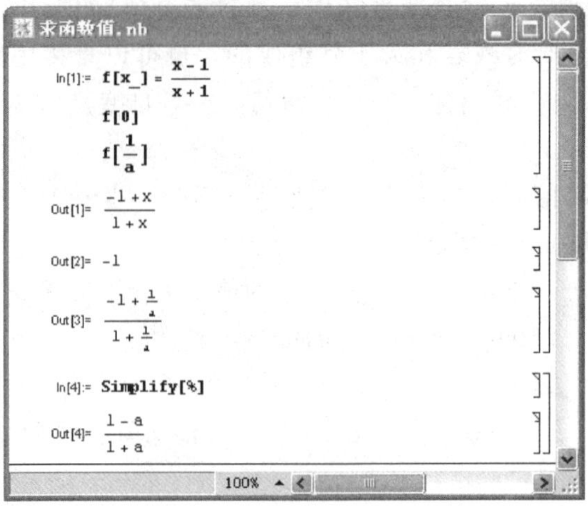

图 1－22

注：Mathematica 不自动化简结果，化简结果要借助于 Simplify 命令.

例 2　定义函数 $f(x)=\begin{cases}x^2, & 0\leqslant x\leqslant 1,\\ 3x, & x>1,\end{cases}$ 并求 $f\left(\frac{1}{2}\right)$，$f(2)$的值.

解

具体结果如图 1 - 23 所示.

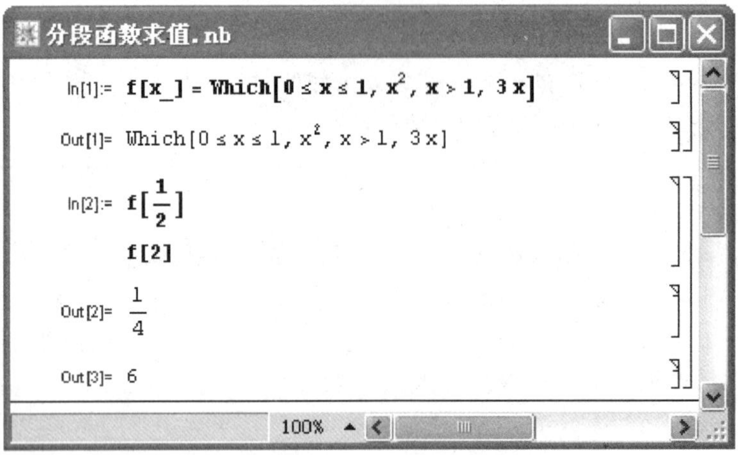

图 1－23

1.9.4 Mathematica 的联机帮助

在 Notebook 界面下，用“ ?”或 “??”可向系统查询运算符和命令的用法，获取简单而直接的帮助信息. 如果曾经自定义过函数，在没有取消这个定义之前，也可以用“ ?”查询自定义函数的有关信息.

? 命令名　　系统将给出该命令的格式以及功能

?? 命令名　　系统给出该命令的详细信息

? A *　　给出以 A 开头的所有命令的全名

? Ab *　　给出前两个字母为 Ab 的所有命令的全名

任何时候都可以通过单击 F1 键或单击帮助菜单项 Help Browser，调出帮助菜单. 如图 1-24 所示，其中各按钮用途如下：

Built—in Functions　　内建函数，按数值计算、代数计算、图形和编程分类存放

Add—ons & Links　　程序包附件和链接

The Mathematica Book　　一本完整的 Mathematica 使用手册

Getting Started　　初学者入门指南

Demos　　多种演示

Tour　　漫游 Mathematica

Front End　　菜单命令的快捷键，二维输入格式等

Master Index　　按字母命令给出命令、函数和选项的索引表

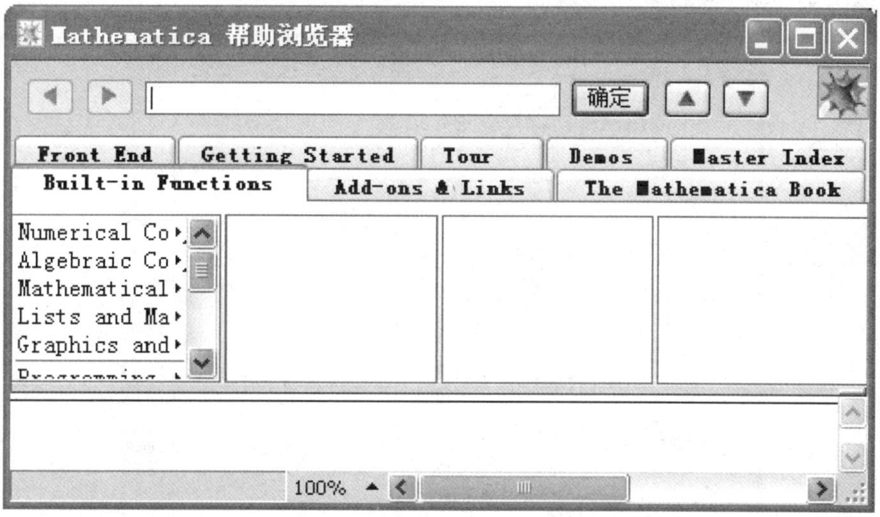

图 1-24

如果要查找 Mathematica 中具有某个功能的命令，可以通过帮助菜单中的 Mathematica 使用手册，在其目录索引 Contents 中快速定位到自己要查找的帮助信息. 如果知道具体的命令名，但不知其详细使用说明，可以在命令按钮 Go 左边的文本框中键入命令名，单击回车键后就显示该命令的定义、例题和相关联的内容. 如果已经知道 Mathematica 中具有某个功能的命令，但不知具体命令名，可以单击 Built—in Functions 按钮，再按功能分类一步步找到具体的命令.

如果输入了不合语法规则的表达式，系统会显示出错信息，并且不给出计算结果，学会看系统出错信息能帮助我们较快地找出错误，提高效率.

1.9.5 用 Mathematica 求极限

在 Mathematica 系统中，求极限的命令为 Limit，其形式如下：

Limit[$f[x]$，$x \to x_0$]　　求当 $x \to x_0$ 时函数 $f(x)$ 的极限

Limit[$f[x]$，$x \to x_0$，Direction→1]　　求当 $x \to x_0^-$ 时函数 $f(x)$ 的左极限

Limit[$f[x]$，$x \to x_0$，Direction→−1]　　求当 $x \to x_0^+$ 时函数 $f(x)$ 的右极限

例 3　求下列各极限：

(1) $\lim\limits_{x \to \infty} \dfrac{\sqrt{x^2+2}}{3x-6}$；　　(2) $\lim\limits_{x \to 0} \dfrac{\sin x}{x}$；

(3) $\lim\limits_{x \to \frac{\pi}{2}^+} \tan x$；　　(4) $\lim\limits_{n \to \infty} \sum\limits_{i=1}^{n} \dfrac{2i-1}{2^i}$；

(5) $\lim\limits_{x \to 0} \left(\dfrac{a^x+b^x+c^x}{3}\right)^{\frac{1}{x}}$；　　(6) $\lim\limits_{n \to \infty} \prod\limits_{i=1}^{n} \dfrac{2i-1}{2i}$.

解

具体结果如图 1－25 所示.

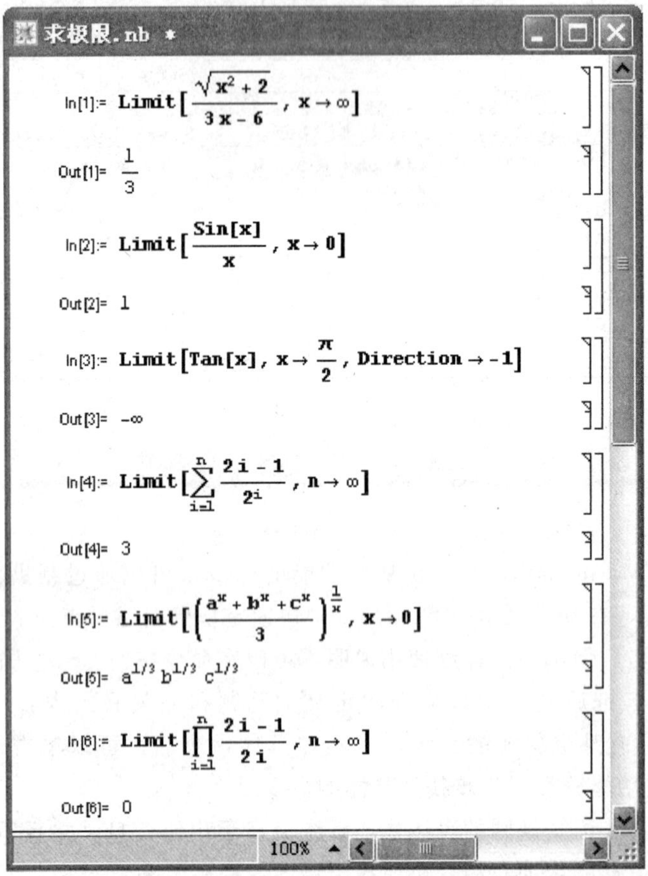

图 1－25

例 4　设函数 $f(x)=\begin{cases}x+1, & x<0,\\ x-1, & x\geqslant 0,\end{cases}$ 试判断 $\lim\limits_{x\to 0}f(x)$ 是否存在.

解

先求 $f(x)$ 的左右极限，如图 1－26 所示.

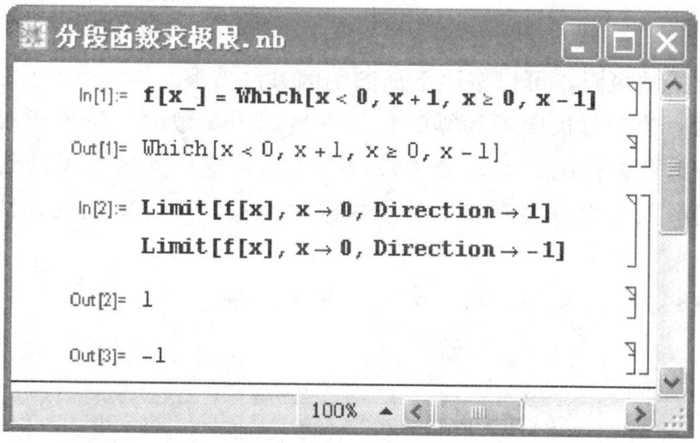

图 1－26

左、右极限都存在但不相等，所以 $\lim\limits_{x\to 0}f(x)$ 不存在.

本章小结

一、主要内容

本章主要讲述了函数、极限和连续三个问题.

1. 函数

理解函数的概念，掌握函数概念的两要素，能正确确定函数的定义域．理解函数符号 $f(x)$ 的含义.

在理解函数概念的基础上，进一步掌握函数的四种特性和几何意义，反函数的概念和几何图像，分段函数的概念和求值的方法，六类基本初等函数的性质和图像，复合函数和初等函数的概念.

掌握常用经济函数的意义.

2. 极限

在理解数列极限的定义、函数极限的定义、极限存在的充分必要条件的基础上，熟练掌握极限的运算法则和下列求极限的方法.

(1)利用函数的连续性求极限.

当函数 $y=f(x)$ 在点 x_0 处连续时，即 $\lim\limits_{x\to x_0}f(x)=f(x_0)$ 时，可以交换函数符号和极限符号，即

$$\lim_{x\to x_0}f(x)=f(\lim_{x\to x_0}x)=f(x_0)$$

(2)利用无穷小与有界变量的乘积仍是无穷小求极限.

(3)利用无穷小量与无穷大量的倒数关系求极限.

(4)利用等价无穷小之间的关系求极限.

(5)利用两个重要极限及其推论求极限，即

①$\lim\limits_{x\to 0}\dfrac{\sin x}{x}=1$；②$\lim\limits_{x\to\infty}\left(1+\dfrac{1}{x}\right)^{x}=\mathrm{e}$ 或 $\lim\limits_{t\to 0}(1+t)^{\frac{1}{t}}=\mathrm{e}$.

对于有理分式的极限，可以按照下面归纳的方法来求.

(1)$x\to x_0$时：当分母极限不为零时，可直接利用函数的连续性求极限；当分母极限为零时，又分为两种情况：如果分子极限不为零，则由无穷小量与无穷大量的倒数关系可得原式的极限为无穷大；如果分子极限也为零，则分解因式，消去无穷小量因子后再求极限.

(2)$x\to\infty$时：当 $a_0\neq 0$，$b_0\neq 0$，m，$n\in\mathbf{N}_+$ 时，有

$$\lim_{x\to\infty}\frac{a_0x^m+a_1x^{m-1}+\cdots+a_m}{b_0x^n+b_1x^{n-1}+\cdots+b_n}=\begin{cases}\dfrac{a_0}{b_0}, & m=n\\ 0, & m<n\\ \infty, & m>n\end{cases}$$

3. 连续

函数概念和极限概念相结合得出的函数连续性的概念是本章的另一个重要概念，主要应掌握函数在点 x_0处连续的两个等价定义、函数在点 x_0连续和在该点极限存在的关系、判断间断点的条件及类型、初等函数的连续性、闭区间上连续函数的性质.

二、应注意的问题

(1)分段函数表示的是一个函数．求分段函数的函数值时，必须将自变量的值代入所在区间的分析式中计算求值．由于分段函数一般不是初等函数，所以在有定义的地方不一定连续．如果它在每一段上都是由初等函数的形式表示的，则只需考察该函数在分界点处的连续性.

(2)将一个复合函数分解为若干个简单函数时，其分解过程是由外向里逐层分解.

(3)函数在某一点处连续的三要素是有定义、有极限、极限值和函数值相等．对于分段函数在分界点处的连续性需考虑左、右连续.

(4)判断函数间断点的类型时，主要讨论函数在该点的左右极限是否存在.

复习题 1

1. 求下列函数的定义域.

(1)$y=\dfrac{1}{x^2-1}+\arccos x+\sqrt{x}$；

(2)$y=\ln\cos x$；

(3)$y=\sqrt{5-x}+\lg(x-1)$；

(4) $y=\arcsin(x-1)+\dfrac{1}{\sqrt{1-x^2}}$.

2. 已知 $f(x)$的定义域为$[0,1]$，求 $f(\sin x)$的定义域.

3. 判断下列函数的奇偶性.

(1) $f(x)=x^3-\dfrac{\arctan x}{x}(x\neq 0)$；

(2) $f(x)=\begin{cases}x+2, & x\leqslant 0,\\ 2-x, & x>0.\end{cases}$

4. 求下列函数的表达式.

(1)设 $f(1+x)=x^2+3x+5$，求 $f(x)$.

(2)已知 $f(2x-1)=x^2$，求 $f[f(x)]$.

(3)设 $f(x)=\dfrac{1}{1+x}$，$g(x)=1+x^2$，求 $f\left(\dfrac{1}{x}\right)$，$f[f(x)]$，$g[g(x)]$，$f[g(x)]$，$g[f(x)]$；并确定它们的定义域.

(4)若 $f(x)=10^x$，$g(x)=\lg x$，求 $f[g(100)]$，$g[f(3)]$.

5. 分解下列复合函数.

(1) $y=\cos\dfrac{1}{x+1}$；

(2) $y=2^{\sin x^3}$；

(3) $y=\lg^2\arccos x^5$；

(4) $y=\sqrt{\ln\tan x^2}$.

6. 计算下列极限.

(1) $\lim\limits_{n\to\infty}\dfrac{n(2n^2+1)}{n^3+4n^2+3}$；

(2) $\lim\limits_{n\to\infty}(\sqrt{n+1}-\sqrt{n})$；

(3) $\lim\limits_{n\to\infty}\left[\dfrac{1+3+\cdots+(2n-1)}{n+3}\right]$，其中 n 为自然数；

(4) $\lim\limits_{n\to+\infty}\left(1+\dfrac{1}{2}+\dfrac{1}{4}+\cdots+\dfrac{1}{2^n}\right)$；

(5) $\lim\limits_{x\to 0}\dfrac{x}{\sqrt{x+2}-\sqrt{2-x}}$；

(6) $\lim\limits_{x\to\infty}\dfrac{-3x^3+1}{x^3+3x^2-2}$；

(7) $\lim\limits_{x\to 2}\dfrac{\sin^2(x-2)}{x-2}$；

(8) $\lim\limits_{x\to 0}\dfrac{\sqrt{1+x+x^2}-1}{\sin 2x}$；

(9) $\lim\limits_{x\to\infty}\left(1+\dfrac{4}{x}\right)^{x+4}$；

(10) $\lim\limits_{x\to 0}\left(\dfrac{1-x}{1+x}\right)^{\frac{1}{x}}$；

(11) $\lim\limits_{x\to 1}x^{\frac{1}{x-1}}$；

(12) $\lim\limits_{x\to 0}(1+\sin x)^{\frac{1}{x}}$；

(13) $\lim\limits_{x\to 0}(1+\sin x)^{2\csc x}$；

(14) $\lim\limits_{x\to+\infty}x[\ln(x+1)-\ln x]$；

(15) $\lim\limits_{x\to 0}\arctan\left(\dfrac{\sin x}{x}\right)$；

(16) $\lim\limits_{x\to 0}\dfrac{1-\cos x}{3x^2}$；

(17) $\lim\limits_{x\to 0}\dfrac{1-\cos 4x}{x^2}$；

(18) $\lim\limits_{t\to 0}\dfrac{e^t-1}{t}$；

7. 设 $f(x)=\begin{cases}e^{\frac{1}{x}}, & x<0,\\ x, & x>0,\end{cases}$ 求$\lim\limits_{x\to 0}f(x)$.

8. 设 $f(x)=\dfrac{|x|-x}{x}$，问$\lim\limits_{x\to 0}f(x)$是否存在.

9. 讨论下列函数在指定点处的连续性.

(1)$f(x)=\begin{cases}2x, & 0\leqslant x<1,\\ 3-x, & 1\leqslant x\leqslant 2,\end{cases}$在 $x=1$ 处；

(2)$f(x)=\begin{cases}\dfrac{x}{\sin x}, & x<0,\\ 1, & x=0,\\ e^{-x}, & x>0,\end{cases}$在 $x=0$ 处.

10. 设函数 $f(x)=\begin{cases}\dfrac{\sin 2x}{x}, & x<0,\\ 3x^2-2x+k, & x\geqslant 0,\end{cases}$当 k 取何值时，函数 $f(x)$在其定义域内连续?

11. 求下列函数的间断点，并确定其类型：

(1)$y=\dfrac{\tan x}{x}$；　　(2)$f(x)=\dfrac{2^{\frac{1}{x}}-1}{2^{\frac{1}{x}}+1}$；　　(3)$y=\dfrac{x^2-4}{x^2-3x+2}$.

12. 求证方程 $x-3\cos x=1$ 至少有一个小于 4 的正根.

13. 某厂生产产品 1 000 t，定价为 130 元/t，当销售量不超过 700 t 时，按原价出售；超过 700 t 的部分按原价的九折出售，试将销售收入表示成销售量的函数.

14. 某种品牌的电视机每台售价为 500 元时，每月可销售 2 000 台，每台售价为 450 元时，每月可多销售 400 台. 试求该电视机的线性需求函数.

15. 某手表厂每天生产 60 只手表的成本为 300 元，每天生产 80 只手表的成本为 340 元，求其线性成本函数. 并求每天的固定成本和生产一只手表的可变成本各为多少?

第 2 章

导数与微分

本章将用极限的方法来研究函数的导数，并由此给出导数与微分的定义及其基本公式和导数、微分的计算方法.

2.1 导数的概念

2.1.1 两个实例

导数的两个实例

1. 变速直线运动的瞬时速度

当物体做直线运动时，求平均速度的问题很容易解决，就是所经过的路程与时间的比值：

$$速度=\frac{路程}{时间}$$

而在很多实际问题中，常常需要知道物体在某个时刻的速度的大小，即瞬时速度.

引例 1 设物体做变速直线运动，其运动方程(路程 s 与 t 之间的函数关系)为 $s=s(t)$，现在需要求物体在时刻 t_0 的瞬时速度.

解

当时间由 t_0 变到 $t_0+\Delta t$ 时，物体经过的路程为

$$\Delta s=s(t_0+\Delta t)-s(t_0)$$

于是比值

$$\frac{\Delta s}{\Delta t}=\frac{s(t_0+\Delta t)-s(t_0)}{\Delta t}$$

就是物体在 Δt 这段时间内的平均速度，记作 $\overline{v}$，即

$$\overline{v}=\frac{\Delta s}{\Delta t}=\frac{s(t_0+\Delta t)-s(t_0)}{\Delta t}$$

显然，如果时间 Δt 很小，则物体在这段时间的速度变化也很小，这时物体在这一小段时间 Δt 内运动的平均速度与物体在 t_0 时刻的瞬时速度 $v(t_0)$ 就很接近. 当 $\Delta t\to 0$ 时，平均速度的极限就是物体在 t_0 时刻的瞬时速度，即

$$v(t_0)=\lim_{\Delta t\to 0}\overline{v}=\lim_{\Delta t\to 0}\frac{\Delta s}{\Delta t}=\lim_{\Delta t\to 0}\frac{s(t_0+\Delta t)-s(t_0)}{\Delta t}$$

2. 平面曲线的切线斜率

在平面几何里，圆的切线被定义为“与圆只相交于一点的直线”，对一般曲线来说，用直线与曲线的交点个数来定义曲线的切线是不适用的.

如图 2-1 所示，与 y 轴平行的直线均和曲线 $y=x^2$ 只相交于一点，显然这些直线均不是曲线 $y=x^2$ 的切线．一般而言，曲线的切线定义为曲线的割线的极限位置.

引例 2　设函数 $y=f(x)$ 的图像为曲线 L(图 2-2)，M 为 L 上一点，L 在 M 点存在切线 MT，试求切线 MT 的斜率.

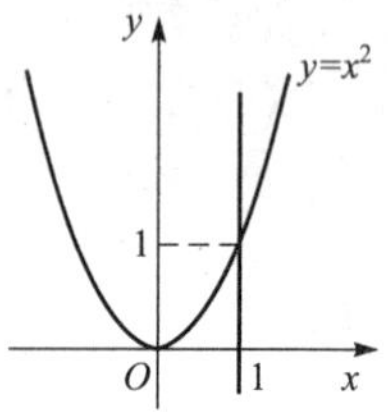

图 2-1

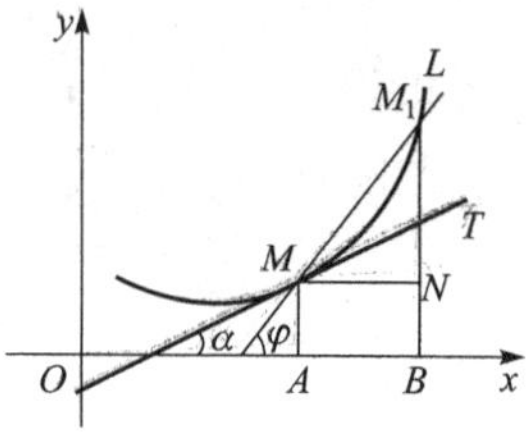

图 2-2

解

设点 M 坐标为 $(x,f(x))$，$M_1(x_1,f(x_1))$ 为曲线 L 上另一点．M 与 M_1 到 x 轴的垂足分别为 A 和 B，作 MN 垂直于 BM_1 并交 BM_1 于 N，则

$$MN=\Delta x=x_1-x$$

$$NM_1=\Delta y=f(x_1)-f(x)$$

而比值

$$\frac{\Delta y}{\Delta x}=\frac{f(x_1)-f(x)}{x_1-x}=\frac{f(x+\Delta x)-f(x)}{\Delta x}$$

便是割线 MM_1 的斜率 $\tan\varphi$(φ 为割线 MM_1 的倾斜角)，当 $\Delta x\to 0$ 时，M_1 沿曲线 L 趋于 M，割线 MM_1 趋于极限位置 MT，$\varphi\to\alpha$(α 为切线 MT 的倾斜角)，从而得到切线的斜率为

$$\tan\alpha=\lim_{\varphi\to\alpha}\tan\varphi=\lim_{\Delta x\to 0}\frac{\Delta y}{\Delta x}=\lim_{\Delta x\to 0}\frac{f(x+\Delta x)-f(x)}{\Delta x}$$

总结以上两例，虽然它们的具体意义各不相同，但从数学结构上看，却具有完全相同的形式．通常把这种形式的极限定义为函数的导数(或函数的瞬时变化率).

2.1.2　导数的概念

导数的概念

1. 导数的定义

定义 1　设函数 $y=f(x)$ 在点 x_0 的某一邻域内有定义，当自变量 x 在 x_0 处有增量 $\Delta x(\Delta x\neq 0)$ 时，相应地函数有增量 $\Delta y=f(x_0+\Delta x)-f(x_0)$，如果极限

$$\lim_{\Delta x\to 0}\frac{\Delta y}{\Delta x}=\lim_{\Delta x\to 0}\frac{f(x_0+\Delta x)-f(x_0)}{\Delta x}$$

存在，则称函数 $y=f(x)$ 在点 x_0 处可导，该极限值称为函数 $y=f(x)$ 在点 x_0 的导数，

记作 $f'(x_0)$ 或 $y'\big|_{x=x_0}$，$\dfrac{\mathrm{d}f(x)}{\mathrm{d}x}\bigg|_{x=x_0}$，$\dfrac{\mathrm{d}y}{\mathrm{d}x}\bigg|_{x=x_0}$，即

$$f'(x_0)=\lim_{\Delta x\to 0}\frac{\Delta y}{\Delta x}=\lim_{\Delta x\to 0}\frac{f(x_0+\Delta x)-f(x_0)}{\Delta x}$$

如果极限 $\lim\limits_{\Delta x\to 0}\dfrac{\Delta y}{\Delta x}$ 不存在，则函数 $y=f(x)$ 在点 x_0 处不可导.

若令 $x_0+\Delta x=x$，则当 $\Delta x\to 0$ 时，有 $x\to x_0$，故函数在 x_0 处的导数 $f'(x_0)$ 也可表示为

$$f'(x_0)=\lim_{x\to x_0}\frac{f(x)-f(x_0)}{x-x_0}$$

有了导数概念，前面两个引例中的问题可以重述如下：

(1)变速直线运动在时刻 t_0 的瞬时速度，就是路程 s 在 t_0 处对时间 t 的导数，即

$$v(t_0)=\frac{\mathrm{d}s}{\mathrm{d}t}\bigg|_{t=t_0}$$

(2)平面曲线的切线的斜率是曲线纵坐标 y 在该点对横坐标 x 的导数，即

$$k=\tan\alpha=\frac{\mathrm{d}y}{\mathrm{d}x}\bigg|_{x=x_0}$$

2. 左、右导数

类比于左、右极限的概念，若 $\lim\limits_{\Delta x\to 0^-}\dfrac{\Delta y}{\Delta x}$ 存在，则该极限值称为 $f(x)$ 在点 x_0 处的**左导数**，若 $\lim\limits_{\Delta x\to 0^+}\dfrac{\Delta y}{\Delta x}$ 存在，则该极限值称为 $f(x)$ 在点 x_0 处的**右导数**，分别记为 $f'_-(x_0)$ 和 $f'_+(x_0)$，即

$$f'_-(x_0)=\lim_{\Delta x\to 0^-}\frac{\Delta y}{\Delta x}=\lim_{\Delta x\to 0^-}\frac{f(x_0+\Delta x)-f(x_0)}{\Delta x}$$

$$f'_+(x_0)=\lim_{\Delta x\to 0^+}\frac{\Delta y}{\Delta x}=\lim_{\Delta x\to 0^+}\frac{f(x_0+\Delta x)-f(x_0)}{\Delta x}$$

由函数 $y=f(x)$ 在 x_0 处的左、右极限与极限 $\lim\limits_{x\to x_0}f(x)$ 的关系，可得如下定理.

定理 1　函数 $y=f(x)$ 在 x_0 处的左、右导数存在且相等是 $f(x)$ 在点 x_0 处可导的充分必要条件.

如果函数 $y=f(x)$ 在区间 (a,b) 内每一点都可导，则称 $y=f(x)$ 在区间 (a,b) 内可导，相应地，称 $y=f(x)$ 是区间 (a,b) 上的**可导函数**.

如果 $f(x)$ 在 (a,b) 内可导，则对任意 $x\in(a,b)$，都有一个确定的导数值 $f'(x)$ 与之对应，这样就确定了一个新的函数，此函数称为函数 $y=f(x)$ 的**导函数**，记作 $f'(x)$，y'，$\dfrac{\mathrm{d}y}{\mathrm{d}x}$，$\dfrac{\mathrm{d}f(x)}{\mathrm{d}x}$. 在不致发生混淆的情况下，导函数也简称为导数.

显然，函数 $y=f(x)$ 在点 x_0 处的导数 $f'(x_0)$，就是导函数 $f'(x)$ 在点 $x=x_0$ 处的函数值，即

$$f'(x_0)=f'(x)\big|_{x=x_0}$$

3. 利用定义求导数

由导数定义可知，求函数 $y=f(x)$ 的导数 y' 可以分为以下三个步骤：

(1)求增量：$\Delta y=f(x+\Delta x)-f(x)$；

(2)算比值：$\dfrac{\Delta y}{\Delta x}=\dfrac{f(x+\Delta x)-f(x)}{\Delta x}$；

(3)取极限：$y'=\lim\limits_{\Delta x\to 0}\dfrac{\Delta y}{\Delta x}$.

求导举例

例 1　求函数 $y=C$　(C 是常数)的导数.

解

(1)$\Delta y=f(x+\Delta x)-f(x)=C-C=0$；

(2)$\dfrac{\Delta y}{\Delta x}=0$；

(3)$y'=\lim\limits_{\Delta x\to 0}\dfrac{\Delta y}{\Delta x}=\lim\limits_{\Delta x\to 0}0=0$.

这就是说，常数函数的导数等于零，即$(C)'=0$.

例 2　求函数 $y=x^2$ 的导数.

解

(1)$\Delta y=(x+\Delta x)^2-x^2=2x\Delta x+(\Delta x)^2$；

(2)$\dfrac{\Delta y}{\Delta x}=\dfrac{2x\Delta x+(\Delta x)^2}{\Delta x}=2x+\Delta x$；

(3)$y'=\lim\limits_{\Delta x\to 0}\dfrac{\Delta y}{\Delta x}=\lim\limits_{\Delta x\to 0}(2x+\Delta x)=2x$，即

$$(x^2)'=2x$$

若 n 是正整数，对于函数 $y=x^n$，类似地推导，有

$$(x^n)'=nx^{n-1}$$

特别地，当 $n=1$ 时，有

$$(x)'=1\cdot x^{1-1}=x^0=1$$

更一般地，对任意实数 α，还可以得到幂函数 $y=x^\alpha$ 的导数公式为

$$(x^\alpha)'=\alpha x^{\alpha-1}$$

例如，当 $\alpha=-1$ 时，$y=x^{-1}=\dfrac{1}{x}$的导数为

$$y'=\left(\frac{1}{x}\right)'=(x^{-1})'=-1\cdot x^{-1-1}=-\frac{1}{x^2}$$

当 $\alpha=\dfrac{1}{2}$时，$y=x^{\frac{1}{2}}=\sqrt{x}$的导数为

$$y'=(\sqrt{x})'=(x^{\frac{1}{2}})'=\frac{1}{2}x^{\frac{1}{2}-1}=\frac{1}{2\sqrt{x}}$$

例 3　求对数函数 $y=\ln x$ 的导数.

解

(1)$\Delta y=\ln(x+\Delta x)-\ln x=\ln\dfrac{x+\Delta x}{x}=\ln\left(1+\dfrac{\Delta x}{x}\right)$；

(2)$\dfrac{\Delta y}{\Delta x}=\dfrac{\ln\left(1+\dfrac{\Delta x}{x}\right)}{\Delta x}=\dfrac{1}{x}\ln\left(1+\dfrac{\Delta x}{x}\right)^{\frac{x}{\Delta x}}$；

(3) $\dfrac{dy}{dx}=\lim\limits_{\Delta x\to 0}\dfrac{\Delta y}{\Delta x}=\lim\limits_{\Delta x\to 0}\dfrac{1}{x}\ln\left(1+\dfrac{\Delta x}{x}\right)^{\frac{x}{\Delta x}}$.

这里，由对数函数的连续性及重要极限 $\lim\limits_{x\to 0}(1+x)^{\frac{1}{x}}=e$，得

$$\frac{dy}{dx}=\frac{1}{x}\ln e=\frac{1}{x}$$

即

$$(\ln x)'=\frac{1}{x}$$

同理，按照求导的三个步骤，还可以求得如下公式：

$$(\sin x)'=\cos x$$

$$(\cos x)'=-\sin x$$

导数的
几何意义

4. 导数的几何意义

由引例 2 可知，函数 $y=f(x)$ 在点 x_0 处的导数 $f'(x_0)$，就是曲线 $y=f(x)$ 在点 $M(x_0,y_0)$ 处的切线 MT 的斜率，如图 2－2 所示.

$$f'(x_0)=\lim_{\Delta x\to 0}\frac{\Delta y}{\Delta x}=\lim_{\Delta x\to 0}\tan\varphi=\tan\alpha=k_{\text{切}}\left(\text{其中 }\alpha\neq\frac{\pi}{2}\right)$$

由导数的几何意义及直线的点斜式方程，可知曲线 $y=f(x)$ 在点 $M(x_0,y_0)$ 处的切线方程为

$$y-y_0=f'(x_0)(x-x_0)$$

法线方程为

$$y-y_0=-\frac{1}{f'(x_0)}(x-x_0)\left(\text{其中 } f'(x_0)\neq 0\right)$$

例 4　求曲线 $y=x^2$ 在点 $(2,4)$ 处的切线方程和法线方程.

解

由于 $f'(x)=2x$，由导数的几何意义，切线的斜率为 $k=f'(2)=4$，故所求的切线方程为

$$y-4=4(x-2)$$

即

$$4x-y-4=0$$

法线方程为

$$y-4=-\frac{1}{4}(x-2)$$

即

$$x+4y-18=0$$

可导与
连续的关系

5. 可导与连续的关系

定理 2　若函数 $y=f(x)$ 在点 x_0 处可导，则函数 $y=f(x)$ 在点 x_0 处一定连续.

注意，这个定理的逆命题不成立.

例如，函数 $y=x^{\frac{1}{3}}$ 在区间 $(-\infty,+\infty)$ 上是连续的，当然在点 $x=0$ 处也连续，但它在 $x=0$ 处是不可导的，如图 2－3 所示.

例 5 讨论函数 $y=f(x)=|x|=\begin{cases}x, & x\geqslant 0\\ -x, & x<0\end{cases}$ 在点 $x=0$ 处的连续性与可导性.

解

因为 $\lim\limits_{x\to 0^+}|x|=\lim\limits_{x\to 0^+}x=0$，$\lim\limits_{x\to 0^-}|x|=\lim\limits_{x\to 0^-}(-x)=0$，所以

$$\lim_{x\to 0}|x|=f(0)=0$$

即函数在 $x=0$ 处是连续的．但是

$$f'_+(0)=\lim_{x\to 0^+}\frac{f(x)-f(0)}{x-0}=\lim_{x\to 0^+}\frac{x-0}{x-0}=1$$

$$f'_-(0)=\lim_{x\to 0^-}\frac{f(x)-f(0)}{x-0}=\lim_{x\to 0^-}\frac{-x-0}{x-0}=-1$$

即

$$f'_+(0)\neq f'_-(0)$$

所以 $f'(0)$不存在，如图 2－4 所示.

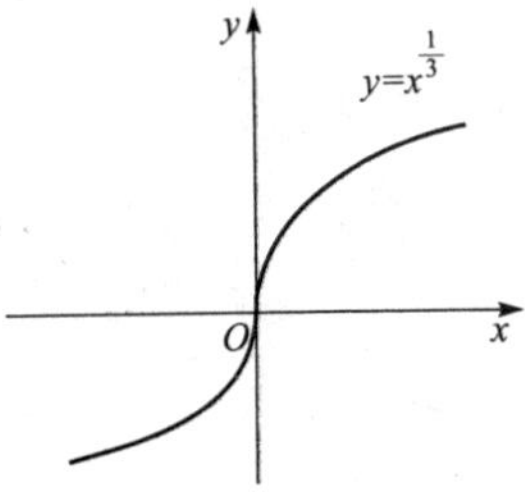

图 2－3

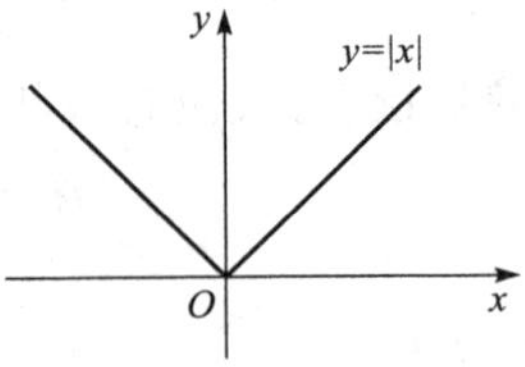

图 2－4

习　题　2.1

1. 利用导数的定义解答下列各题.

(1) $f(x)=\sqrt{x}$，求 $f'(x)$；

(2) $f(x)=\cos x$，求 $f'\left(\frac{\pi}{4}\right)$.

2. 求曲线 $y=x^3$ 在点(1,1)处的切线方程和法线方程.

3. 求下列函数的导数.

(1) $y=x^5$；　　(2) $y=x^{\frac{1}{3}}$；　　(3) $y=\frac{1}{\sqrt[3]{x}}$.

2.2　导数的基本公式和运算法则

求导数是微分学中最基本的运算，2.1 节给出了按定义求导数的方法，但对于较复杂的函数，用这种方法求导数比较困难．本节由导数的四则运算法则和复合函数的求导法则，导出基本初等函数的求导公式，然后在 2.3 节再建立起一些特殊的求导方法，

如对数求导法、隐函数求导法等.

导数的四则运算法则

2.2.1　导数的四则运算法则

这里不加证明地给出两个函数的和、差、积、商的求导法则，在以下各法则中，均假定函数 $u=u(x)$ 与 $v=v(x)$ 在点 x 处可导.

法则 1

$$[u(x)\pm v(x)]'=u'(x)\pm v'(x).$$

法则 1 可以推广到有限个函数代数和的情形，即

$$[u_1(x)\pm u_2(x)\pm\cdots\pm u_n(x)]'=u_1'(x)\pm u_2'(x)\pm\cdots\pm u_n'(x)$$

法则 2

$$[u(x)v(x)]'=u'(x)v(x)+u(x)v'(x).$$

特别地，有 $[Cu(x)]'=Cu'(x)$（C 为常数）.

乘法法则可推广到有限个函数的情形，例如，对三个函数的乘积，有

$$[u(x)v(x)w(x)]'=u'(x)v(x)w(x)+u(x)v'(x)w(x)+u(x)v(x)w'(x)$$

法则 3

$$\left[\frac{u(x)}{v(x)}\right]'=\frac{u'(x)v(x)-u(x)v'(x)}{v^2(x)}\ (v(x)\neq 0).$$

特别地，当 $u(x)=C$　（C 为常数）时，有

$$\left(\frac{C}{v(x)}\right)'=\frac{-Cv'(x)}{v^2(x)}$$

例 1　求 $y=\ln x+x^2$ 的导数.

解

$$y'=(\ln x)'+(x^2)'=\frac{1}{x}+2x$$

例 2　求 $y=\cos x+\frac{1}{x}+\sin\frac{\pi}{7}$ 的导数.

解

$$y'=(\cos x)'+\left(\frac{1}{x}\right)'+\left(\sin\frac{\pi}{7}\right)'$$

$$=-\sin x-\frac{1}{x^2}+0=-\sin x-\frac{1}{x^2}$$

例 3　$(\log_a x)'=\left(\frac{\ln x}{\ln a}\right)'=\frac{1}{\ln a}(\ln x)'=\frac{1}{x\ln a}\ (a>0，a\neq 1).$

例 4　求 $y=x^2\sin x$ 的导数.

解

$$y'=(x^2)'\sin x+x^2(\sin x)'=2x\sin x+x^2\cos x$$

例 5　求 $y=\tan x$ 的导数.

解

$$y'=(\tan x)'=\left(\frac{\sin x}{\cos x}\right)'=\frac{(\sin x)'\cos x-\sin x(\cos x)'}{\cos^2 x}$$

$$=\frac{\cos^2 x+\sin^2 x}{\cos^2 x}=\frac{1}{\cos^2 x}=\sec^2 x$$

即

$$(\tan x)' = \sec^2 x$$

用类似的方法可得

$$(\cot x)' = -\csc^2 x$$

$$(\sec x)' = \sec x \cdot \tan x$$

$$(\csc x)' = -\csc x \cdot \cot x$$

2.2.2 复合函数的求导法则

复合函数的求导法则

定理 1 若函数 $u=\varphi(x)$在点 x 处可导，函数 $y=f(u)$在对应点 u 处可导，则复合函数 $y=f[\varphi(x)]$也在点 x 处可导，且

$$\frac{\mathrm{d}y}{\mathrm{d}x}=\frac{\mathrm{d}y}{\mathrm{d}u}\cdot\frac{\mathrm{d}u}{\mathrm{d}x} \quad 或 \quad [f(\varphi(x))]'=f'(u)\varphi'(x) \quad 或 \quad y'_x=y'_u\cdot u'_x$$

证

设自变量 x 在点 x 处取得改变量 Δx 时，中间变量 u 取得相应的改变量 Δu，函数 y 也取得相应的改变量 Δy，当 $\Delta u\neq 0$ 时，有

$$\frac{\Delta y}{\Delta x}=\frac{\Delta y}{\Delta u}\cdot\frac{\Delta u}{\Delta x}$$

又因为 $u=\varphi(x)$在点 x 处可导，所以 $\varphi(x)$在点 x 处必连续，即当 $\Delta x\to 0$ 时，$\Delta u\to 0$，于是

$$\lim_{\Delta x\to 0}\frac{\Delta y}{\Delta x}=\lim_{\Delta x\to 0}\frac{\Delta y}{\Delta u}\cdot\frac{\Delta u}{\Delta x}=\lim_{\Delta u\to 0}\frac{\Delta y}{\Delta u}\cdot\lim_{\Delta x\to 0}\frac{\Delta u}{\Delta x}=\frac{\mathrm{d}y}{\mathrm{d}u}\cdot\frac{\mathrm{d}u}{\mathrm{d}x}$$

即

$$\frac{\mathrm{d}y}{\mathrm{d}x}=\frac{\mathrm{d}y}{\mathrm{d}u}\cdot\frac{\mathrm{d}u}{\mathrm{d}x}$$

或记作

$$[f(\varphi(x))]'=f'(u)\varphi'(x)=f'(\varphi(x))\varphi'(x)$$

定理说明，复合函数的导数等于已知函数对中间变量的导数乘以中间变量对自变量的导数.

注意 符号$[f(\varphi(x))]'$表示复合函数 $f(\varphi(x))$对自变量 x 求导数，而符号 $f'(\varphi(x))$表示复合函数 $f(\varphi(x))$对中间变量 $u=\varphi(x)$求导数.

例 6 设 $y=\sin 4x$，求 y'.

解

设 $y=f(u)=\sin u$，$u=\varphi(x)=4x$，由定理 1 知

$$y'_x=y'_u\cdot u'_x=(\sin u)'(4x)'=\cos u\cdot 4=4\cos 4x$$

例 7 设 $y=\cos x^2$，求 y'.

解

设 $y=\cos u$，$u=x^2$，由定理 1 知

$$y'_x=y'_u\cdot u'_x=(\cos u)'(x^2)'=-\sin u\cdot 2x=-2x\sin x^2$$

求复合函数的导数，其关键是分析清楚复合函数的构造．做题较熟练时，可不写中间变量，按复合函数的构成层次，由外层向内层逐层求导．

例 8　求函数 $y=\ln(x^3+1)$ 的导数．

解

不写出中间变量，由外层向内层逐层求导，有

$$y'=\frac{1}{x^3+1}(x^3+1)'=\frac{1}{x^3+1}\cdot 3x^2=\frac{3x^2}{x^3+1}$$

例 9　设 $y=\cos\frac{5}{x}$，求 y'．

解

一步就写出复合函数的导数，即

$$y'=\left(\cos\frac{5}{x}\right)'=-\sin\frac{5}{x}\left(-\frac{5}{x^2}\right)=\frac{5}{x^2}\sin\frac{5}{x}$$

前述复合函数的导数公式可推广到有限个函数复合的情形．

例如，由 $y=f(u)$，$u=\varphi(v)$，$v=\psi(x)$ 都可导，则

$$\frac{\mathrm{d}y}{\mathrm{d}x}=\frac{\mathrm{d}y}{\mathrm{d}u}\frac{\mathrm{d}u}{\mathrm{d}v}\frac{\mathrm{d}v}{\mathrm{d}x}$$

或

$$y'=f'(u)\varphi'(v)\psi'(x)=f'(\varphi(\psi(x)))\varphi'(\psi(x))\psi'(x)$$

或

$$y'_x=y'_u\cdot u'_v\cdot v'_x$$

例 10　设 $y=\tan(4x+1)^2$，求 y'．

解

设 $y=\tan u$，$u=v^2$，$v=4x+1$，则

$$y'_x=y'_u\cdot u'_v\cdot v'_x=\sec^2 u\cdot 2v\cdot 4=8(4x+1)\sec^2(4x+1)^2$$

2.2.3　求导公式和法则

求导公式和法则

前面介绍了所有基本初等函数的导数公式，并给出了导数的运算法则以及复合函数的求导法则，为便于记忆与查阅，现将导数的基本公式和运算法则归纳如下．

1．导数的基本公式

(1)常数函数的导数：$(C)'=0$(C 为任意实数)；

(2)幂函数的导数：$(x^\alpha)'=\alpha x^{\alpha-1}$($\alpha$ 为任意实数)；

(3)指数函数的导数：$(a^x)'=a^x\ln a$($a>0$，$a\neq 1$)；

(4)以 e 为底的指数函数的导数：$(\mathrm{e}^x)'=\mathrm{e}^x$；

(5)对数函数的导数：$(\log_a x)'=\frac{1}{x\ln a}$($a>0$，$a\neq 1$)；

(6)以 e 为底的对数函数的导数：$(\ln x)'=\frac{1}{x}$；

(7)正弦函数的导数：$(\sin x)'=\cos x$；

(8)余弦函数的导数：$(\cos x)'=-\sin x$；

(9)正切函数的导数：$(\tan x)'=\sec^2 x=\frac{1}{\cos^2 x}$；

(10)余切函数的导数：$(\cot x)'=-\csc^2 x=-\frac{1}{\sin^2 x}$；

(11)正割函数的导数：$(\sec x)'=\sec x\cdot\tan x$；

(12)余割函数的导数：$(\csc x)'=-\csc x\cdot\cot x$；

(13)反正弦函数的导数：$(\arcsin x)'=\frac{1}{\sqrt{1-x^2}}$；

(14)反余弦函数的导数：$(\arccos x)'=-\frac{1}{\sqrt{1-x^2}}$；

(15)反正切函数的导数：$(\arctan x)'=\frac{1}{1+x^2}$；

(16)反余切函数的导数：$(\operatorname{arccot} x)'=-\frac{1}{1+x^2}$.

2. 导数运算法则

(1)$(u\pm v)'=u'\pm v'$.

(2)$(uv)'=u'v+uv'$.

特别地，有$(Cv)'=Cv'$(C为常数).

(3)$\left(\frac{u}{v}\right)'=\frac{u'v-uv'}{v^2}(v\neq 0)$.

特别地，$\left(\frac{1}{v}\right)'=-\frac{v'}{v^2}$.

(4)若$y=f(u)$，$u=\varphi(x)$，则复合函数$y=f[\varphi(x)]$的导数为

$$y'_x=y'_u\cdot u'_x \quad 或 \quad \frac{\mathrm{d}y}{\mathrm{d}x}=\frac{\mathrm{d}y}{\mathrm{d}u}\frac{\mathrm{d}u}{\mathrm{d}x}$$

习　题　2.2

1. 求下列函数的导数.

(1)$y=3x+\frac{1}{x}-6x+1$；

(2)$y=3^x+\log_2 x+\sin\frac{\pi}{4}$；

(3)$y=x^3\cos x$；

(4)$y=\mathrm{e}^x\ln x$；

(5)$y=\frac{x-1}{x+1}$；

(6)$y=\frac{x\tan x}{1+x^2}$.

2. 求下列函数的导数.

(1)$y=(2x+1)^2$；

(2)$y=\ln^3 x$；

(3)$y=\sqrt{1-x^2}$；

(4)$y=\mathrm{e}^{\sin^2 x}$；

(5)$y=\arctan\frac{1}{x}$；

(6)$y=\mathrm{e}^{x^2+x+1}$；

(7) $y=2^{\frac{1-x}{1+x}}$；　　(8) $y=\arccos 2x$；

(9) $y=\ln(x+\sqrt{1+x^2})$.

3. 求下列函数在指定点的导数.

(1) $f(x)=x^2-3\ln x$，求 $f'(1)$；　　(2) $f(x)=\frac{x-\sin x}{x+\sin x}$，求 $f'\left(\frac{\pi}{2}\right)$.

2.3　隐函数的导数

隐函数的导数

2.3.1　隐函数的导数

用解析法表示函数时，一般采用两种形式．一种是把因变量 y 表示成自变量 x 的表达式的形式，即 $y=f(x)$ 的形式，称为显函数．例如，$y=2x^2+3x+1$，$y=5\sin^2 x$ 等是显函数．另一种是函数 y 与自变量 x 的关系隐含在方程 $F(x,y)=0$ 中，这种函数称为隐函数．例如，$y-x^3+4x^2-5=0$，$x^2+y^2=r^2$，$xy-x+e^y=0$ 等是隐函数.

对于隐函数，有的能化成显函数，例如函数 $x^3-y+1=0$ 可化为 $y=x^3+1$，而有的化起来是很困难的，甚至是不可能的，例如 $e^x+e^y-xy=0$ 就不能化为显函数．在实际问题中，有时需要求隐函数的导数.

求隐函数的导数的方法是：方程两边同时对 x 求导，遇到含有 y 的项，把 y 看成是以 y 为中间变量的复合函数，然后从所得的关系式中解出 y' 即可.

例 1　求由方程 $x^2+y^2=9$ 确定的隐函数 y 对 x 的导数 y'.

解

将方程两边同时对 x 求导，得

$$(x^2)'+(y^2)'=9'$$

即

$$2x+2yy'=0$$

解出 y'，得

$$y'=-\frac{x}{y}$$

例 2　求由方程 $e^y=xy$ 确定的隐函数 y 对 x 的导数.

解

将方程两边同时对 x 求导，得

$$e^y\cdot y'=x'y+xy'$$

即

$$e^y\cdot y'=y+xy'$$

解得

$$y'=\frac{y}{e^y-x}$$

例 3 求曲线 $x^2+xy+y^2=4$ 在点(2,-2)处的切线方程.

解

将方程两边同时对 x 求导，得

$$2x+y+xy'+2yy'=0$$

解得

$$y'=-\frac{2x+y}{x+2y}$$

切线的斜率 $k=y'\Big|_{\substack{x=2\\y=-2}}=1$，所求切线方程为

$$y-(-2)=1\cdot(x-2)$$

即

$$x-y-4=0$$

2.3.2 对数求导法

对数求导法

有些函数虽然是显函数．但直接求导比较麻烦，若利用取对数将其变为隐函数后，求导就简单了，这种方法通常称为对数求导法

例 4 求下列函数的导数.

(1) $y=x^{\sin x}$；　　(2) $y=\sqrt[3]{\dfrac{x(4x-1)}{(2x-1)(2-x)}}$.

解

(1)对 $y=x^{\sin x}$ 两边同时取对数，有

$$\ln y=\sin x\ln x$$

两边同时对 x 求导，有

$$\frac{1}{y}y'=(\sin x)'\ln x+\sin x(\ln x)'$$

即

$$\frac{1}{y}y'=\cos x\ln x+\frac{1}{x}\sin x$$

所以

$$y'=x^{\sin x}\left(\cos x\ln x+\frac{1}{x}\sin x\right)$$

注意 在这里，y'最终的表达式中，不允许保留 y，而要用相应的 x 的表达式代替.

(2)等式两边同时取对数，得

$$\ln y=\frac{1}{3}[\ln x+\ln(4x-1)-\ln(2x-1)-\ln(2-x)]$$

两边对 x 求导，得

$$\frac{1}{y}y'=\frac{1}{3}\left(\frac{1}{x}+\frac{4}{4x-1}-\frac{2}{2x-1}+\frac{1}{2-x}\right)$$

所以

$$y'=\frac{1}{3}\sqrt[3]{\frac{x(4x-1)}{(2x-1)(2-x)}}\left(\frac{1}{x}+\frac{4}{4x-1}-\frac{2}{2x-1}+\frac{1}{2-x}\right)$$

习　题　2.3

1. 求隐函数的导数.

(1) $x^3+y^3-3xy=0$；　　(2) $xy+y+e^y=2$；

(3) $\sqrt{x}+\sqrt{y}=\sqrt{a}$；　　(4) $y=1+xe^y$.

2. 用对数求导法求下列函数的导数.

(1) $y=x^{x^2}$；　　(2) $y=\frac{(2x+3)\sqrt[4]{x-6}}{\sqrt[3]{x+1}}$.

高阶导数

2.4　高阶导数

从 2.1 节中我们知道，变速直线运动的瞬时速度 $v(t)$ 是路程函数 $s=s(t)$ 对时间 t 的导数，即

$$v(t)=\frac{ds}{dt}$$

由物理学知，速度函数 $v(t)$ 对时间 t 的变化率就是加速度 $a(t)$，即

$$a(t)=\frac{dv}{dt}=\frac{d}{dt}\left(\frac{ds}{dt}\right)$$

于是，加速度 $a(t)$ 是路程函数 $s(t)$ 对时间 t 的导数的导数，称为 $s(t)$ 对 t 的二阶导数，记作 $s''(t)$ 或 $\frac{d^2s}{dt^2}$. 因此变速直线运动的加速度就是路程函数 $s(t)$ 对时间 t 的二阶导数，即

$$a(t)=\frac{d^2s}{dt^2}=s''(t)$$

一般地，函数 $y=f(x)$ 在点 x 处的导数 $f'(x)$ 仍是 x 的函数，如果 $f'(x)$ 在点 x 处对 x 的导数 $[f'(x)]'$ 存在，则称 $[f'(x)]'$ 为函数 $y=f(x)$ 在点 x 处的**二阶导数**，记作

$$y'',\ f''(x)\quad 或\quad \frac{d^2y}{dx^2}=\frac{d}{dx}\left(\frac{dy}{dx}\right)$$

类似地，二阶导数 $f''(x)$ 的导数称为 $f(x)$ 的**三阶导数**，记作 $f'''(x)$，称 $(n-1)$ 阶导数 $f^{(n-1)}(x)$ 的导数为 $f(x)$ 的 **n 阶导数**，记作

$$y^{(n)},\ f^{(n)}(x),\ \frac{d^ny}{dx^n}=\frac{d}{dx}\left(\frac{d^{n-1}y}{dx^{n-1}}\right)$$

函数 $y=f(x)$ 在点 x 处具有 n 阶导数，也称 $f(x)$ 为 n 阶可导. 二阶及二阶以上的各阶导数统称为**高阶导数**.

函数 $y=f(x)$ 在点 x_0 处的各阶导数就是其各阶导函数在点 x_0 处的函数值，即

$$f''(x_0),\ f'''(x_0),\ f^{(4)}(x_0),\ \cdots,\ f^{(n)}(x_0)$$

从定义可以看出，求高阶导数只需要进行一系列的求导运算，并不需要另外的方法．下面请看一些例题.

例 1　求函数 $y=e^{2x}$ 的二阶及三阶导数.

解

$$y'=2e^{2x},\ y''=(2e^{2x})'=4e^{2x},\ y'''=(4e^{2x})'=8e^{2x}$$

例 2　求 $y=5^x$ 的 n 阶导数.

解

$$y'=5^x\ln5,\ y''=(5^x\ln5)'=5^x(\ln5)^2,$$
$$y'''=5^x(\ln5)^3,\ \cdots,\ y^{(n)}=5^x(\ln5)^{(n)}$$

习　题　2.4

求下列函数的导数.

(1) $y=(x^3+1)^2$，求 y''；　　(2) $y=x\sin x$，求 y''；

(3) $y=a^x$，求 $y^{(n)}$.

2.5　函数的微分

微分与导数有着密切的联系，我们由实际问题介绍微分的概念及应用.

微分的概念

2.5.1　微分的概念

1. 微分的定义

先看一个比较简单的例子.

引例　一块正方形金属薄片，当受冷热影响时，其边长由 x_0 变到 $x_0+\Delta x$（图 2－5），问此薄片的面积改变了多少？

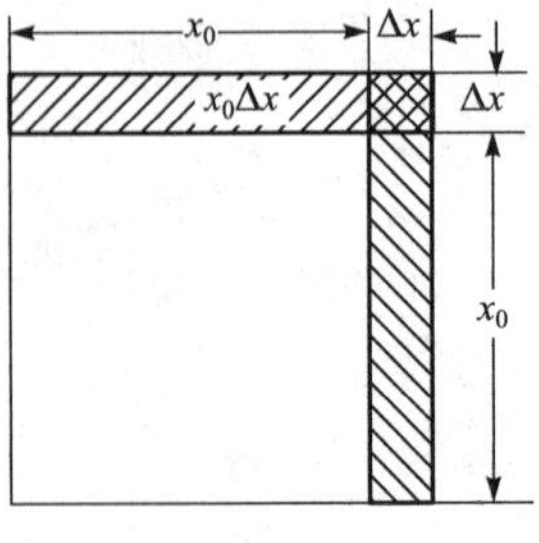

图 2－5

解

金属薄片的面积 $y={x_0}^2$，当边长增加 Δx 时，相应的面积的改变量为

$$\Delta y=(x_0+\Delta x)^2-x_0{}^2$$

即

$$\Delta y=2x_0\cdot\Delta x+(\Delta x)^2 \tag{2.1}$$

如图 2－5 所示，Δy 由两部分组成：一部分是 Δy 的主要部分 $2x_0\Delta x$（图中单线的阴影部分）．另一部分为$(\Delta x)^2$（图中双线的阴影部分）．很明显，如果$|\Delta x|$很小时，$(\Delta x)^2$在 Δy 中所起的作用很小，可以认为 $\Delta y\approx 2x_0\Delta x$，注意到 $f'(x_0)=2x_0$，所以式(2.1)也可以写成 $\Delta y\approx f'(x_0)\Delta x$，这是一个比较精确又便于计算函数增量的近似表达式．

这个结论具有一般性．

设函数 $y=f(x)$在点 x_0处可导，则 $f'(x_0)=\lim\limits_{x\to x_0}\dfrac{\Delta y}{\Delta x}$，根据无穷小与函数极限的关系，上式可写为

$$\frac{\Delta y}{\Delta x}=f'(x_0)+\alpha$$

其中：α 是当 $\Delta x\to 0$ 时的无穷小量，上式可写为

$$\Delta y=f'(x_0)\Delta x+\alpha\Delta x$$

上式表明函数的增量可以表示为两项之和：第一项 $f'(x_0)\Delta x$ 是 Δx 的线性函数，第二项 $\alpha\Delta x$ 是当 $\Delta x\to 0$ 时比 Δx 高阶的无穷小量．因此，当 Δx 很小时，称第一项 $f'(x_0)\Delta x$为 Δy 的线性主部，并称为函数 $y=f(x)$在 x_0处的微分．

定义 1　设函数 $y=f(x)$在 x_0处有导数 $f'(x_0)$，则称 $f'(x_0)\Delta x$ 为 $y=f(x)$在 x_0处的微分，记作 $\mathrm{d}y$，即

$$\mathrm{d}y=f'(x_0)\Delta x$$

此时，称函数 $y=f(x)$在 x_0处是**可微的**．

例如，函数 $y=x^3$在点 $x=2$ 处的微分为

$$\mathrm{d}y=(x^3)'\big|_{x=2}\Delta x=3x^2\big|_{x=2}\Delta x=12\Delta x$$

函数 $y=f(x)$在任意点 x 的微分，叫做函数的**微分**，记作

$$\mathrm{d}y=f'(x)\Delta x$$

如果将自变量 x 当做函数 $y=x$，则有

$$\mathrm{d}x=\mathrm{d}y=(x)'\Delta x=\Delta x$$

说明自变量的微分 $\mathrm{d}x$ 就等于它的改变量 Δx，于是函数的微分可以写为

$$\mathrm{d}y=f'(x)\mathrm{d}x$$

即

$$f'(x)=\frac{\mathrm{d}y}{\mathrm{d}x}$$

也就是说，函数的微分 $\mathrm{d}y$ 与自变量微分 $\mathrm{d}x$ 之商等于该函数的导数，因此，导数也叫微商．

例 1　求函数 $y=x^2$在 $x=1$，$\Delta x=0.01$ 时的改变量及微分．

解

$$\Delta y=(1+0.01)^2-1^2=1.0201-1=0.0201$$

$$\mathrm{d}y=y'(1)\cdot\Delta x=2\times 1\times 0.01=0.02$$

可见

$$dy \approx \Delta y$$

2. 微分的几何意义

设函数 $y=f(x)$ 的图像是一条曲线，如图 2－6 所示．在曲线上取一定点 $M_0(x_0, y_0)$，过 M_0 作曲线 $y=f(x)$ 的切线 M_0T，它与 Ox 轴的交角为 α，则该切线的斜率为

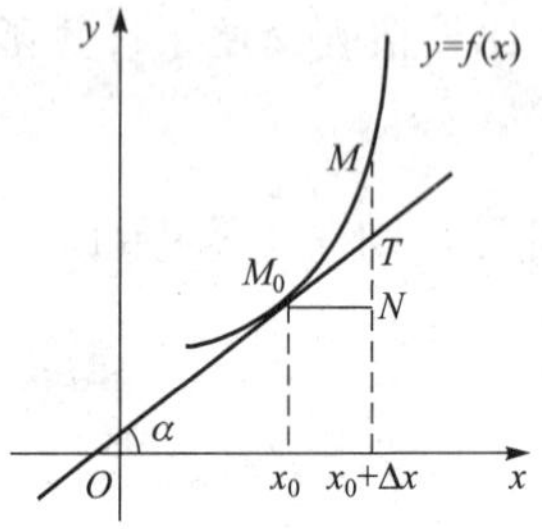

图 2－6

$$\tan\alpha = f'(x_0)$$

当自变量在 x_0 处取得改变量 Δx 时，就得到曲线上另一点 $M(x_0+\Delta x, y_0+\Delta y)$．过 M 点作平行于 y 轴的直线，它与切线交于 T 点，与过 M_0 点平行于 x 轴的直线交于 N 点，于是曲线纵坐标得到相应的改变量为

$$\Delta y = f(x_0+\Delta x) - f(x_0) = NM$$

同时点 M_0 处的切线的纵坐标也得到相应的改变量 NT，在直角三角形 M_0NT 中，有

$$NT = \tan\alpha \cdot M_0N = f'(x_0)\Delta x = dy\big|_{x=x_0}$$

2.5.2 微分的计算

根据定义 $dy=f'(x)dx$ 可知，求函数的微分就是先求函数的导数 $f'(x)$，然后再乘 dx 即可．求导数的一切基本公式和运算法则完全适用于微分．

微分的计算

例 2 求函数 $f(x)=x^2e^{3x}$ 的微分．

解

$$f'(x) = 2xe^{3x} + 3x^2e^{3x} = xe^{3x}(2+3x)$$

所以

$$dy = f'(x)dx = xe^{3x}(2+3x)dx$$

2.5.3 微分形式的不变性

如果函数 $y=f(u)$ 是 u 的函数，那么函数的微分为

$$dy = f'(u)du$$

若 u 不是自变量，而是以 x 为自变量的可导函数 $u=\varphi(x)$ 时，u 对 x 的微分为

$$du = \varphi'(x)dx$$

所以，以 u 为中间变量的复合函数 $y=f[\varphi(x)]$ 的微分为

$$\begin{aligned} dy &= y'dx = f'(u)\varphi'(x)dx \\ &= f'(u)[\varphi'(x)dx] = f'(u)du \end{aligned}$$

也就是说，无论 u 是自变量还是中间变量，函数 $y=f(u)$ 的微分 dy 形式都是 $dy=f'(u)du$，这个性质称为微分形式的不变性. 利用这个性质容易求出复合函数的微分.

例 3　设 $y=e^{x^2+x+1}$，求 dy.

解

由微分形式的不变性，设 $u=x^2+x+1$，则 $y=e^u$，有

$$dy=e^u du=e^{x^2+x+1}d(x^2+x+1)=(2x+1)e^{x^2+x+1}dx$$

例 4　求 $d[\ln(\cos5x)]$.

解

$$d[\ln(\cos5x)]=\frac{1}{\cos5x}d\cos5x=-\frac{1}{\cos5x}\sin5x d5x=-5\tan5x dx$$

2.5.4　微分在近似计算中的应用

微分在近似计算中的应用

由微分的定义知，当 $|\Delta x|$ 很小时，有近似公式

$$\Delta y\approx dy=f'(x_0)\Delta x$$

这个公式可以直接用来计算函数增量的近似值.

又因为

$$\Delta y=f(x_0+\Delta x)-f(x_0)$$

所以近似公式又可写作

$$f(x_0+\Delta x)-f(x_0)\approx f'(x_0)\Delta x$$

即

$$f(x_0+\Delta x)\approx f(x_0)+f'(x_0)\Delta x$$

这个公式可以用来计算函数在某一点附近的函数值的近似值.

例 5　设某国家的国民经济消费模型为

$$y=10+0.4x+0.01x^{\frac{1}{2}}$$

其中：y 为总消费(单位：10 亿元)；x 为可支配收入(单位：10 亿元). 当 $x=100.05$ 时，问总消费是多少?

解

令 $x_0=100$，$\Delta x=0.05$，因为 Δx 相对于 x_0 较小，可近似求值为

$$\begin{aligned} & f(x_0+\Delta x)\approx f(x_0)+f'(x_0)\Delta x \\ &=(10+0.4\times100+0.01\times100^{\frac{1}{2}})+(10+0.4x+0.01x^{\frac{1}{2}})'\big|_{x=100}\cdot\Delta x \\ &=50.1+\left(0.4+\frac{0.01}{2\sqrt{x}}\right)\bigg|_{x=100}\times0.05 \\ &=50.120\ 025(10\text{ 亿元}) \end{aligned}$$

例 6　水管壁的横截面是一个圆环，其内半径为 10 cm，环宽 0.1 cm. 求横截面的

面积的精确值和近似值.

解

圆的面积为 $s=\pi r^2$，则截面圆环的面积的精确值为

$$\Delta s=[\pi(10+0.1)^2-\pi 10^2]\text{cm}^2=2.01\pi\ \text{cm}^2$$

近似值为

$$\Delta s\approx \mathrm{d}s=s'\Delta r=2\pi r\cdot\Delta r=2\pi\times 10\times 0.1\ \text{cm}^2=2\pi\ \text{cm}^2$$

例 7　求 $\sqrt[3]{1.02}$ 的近似值.

解

设 $f(x)=\sqrt[3]{x}$，则

$$f'(x)=\frac{1}{3\sqrt[3]{x^2}}.$$

取 $x_0=1$，$\Delta x=0.02$，则

$$f(x_0+\Delta x)=\sqrt[3]{1.02}$$

得

$$\sqrt[3]{1.02}\approx f(1)+f'(1)\cdot\Delta x=\sqrt[3]{1}+\frac{1}{3\sqrt[3]{1^2}}\times 0.02\approx 1.006\ 7$$

习　题　2.5

1. 求下列函数的微分.

(1) $y=x\sin 2x+\cos x$；　　(2) $y=\ln(\sin 3x)$；

(3) $y=\frac{1}{a}\arctan\frac{x}{a}$；　　(4) $y=\mathrm{e}^{-x}\cos x$.

2. 一个正立方体的水桶，棱长为 10 m，如果棱长增加 0.1 m，求水桶体积增加的精确值和近似值.

3. 求下列各式的近似值.

(1) $\sqrt[6]{65}$；　　(2) $\ln 1.01$.

2.6　数学建模案例：住房按揭贷款问题

数学建模案例：住房按揭贷款问题

自从取消了城市“福利分房”政策以后，购买住房成了人们消费的“头等大事”，对大多数人来说，这是一场要把人们一辈子的相当部分的收入都投入进去的重大消费，住房按揭贷款正是把人们未来的大部分收入都投入进当前消费的主要手段。“按揭”是个新名词，目前大部分词典中还找不到这个词，据说它是“Mortgage(抵押)”的广东音译，“按揭”与“抵押”基本上是同义词.

所谓“住房按揭贷款”就是购房者以所购得的房屋作为抵押品而从银行获得贷款，购房者按照按揭合约中规定的归还方式和期限分期付款给银行，银行按一定的利率收

取利息，如果贷款者违约，银行有权行使抵押权或收回房屋.

2.6.1　问题提出

小王想要购买的三室一厅商品房价值 1 000 000 元，小王自筹了 400 000 元，要购房还需要贷款 600 000 元，小王准备办理公积金贷款，按照最新公积金贷款利率，贷款 30 年的年利率为 4.50%，小王需要具备什么偿还能力才能贷款?

2.6.2　建立模型

1. 月利率的计算

银行在计算利息时是按照复利计息，按照复利计算的定义，我们用月利率计算每年复利 12 次，最后得到的本息总额应该等于用年利率计算的一年的本息总额.

设 r 为月利率，R 为年利率，则 $(1+r)^{12}=1+R$，$r=(1+R)^{\frac{1}{12}}-1$. 当 R 很小时，由二项式定理得

$$(1+R)^{\frac{1}{12}}=1+\frac{R}{12}+\frac{\frac{1}{12}\left(\frac{1}{12}-1\right)}{2}R^2+\cdots$$

忽略 R 的高次项，得到以下的近似等式：$r\approx\frac{R}{12}$，因此月利率等于年利率的 1/12.

2. 月还款额的计算

按揭贷款的本息总额的计算是按复利计算的，因为一般情况下，你都不会一年就还清贷款，而一年未还清的部分就要计算复利．复利一般是按月计算，因为你每月都在还款中冲销本金，从而其复利计算也并不是利滚利地“几何上升”，我们先看看月还款额的计算.

设 p 为贷款金额，r 为月利率，y 为月还款额，N 为还款月数，s_k 表示第 k 个月的本利和.

$s_1=p(1+r)-y$

$s_2=s_1(1+r)-y=p(1+r)^2-y(1+r)-y=p(1+r)^2-y[1+(1+r)]$

$s_3=s_2(1+r)-y=p(1+r)^3-y[1+(1+r)+(1+r)^2]$

…

$s_N=p(1+r)^N-y[1+(1+r)+(1+r)^2+\cdots+(1+r)^{N-1}]=0$

解得

$$y=pr\frac{(1+r)^N}{(1+r)^N-1}$$

这就是月还款额计算公式，具体地说就是

$$\text{月还款额}=\text{贷款总额}\times\text{贷款月利率}\times\frac{(1+\text{贷款月利率})^{\text{贷款总月数}}}{(1+\text{贷款月利率})^{\text{贷款总月数}}-1}$$

2.6.3 模型求解

设贷款总额 $p=600\ 000$ 元，贷款月利率为 $r=0.003\ 75$，借期 $N=30$(年)×12(月/年)=360(月)，每月还款额 y 的计算如下：

$$y=pr\frac{(1+r)^{N}}{(1+r)^{N}-1}=600\ 000\times0.003\ 75\times\frac{(1+0.003\ 75)^{360}}{(1+0.003\ 75)^{360}-1}\approx3\ 040(元)$$

小王贷款 30 年的月还款额为 3 040 元，小王如果每月拿不出 3 040 元还款，就无法贷款.

2.6.4 模型的推广

根据以上模型，可以制定出个人住房公积金贷款万元还本息金额表，见表 2-1. 公积金贷款利率：1～5 年，4.00%；6～30 年，4.50%.

表 2-1 个人住房公积金贷款利率表及万元还本息金额表

年数	月数	月利率/‰	年利率/%	月还款额(贷 1 万元)/元	本息总额/元	总利息/元
1	12	3.33	4.00	到期一次还本付息	10 400.00	400.00
2	24	3.33	4.00	434.25	10 421.98	421.98
3	36	3.33	4.00	295.24	10 628.63	628.63
4	48	3.33	4.00	225.79	10 837.95	837.95
5	60	3.33	4.00	184.17	11 049.91	1 049.91
6	72	3.75	4.50	158.74	11 429.30	1 429.30
7	84	3.75	4.50	139.00	11 676.14	1 676.14
8	96	3.75	4.50	124.23	11 926.31	1 926.31
9	108	3.75	4.50	112.78	12 179.80	2 179.80
10	120	3.75	4.50	103.64	12 436.61	2 436.61
11	132	3.75	4.50	96.19	12 696.72	2 696.72
12	144	3.75	4.50	90.00	12 960.12	2 960.12
13	156	3.75	4.50	84.79	13 226.79	3 226.79
14	168	3.75	4.50	80.34	13 496.71	3 496.71
15	180	3.75	4.50	76.50	13 769.88	3 769.88
16	192	3.75	4.50	73.16	14 046.26	4 046.26
17	204	3.75	4.50	70.22	14 325.85	4 325.85
18	216	3.75	4.50	67.63	14 608.61	4 608.61
19	228	3.75	4.50	65.33	14 894.53	4 894.53
20	240	3.75	4.50	63.26	15 183.59	5 183.59

续表

年数	月数	月利率/‰	年利率/%	月还款额(贷 1 万元)/元	本息总额/元	总利息/元
21	252	3.75	4.50	61.41	15 475.75	5 475.75
22	264	3.75	4.50	59.74	15 770.99	5 770.99
23	276	3.75	4.50	58.22	16 069.30	6 069.30
24	288	3.75	4.50	56.84	16 370.64	6 370.64
25	300	3.75	4.50	55.58	16 674.97	6 674.97
26	312	3.75	4.50	54.43	16 982.29	6 982.29
27	324	3.75	4.50	53.37	17 292.54	7 292.54
28	336	3.75	4.50	52.40	17 605.71	7 605.71
29	348	3.75	4.50	51.50	17 921.77	7 921.77
30	360	3.75	4.50	50.67	18 240.67	8 240.67

2.7　数学实验：用 Mathematica 求解导数

在 Mathematica 中，计算函数导数的命令为 $D[f,x]$，常用格式有以下几种：

$$D[f[x],x] \qquad \text{计算导数}\frac{\mathrm{d}f}{\mathrm{d}x}$$

$$D[f[x],\{x,n\}] \qquad \text{计算 } n \text{ 阶导数}\frac{\mathrm{d}^n f}{\mathrm{d}x^n}$$

例 1　求下列函数的导数：

(1) $y=\ln(\mathrm{e}^x+\sqrt{1+\mathrm{e}^{2x}})$，求 $\frac{\mathrm{d}y}{\mathrm{d}x}$；　　(2) $u=\sqrt{1+f^2(v)}$，求 u''；

(3) $y^x=x^y$，求 $\left.\frac{\mathrm{d}y}{\mathrm{d}x}\right|_{x=1}$.

解

(1)具体求法如图 2－7 所示.

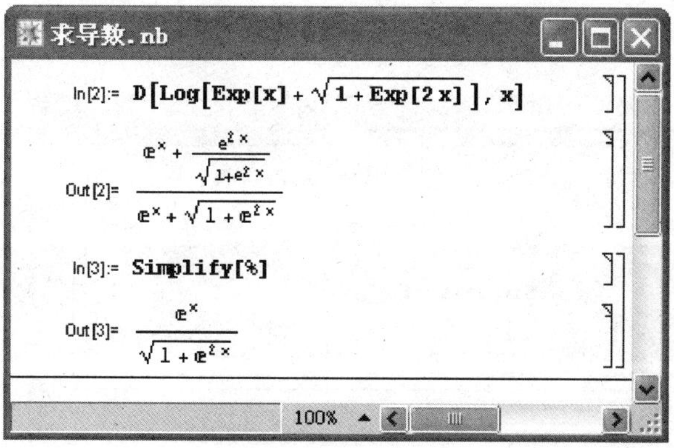

图 2－7

(2)具体求法如图 2 - 8 所示.

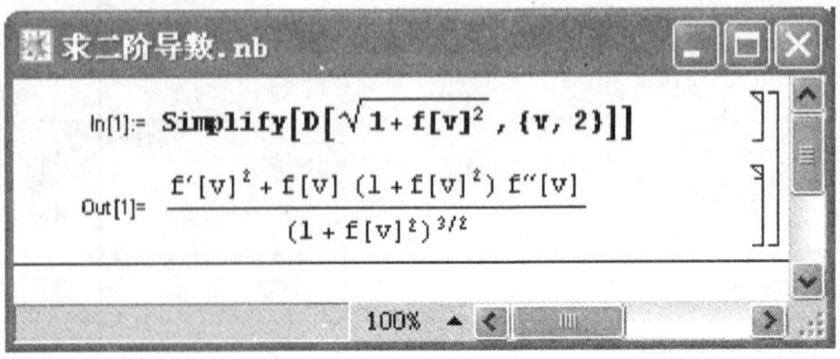

图 2 − 8

(3)具体求法如图 2 - 9 所示.

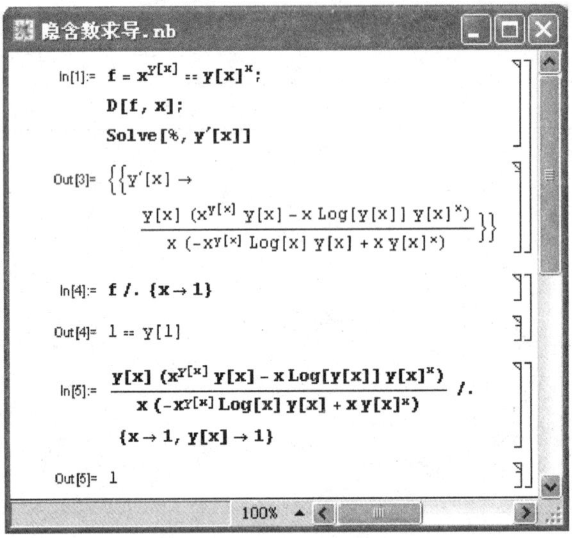

图 2 − 9

注：命令 Solve[方程，变量]给出方程的解，其中方程表达式中必须用双等号“==”表示相等.

例 2　已知 $f(t)=\dfrac{2+\sin t}{t}$，求 $f'(\pi/2)$.

解

具体求法如图 2 - 10 所示.

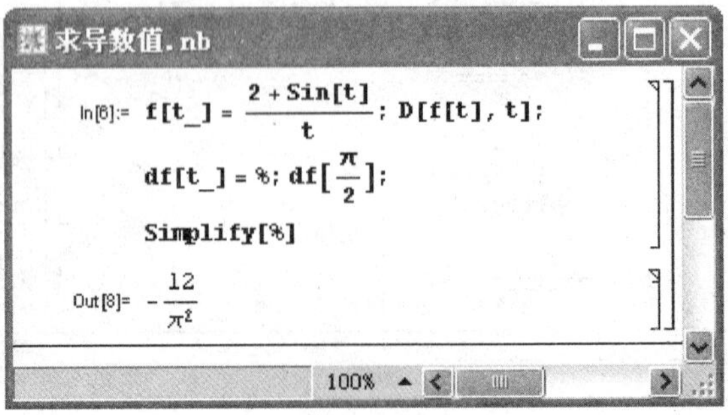

图 2 − 10

本章小结

一、主要内容

本章主要介绍了导数与微分的概念及其计算方法.

1. 基本概念

掌握导数和微分的概念．导数是一种特殊形式的极限，即当函数自变量的改变量趋于零时，函数的改变量与自变量的改变量之比的极限，它反映了函数的变化率. 微分是导数与函数自变量改变量的乘积或者说是函数增量的近似值.

几何意义：

$f'(x_0)$是曲线 $y=f(x)$在点$(x_0, f(x_0))$处的切线的斜率.

$\mathrm{d}y$ 是曲线 $y=f(x)$在点$(x_0, f(x_0))$处的切线纵坐标对应于 Δx 的改变量.

Δy 是曲线 $y=f(x)$的纵坐标对应于 Δx 的改变量.

如果函数 $y=f(x)$在点 x_0 处可导，则 $y=f(x)$在点 x_0 处一定连续；反之，函数 $y=f(x)$在点 x_0 处连续时，函数却不一定可导.

2. 基本计算方法

熟练掌握导数基本公式和运算法则、复合函数的导数，以及隐函数的导数的求法、对数求导法.

隐函数求导法：设方程 $F(x,y)=0$ 表示自变量为 x、因变量为 y 的函数，并且可导，利用复合函数求导方法将所给方程两边求导，然后解方程求出 y'.

对数求导法：对于某些特殊的函数(如幂指函数、乘积形式的函数)，可以通过两边取对数，转化成隐函数，然后按隐函数求导的方法求出导数 y'.

3. 简单应用

掌握导数与微分的应用.

导数：曲线 $y=f(x)$在点 $M(x_0, f(x_0))$处的切线方程为

$$y-y_0=f'(x_0)(x-x_0)$$

法线方程为

$$y-y_0=-\frac{1}{f'(x_0)}(x-x_0)$$

微分：当$|\Delta x|$很小时，有

$$\Delta y\approx \mathrm{d}y=f'(x)\Delta x$$

这个公式可以直接用来计算函数增量的近似值，而公式 $f(x+\Delta x)\approx f(x)+f'(x)\Delta x$ 可以用来计算函数的近似值.

二、应注意的问题

(1)常用的 16 个求导公式，必须牢记并能熟练掌握.

(2)复合函数的求导法则在求导的运算中起着极其重要的作用．在求导时，应注意先分析函数的结构，再由外向里，逐层求导．

复习题2

1. 设 $f(x)$ 在 x_0 可导，求 $\lim\limits_{h\to 0}\dfrac{f(x_0+h)-f(x_0-2h)}{h}$.

2. 设函数 $f(x)=\begin{cases}x^2, & x\leqslant 1,\\ ax+b, & x>1,\end{cases}$ 试确定 a、b 的值，使 $f(x)$ 在点 $x=1$ 处可导.

3. 讨论 $f(x)=\begin{cases}\ln(1+x), & -1<x\leqslant 0\\ \sqrt{1+x}-\sqrt{1-x}, & 0<x<1\end{cases}$ 在 $x=0$ 处的连续性与可导性.

4. 设 $f(x)=(ax+b)\sin x+(cx+d)\cos x$，确定常数 a，b，c，d 的值，使 $f'(x)=x\cos x$.

5. 试求曲线 $x^2+xy+2y^2-28=0$ 在(2,3)处的切线方程与法线方程.

6. 求曲线 $y=x^4+4x+5$ 平行于 x 轴的切线方程及平行于直线 $y=4x-1$ 的切线方程.

7. 求下列函数的导数.

(1) $y=\dfrac{(x-2)^2}{x}+x\ln x$；　(2) $y=\dfrac{1+\sin^2 x}{\sin 2x}$；

(3) $y=\dfrac{1-x^3}{\sqrt{x}}$；　(4) $y=\sqrt{x\sqrt{x\sqrt{x}}}$；

(5) $y=\sin^2(1+\sqrt{x})$；　(6) $y=\ln\ln\ln x$；

(7) $y=\sin[\cos^2(x^3+x)]$；　(8) $y=\arctan(\ln x)$；

(9) $y=\dfrac{\sqrt{2x+1}}{(x^2+1)^2 e^{\sqrt{x}}}$；　(10) $y=(\sin x)^{\cos x}(\sin x>0)$.

8. 求由方程所确定的隐函数 $y(x)$ 的导数 $\dfrac{dy}{dx}$.

(1) $x^3+y^3-\sin 3x+6y=0$；　(2) $y^x=x^y$.

9. 若函数 $\Phi(x)=a^{f^2(x)}$，且 $f'(x)=\dfrac{1}{f(x)\ln a}$，求 $\Phi'(x)$.

10. 设 f，φ 可导，求下列函数的导数.

(1) $y=\ln f(e^x)$；　(2) $y=f(e^x\sin x)$.

11. 求下列函数的微分.

(1) $y=x^2\sin\dfrac{1-x}{x}$；　(2) $y=x\ln x-x$；

(3) $y=\dfrac{x}{1+x^2}$；　(4) $y=x\sin 2x$；

(5) $y=[\ln(1-x)]^2$；　(6) $y=x^2e^{2x}$.

12. 求下列函数的高阶导数.

(1)$y=\ln(1-x^2)$，求 f''；　　(2)$f(x)=\mathrm{e}^{-2x}$，求 $f'''(0)$；

(3)$y=\ln x$，求 $y^{(n)}$.

13. 讨论 $f(x)=\begin{cases}1, & x\leqslant 0,\\ 2x+1, & 0<x\leqslant 1,\\ x^2+2, & 1<x\leqslant 2,\\ x, & 2<x,\end{cases}$ 在 $x=0$，$x=1$，$x=2$ 处的可导性，并求出相应点处的导数值 $f'(x)$.

14. 设 $f(x)=x(x-1)(x-2)\cdots(x-99)$，求 $f'(0)$.

15. 若以 10 cm^3/s 的速率给一个球形气球充气，那么当气球半径为 2 cm 时，它的表面积增加有多快？

16. 水管壁的正截面是一个圆环，设它的内径为 R_0，壁厚为 h，用微分计算这个圆环面积的近似值.

17. 证明：(1)可导的偶函数的导数是奇函数；

(2)可导的奇函数的导数是偶函数.

18. 求下列各数的近似值：

(1)$\arctan 1.02$；　　(2)$\mathrm{e}^{1.01}$.

第 3 章
导数的应用

在第 2 章中，我们讨论了导数与微分的概念及其运算，本章将在主要介绍微分学几个中值定理的基础上，给出计算未定式极限的一种有效方法——洛必达法则，然后以导数为工具，研究函数及其曲线的某些性态，以及导数在经济分析中的应用.

3.1 微分中值定理及洛必达法则

微分中值定理

3.1.1 微分中值定理

定理 1 罗尔中值定理　若函数 $f(x)$满足

(1)在闭区间$[a,b]$上连续；

(2)在开区间(a,b)内可导；

(3)$f(a)=f(b)$，

则在区间(a,b)内至少存在一点 ξ，使得

$$f'(\xi)=0$$

由图 3 - 1 可知，罗尔中值定理的几何意义：在两端高度相同的一段连续曲线弧$\overset{\frown}{AB}$上，若除端点外，它在每一点都可作不垂直于 x 轴的切线，则在其中至少有一条切线平行于 x 轴，切点为 $C(\xi,f(\xi))$.

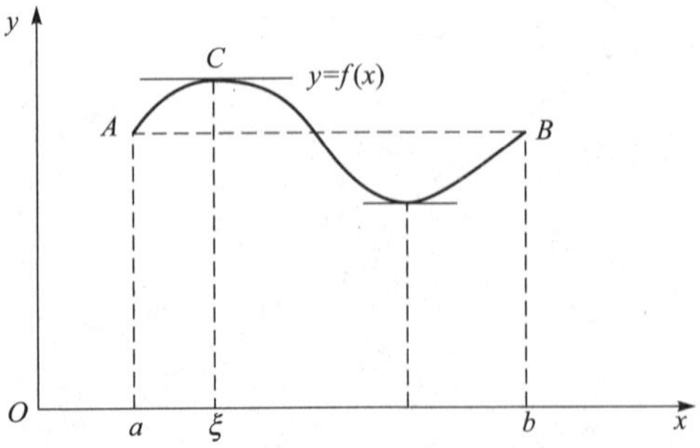

图 3 - 1

注意　定理中的条件是充分的，但非必要的．这意味着，定理中的三个条件缺少其中任何一个，定理的结论将可能不成立；但定理中的条件不全具备，定理的结论也

可能成立.

例 1　验证函数 $f(x)=x^3-3x+1$ 在闭区间 $[-\sqrt{3},\sqrt{3}]$ 上满足罗尔中值定理的三个条件，并求出 ξ 的值.

解

(1)函数 $f(x)=x^3-3x+1$ 是初等函数，在有定义的区间 $[-\sqrt{3},\sqrt{3}]$ 上连续；

(2) $f'(x)=3x^2-3=3(x^2-1)$ 在 $(-\sqrt{3},\sqrt{3})$ 内可导；

(3) $f(-\sqrt{3})=f(\sqrt{3})=1$.

$f(x)$ 满足定理的三个条件.

令 $f'(x)=3(x^2-1)=0$，得 $x=\pm1$，且 $\pm1\in(-\sqrt{3},\sqrt{3})$，所以存在 $\xi=\pm1$，使得 $f'(\xi)=0$.

如果取消罗尔中值定理中的第三个条件并改变相应的结论，就得到更一般的拉格朗日中值定理.

定理 2　拉格朗日中值定理　若函数 $f(x)$ 满足

(1)在闭区间 $[a,b]$ 上连续；

(2)在开区间 (a,b) 内可导，

则在 (a,b) 内至少存在一点 ξ，使得

$$f'(\xi)=\frac{f(b)-f(a)}{b-a}$$

观察定理 1 和定理 2 的条件和结论，易知罗尔中值定理正是拉格朗日中值定理的特例.

由图 3－2 可知，$\dfrac{f(b)-f(a)}{b-a}$ 正是过曲线 $y=f(x)$ 的两个端点 $A(a,f(a))$，$B(b,f(b))$ 的弦的斜率，于是可得出拉格朗日中值定理的几何意义.

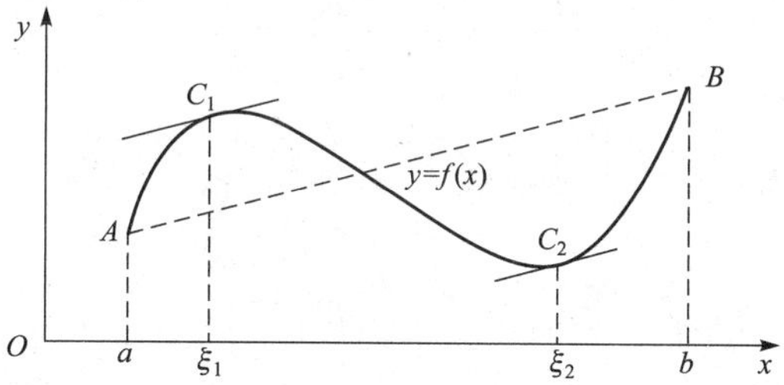

图 3－2

拉格朗日中值定理几何意义：若曲线 $y=f(x)$ 在 $[a,b]$ 上连续，在开区间 (a,b) 内每一点都有不垂直于 x 轴的切线，则在曲线上至少存在一点 $C_1(\xi_1,f(\xi_1))$，过点 C_1 的切线平行于过曲线两个端点 A 和 B 的弦(图 3－2).

证明

定理结论的表达式可写为

$$f'(\xi)-\frac{f(b)-f(a)}{b-a}=0$$

由此，作辅助函数

$$F(x)=f(x)-\frac{f(b)-f(a)}{b-a}x$$

易看出函数 $F(x)$ 在 $[a,b]$ 上连续，在开区间 (a,b) 内可导；且

$$F(a)=f(a)-\frac{f(b)-f(a)}{b-a}a=\frac{f(a)b-f(b)a}{b-a}$$

$$F(b)=f(b)-\frac{f(b)-f(a)}{b-a}b=\frac{f(a)b-f(b)a}{b-a}$$

即

$$F(a)=F(b)$$

由于函数 $F(x)$ 在区间 $[a,b]$ 上满足罗尔中值定理的条件，因而在 (a,b) 内至少存在一点 ξ，使得

$$F'(\xi)=f'(\xi)-\frac{f(b)-f(a)}{b-a}=0$$

拉格朗日中值定理有两个推论：

推论 1　若函数 $f(x)$ 在区间 I 内满足 $f'(x)\equiv 0$，则函数 $f(x)$ 在区间 I 内恒等于一个常数.

推论 2　若函数 $f(x)$ 和 $g(x)$ 在区间 I 内的导数处处相等，即 $f'(x)=g'(x)$，则 $f(x)$ 与 $g(x)$ 在区间 I 内仅相差一个常数，即存在常数 C，使

$$f(x)-g(x)=C \quad 或 \quad f(x)=g(x)+C$$

例 2　验证函数 $f(x)=\sqrt{x}$ 在闭区间 $[1,4]$ 上满足拉格朗日中值定理的条件，并求出 ξ 的值.

解

因函数 $f(x)=\sqrt{x}$ 在区间 $[0,+\infty)$ 内连续，故在闭区间 $[1,4]$ 上连续；其导数为

$$f'(x)=\frac{1}{2\sqrt{x}}$$

故 $f'(x)$ 在区间 $(1,4)$ 内存在．于是，由 $f'(\xi)=\frac{f(4)-f(1)}{4-1}$，令

$$\frac{1}{2\sqrt{\xi}}=\frac{\sqrt{4}-\sqrt{1}}{4-1}$$

可解得 $\xi=\frac{9}{4}$，且 $\frac{9}{4}\in(1,4)$.

例 3　在不求 $f(x)=x(x+1)(x-1)(x-2)$ 的导数的情况下，说明 $f'(x)=0$ 有 3 个实根，并指出各根所在的区间.

解

易知 $f(x)$ 在 $(-\infty,+\infty)$ 上连续且可导，$f(-1)=f(0)=f(1)=f(2)=0$，由罗尔中值定理可知，在 $(-1,0)$、$(0,1)$、$(1,2)$ 三区间内各至少存在一点 ξ_1、ξ_2、ξ_3，使得 $f'(\xi_1)=f'(\xi_2)=f'(\xi_3)=0$，又 $f'(x)$ 为三次式，最多有三个不同的实根，故 $f'(x)=0$ 的三个实根分别在 $(-1,0)$、$(0,1)$、$(1,2)$ 内.

例 4 试证对任意实数 a，b，有

$$|\sin b-\sin a|\leqslant|b-a|$$

证

令 $f(x)=\sin x$，则 $f(x)$在$[a,b]$上满足拉格朗日中值定理的条件，故在(a,b)内至少存在一点 ξ，使 $\sin b-\sin a=f'(\xi)(b-a)$. 又因 $|f'(\xi)|=|\cos\xi|\leqslant 1$，所以 $|\sin b-\sin a|\leqslant|b-a|$.

定理 3 柯西中值定理 若函数 $f(x)$及 $g(x)$满足

(1)在闭区间$[a,b]$上连续；

(2)在开区间(a,b)内可导，

则在(a,b)内至少存在一点 ξ，使得

$$\frac{f'(\xi)}{g'(\xi)}=\frac{f(b)-f(a)}{g(b)-g(a)}$$

在上式中，如果 $g(x)=x$，就变成拉格朗日中值定理，所以拉格朗日中值定理是柯西中值定理的特例.

3.1.2 洛必达法则

洛必达法则

在求极限时，曾多次遇到求两个无穷小量之比或两个无穷大量之比$\left(即\frac{0}{0}型或\frac{\infty}{\infty}型未定式\right)$的极限问题，它不能直接使用商的极限运算法则. 本小节将应用前面讲述的柯西中值定理给出计算$\frac{0}{0}$型或$\frac{\infty}{\infty}$型未定式极限的简捷有效的方法——洛必达法则. 进一步完善极限问题.

定理 4(洛必达法则) 设函数 $f(x)$与 $g(x)$满足

(1) $\lim\limits_{x\to x_0}f(x)=0$，$\lim\limits_{x\to x_0}g(x)=0$；

(2) $f(x)$与 $g(x)$在 x_0某个邻域内(点 x_0可除外)可导，且 $g'(x)\neq 0$；

(3) $\lim\limits_{x\to x_0}\frac{f'(x)}{g'(x)}=A$($A$ 为有限数，也可为$+\infty$、$-\infty$或∞)，

则

$$\lim_{x\to x_0}\frac{f(x)}{g(x)}=\lim_{x\to x_0}\frac{f'(x)}{g'(x)}=A$$

注意 上述定理对于 $x\to\infty$时的$\frac{0}{0}$型未定式同样适用，对于 $x\to x_0$或 $x\to\infty$时的$\frac{\infty}{\infty}$型未定式，也有相应的法则.

例 5 求$\lim\limits_{x\to 0}\frac{e^x-1}{x^2-x}$.

解

这是$\frac{0}{0}$型未定式，且满足定理 4 的条件，故有

$$\lim_{x\to 0}\frac{e^x-1}{x^2-x}=\lim_{x\to 0}\frac{(e^x-1)'}{(x^2-x)'}=\lim_{x\to 0}\frac{e^x}{2x-1}=\frac{1}{-1}=-1$$

例 6 求$\lim\limits_{x\to 2}\dfrac{x^3-3x^2+4}{x^2-4x+4}$.

解

这是$\dfrac{0}{0}$型未定式，应用洛必达法则，有

$$\lim_{x\to 2}\frac{x^3-3x^2+4}{x^2-4x+4}=\lim_{x\to 2}\frac{3x^2-6x}{2x-4}=\lim_{x\to 2}\frac{6x-6}{2}=3$$

说明：洛必达法则可多次使用，$\lim\limits_{x\to 2}\dfrac{6x-6}{2}$已不是未定式，故不能继续使用洛必达法则.

例 7 求$\lim\limits_{x\to +\infty}\dfrac{\ln x}{x^n}(n>0)$.

解

这是$\dfrac{\infty}{\infty}$型未定式，应用洛必达法则，有

$$\lim_{x\to +\infty}\frac{\ln x}{x^n}=\lim_{x\to +\infty}\frac{\frac{1}{x}}{nx^{n-1}}=\lim_{x\to +\infty}\frac{1}{nx^n}=0$$

除$\dfrac{0}{0}$或$\dfrac{\infty}{\infty}$型未定式之外，还有其他五种未定式，包括$0\cdot\infty$、$\infty-\infty$、∞^0、0^0和1^∞型. 往往都可以将其化成$\dfrac{0}{0}$或$\dfrac{\infty}{\infty}$型未定式，再使用洛必达法则求极限.

例 8 求$\lim\limits_{x\to 1}\left(\dfrac{1}{\ln x}-\dfrac{1}{x-1}\right)$.

解

这是$\infty-\infty$型未定式，通过“通分”将其化为$\dfrac{0}{0}$型未定式.

$$\lim_{x\to 1}\left(\frac{1}{\ln x}-\frac{1}{x-1}\right)=\lim_{x\to 1}\frac{x-1-\ln x}{(x-1)\ln x}=\lim_{x\to 1}\frac{1-\frac{1}{x}}{\ln x+\frac{x-1}{x}}$$

$$=\lim_{x\to 1}\frac{x-1}{x\ln x+x-1}=\lim_{x\to 1}\frac{1}{\ln x+1+1}=\frac{1}{2}$$

例 9 求$\lim\limits_{x\to +\infty}x\left(\dfrac{\pi}{2}-\arctan x\right)$.

解

这是$\infty\cdot 0$型未定式，通过变形可将其化为$\dfrac{0}{0}$型未定式.

$$\lim_{x\to +\infty}x\left(\frac{\pi}{2}-\arctan x\right)=\lim_{x\to +\infty}\frac{\frac{\pi}{2}-\arctan x}{\frac{1}{x}}=\lim_{x\to +\infty}\frac{-\frac{1}{1+x^2}}{-\frac{1}{x^2}}$$

$$=\lim_{x\to +\infty}\frac{x^2}{1+x^2}=1$$

例 10　求 $\lim\limits_{x\to 0^+} x^x$.

解

这是 0^0 型未定式，由于 $x^x = e^{x\ln x}$，且

$$\lim_{x\to 0^+} x\ln x = \lim_{x\to 0^+}\frac{\ln x}{\frac{1}{x}} = \lim_{x\to 0^+}\frac{\frac{1}{x}}{-\frac{1}{x^2}} = 0$$

于是

$$\lim_{x\to 0^+} x^x = e^0 = 1$$

例 11　求 $\lim\limits_{x\to 1} x^{\frac{1}{1-x}}$.

解

这是 1^∞ 型未定式．由于 $x^{\frac{1}{1-x}} = e^{\frac{1}{1-x}\ln x}$，且

$$\lim_{x\to 1}\frac{1}{1-x}\ln x = \lim_{x\to 1}\frac{\ln x}{1-x} = \lim_{x\to 1}\frac{\frac{1}{x}}{-1} = -1$$

于是

$$\lim_{x\to 1} x^{\frac{1}{1-x}} = e^{-1}$$

例 12　求 $\lim\limits_{x\to\infty}(1+x^2)^{\frac{1}{x}}$.

解

这是 ∞^0 型未定式．由于 $(1+x^2)^{\frac{1}{x}} = e^{\frac{1}{x}\ln(1+x^2)}$，且

$$\lim_{x\to\infty}\frac{1}{x}\ln(1+x^2) = \lim_{x\to\infty}\frac{\ln(1+x^2)}{x} = \lim_{x\to\infty}\frac{\frac{2x}{1+x^2}}{1} = 0$$

于是

$$\lim_{x\to\infty}(1+x^2)^{\frac{1}{x}} = e^0 = 1$$

例 13　证明 $\lim\limits_{x\to+\infty}\dfrac{x+\cos x}{x}$ 存在，但不能用洛必达法则求解.

证

因为 $\lim\limits_{x\to+\infty}\dfrac{x+\cos x}{x} = \lim\limits_{x\to+\infty}\left(1+\dfrac{\cos x}{x}\right) = 1+0 = 1$，所以，所给极限存在.

又因为 $\lim\limits_{x\to+\infty}\dfrac{(x+\cos x)'}{(x)'} = \lim\limits_{x\to+\infty}\dfrac{1-\sin x}{1} = \lim\limits_{x\to+\infty}(1-\sin x)$ 不存在，所以，所给极限不能用洛必达法则求出.

小结：使用洛必达法则时，应注意以下几点：

(1)洛必达法则对 $\frac{0}{0}$ 型或 $\frac{\infty}{\infty}$ 型未定式可直接使用，对于 $0\cdot\infty$ 型及 $\infty-\infty$ 型的未定式，应先借助于恒等变形转化为这两种类型之一后再使用洛必达法则.

(2)如果 $\lim\dfrac{f'(x)}{g'(x)}$ 仍是 $\frac{0}{0}$ 型或 $\frac{\infty}{\infty}$ 型未定式，则可以继续使用洛必达法则.

(3)在每次使用洛必达法则时，都要验证它属于哪一类未定式，不能盲目应用．应

用后如果有可约因子，或有非零极限值的乘积因子，则可先约去或提出，然后再考虑是否继续应用洛必达法则.

(4)当 $\lim \frac{f'(x)}{g'(x)}$ 不存在时(不包括∞的情况)，并不能断定 $\lim \frac{f(x)}{g(x)}$ 也不存在，此时洛必达法则失效，应寻求其他方法求极限.

习 题 3.1

1. 验证下列函数是否满足罗尔中值定理的条件. 若满足，求出定理中的 ξ；若不满足，说明其原因.

(1) $f(x)=\begin{cases} x, & 0\leqslant x<1, \\ 0, & x=1; \end{cases}$

(2) $f(x)=|x|$，$x\in[-1,1]$；

(3) $f(x)=x$，$x\in[0,1]$；

(4) $f(x)=\ln \sin x$，$x\in\left[\frac{\pi}{6},\frac{5\pi}{6}\right]$.

2. 验证下列函数是否满足拉格朗日中值定理的条件. 若满足，求出定理中的 ξ.

(1) $f(x)=\arctan x$，$x\in[0,1]$；

(2) $f(x)=x^3-3x$，$x\in[0,2]$.

3. 设 $f(x)=(x-1)(x-2)(x-3)(x-4)$，用罗尔中值定理证明 $f'(x)=0$ 有 3 个实根，并指出各根所在的范围.

4. 证明：在 $(-\infty,+\infty)$ 上 $\arctan x+\operatorname{arccot} x=\frac{\pi}{2}$.

5. 利用拉格朗日中值定理证明 $\frac{b-a}{b}<\ln \frac{b}{a}<\frac{b-a}{a}\ (0<a<b)$.

6. 问下列极限属于哪种类型的未定式？并求出它们的极限值.

(1) $\lim\limits_{x\to 0}\frac{\sin(\sin x)}{x}$；

(2) $\lim\limits_{x\to +\infty}\frac{\ln x}{x}$；

(3) $\lim\limits_{x\to 0^+}\frac{\ln x}{\cot x}$；

(4) $\lim\limits_{x\to +\infty}\frac{\ln(e^x+1)}{e^x}$；

(5) $\lim\limits_{x\to -\infty}\frac{\ln(e^x+1)}{e^x}$；

(6) $\lim\limits_{\theta\to \frac{\pi}{2}}\frac{\cos\theta}{\pi-2\theta}$.

7. 求下列极限.

(1) $\lim\limits_{x\to +\infty}\frac{e^x}{x^3}$；

(2) $\lim\limits_{x\to 0}\frac{\tan x-x}{x-\sin x}$；

(3) $\lim\limits_{x\to \infty}x\cdot(e^{\frac{1}{x}}-1)$；

(4) $\lim\limits_{x\to 0}\left(\frac{1}{x}-\frac{1}{e^x-1}\right)$；

(5) $\lim\limits_{x\to 0^+}x^{\sin x}$；

(6) $\lim\limits_{x\to \infty}\frac{x-\sin x}{x+\sin x}$.

3.2 函数的单调性与曲线的凹向和拐点

3.2.1 函数的单调性

在第1章里，已给出了函数单调性的定义，但用定义判别函数的单调性有时是不太容易的，下面利用函数的导数来判定函数的单调性.

观察图3-3，曲线 $y=f(x)$ 在 (a,b) 内每一点都存在切线，且这些切线与 x 轴的正方向的夹角 α 都是锐角，即 $\tan\alpha=f'(x)>0$，则此时函数 $y=f(x)$ 在 (a,b) 内是单调增加的. 而图3-4表明，如果这些切线与 x 轴的正方向的夹角 α 都是钝角，即 $\tan\alpha=f'(x)<0$，则此时函数 $y=f(x)$ 在 (a,b) 内是单调减少的. 因此，利用导数的符号可方便地判断函数的单调性.

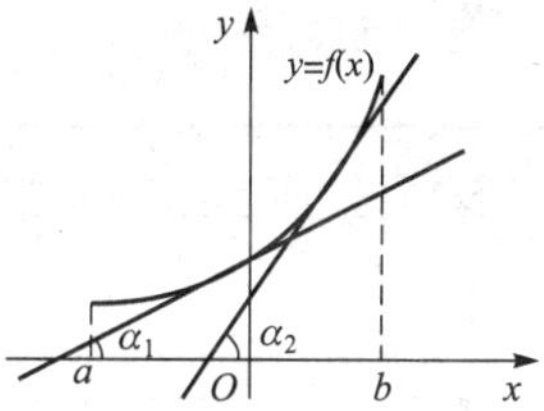

图3-3

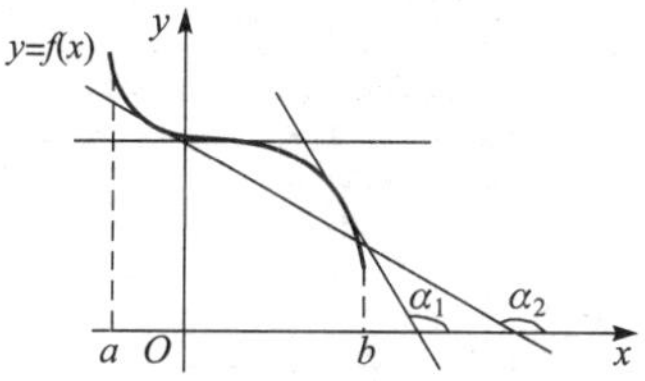

图3-4

定理1(函数单调性的判定定理) 设函数 $f(x)$ 在区间 (a,b) 内可导.

(1)如果在 (a,b) 内 $f'(x)>0$，则函数 $f(x)$ 在 (a,b) 内单调增加；

(2)如果在 (a,b) 内 $f'(x)<0$，则函数 $f(x)$ 在 (a,b) 内单调减少.

说明： 这个判定定理只是函数在区间内单调增加(或减少)的充分条件.

定义1 使 $f'(x)=0$ 的点 x 称为 $f(x)$ 的驻点.

例1 求函数 $f(x)=x^2-2x$ 的单调区间.

解

函数的定义域为 $(-\infty,+\infty)$，则

$$f'(x)=2(x-1)$$

当 $x\in(-\infty,1)$ 时，$f'(x)<0$，函数 $f(x)$ 在 $(-\infty,1)$ 内单调减少；

当 $x\in(1,+\infty)$ 时，$f'(x)>0$，函数 $f(x)$ 在 $(1,+\infty)$ 内单调增加.

例2 讨论函数 $f(x)=\sqrt[3]{x^2}$ 的单调性.

解

函数的定义域为 $(-\infty,+\infty)$.

当 $x\neq0$ 时，$f'(x)=\dfrac{2}{3\sqrt[3]{x}}$；当 $x=0$ 时，$f'(x)$ 不存在.

当 $x\in(-\infty,0)$ 时，$f'(x)<0$，函数 $f(x)=\sqrt[3]{x^2}$ 在 $(-\infty,0)$ 内单调减少；

当 $x\in(0,+\infty)$时，$f'(x)>0$，函数 $f(x)=\sqrt[3]{x^2}$在$(0,+\infty)$内单调增加.

由以上两个例题看出，$f(x)$单调增减区间的分界点可能是驻点或导数不存在的点．这样就归纳出求 $f(x)$单调增减区间的步骤：

(1)确定 $f(x)$的定义域；

(2)对 $f(x)$求导数后，找出 $f(x)$的驻点和导数不存在的点 x_i；

(3)用这些点 x_i将 $f(x)$的定义域分成若干个子区间，判断每个子区间上$f'(x)$的符号，列表得出结果.

例 3　求函数 $f(x)=2x^3-9x^2+12x-3$ 的单调区间.

解

函数的定义域为$(-\infty,+\infty)$，则

$$f'(x)=6x^2-18x+12=6(x-1)(x-2)$$

令 $f'(x)=0$ 得驻点：$x_1=1$，$x_2=2$，x_1，x_2将函数的定义域$(-\infty,+\infty)$分成三个部分区间：$(-\infty,1)$，$(1,2)$，$(2,+\infty)$.

列表 3－1 讨论如下：

表 3－1

x	$(-\infty,1)$	1	$(1,2)$	2	$(2,+\infty)$
$f'(x)$	+	0	−	0	+
$f(x)$	↗	2	↘	1	↗

综上所述，$(-\infty,1]$与$[2,+\infty)$为函数 $f(x)$的单调增区间，$[1,2]$为函数$f(x)$的单调减区间.

说明：表 3－1 中记号“↗”和“↘”分别表示曲线在相应的区间内单调增加和单调减少.

3.2.2　曲线的凹向和拐点

曲线的凹向和拐点

一条曲线不仅有上升和下降的问题，还有弯曲方向的问题，讨论曲线的凹向就是讨论曲线的弯曲方向问题．观察图 3－5 可得定义 2.

定义 2　在某区间内，若曲线弧位于其上任意一点切线的上方，则称曲线在该区间内是上凹的，若曲线弧位于其上任意一点切线的下方，则称曲线在该区间内是下凹的.

观察图 3－6 中的两条曲线，不难发现，对于图 3－6(a)中的上凹曲线上各点处的切线斜率随着 x 的增大而增大，即 $f'(x)$单调增加；而图 3－6(b)中的下凹曲线上各点处的切线斜率随着 x 的增大而减少，即 $f'(x)$单调减少．$f'(x)$的单调性可由它的导数，即 $f''(x)$的符号来判定，这就启发我们通过二阶导数的符号来判定曲线的凹向.

定理 2(曲线凹向的判定定理)　设函数 $y=f(x)$在区间(a,b)内有二阶导数.

(1)如果在(a,b)内，$f''(x)>0$，则曲线 $y=f(x)$在(a,b)内是上凹的；

(2)如果在(a,b)内，$f''(x)<0$，则曲线 $y=f(x)$在(a,b)内是下凹的.

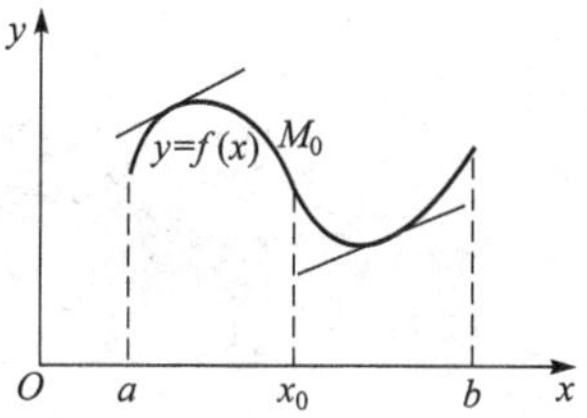

图 3－5

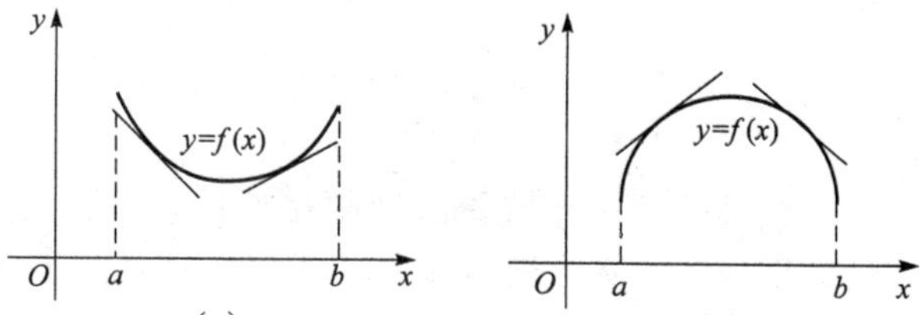

(a)　(b)

图 3－6

例 4　讨论曲线 $y=x^3$ 的凹向.

解

由于 $y'=3x^2$，$y''=6x$，当 $x<0$ 时，$y''<0$，曲线下凹；当 $x>0$ 时，$y''>0$，曲线上凹.

所以，点(0,0)是曲线 $y=x^3$ 上凹与下凹的分界点.

定义 3　曲线上凹与下凹的分界点(x,y)称为曲线的**拐点**.

拐点既然是上凹与下凹的分界点，那么在拐点的左、右邻近 $f''(x)$ 必然**异号**，因此在拐点处有 **$f''(x)=0$ 或 $f''(x)$ 不存在**.

与驻点的情形类似，**使 $f''(x)=0$ 或 $f''(x)$ 不存在的点**只是拐点的可疑点，究竟是否为拐点，还要根据 $f''(x)$ 在该点的左、右邻近是否异号来确定.

于是，可归纳出**求曲线 $y=f(x)$ 的凹向区间和拐点的步骤**：

(1)确定函数 $y=f(x)$ 的定义域；

(2)求出 $f''(x)$，找出使 $f''(x)=0$ 的点和 $f''(x)$ 不存在的点 x_i；

(3)用这些点 x_i 将 $f(x)$ 的定义域分成若干个子区间，判断每个子区间上 $f''(x)$ 的符号；在点 x_i 的左右两侧如果 $f''(x)$ 的符号相反，则点$(x_i, f(x_i))$是曲线 $y=f(x)$ 的拐点；如果 $f''(x)$ 的符号相同，则点$(x_i, f(x_i))$不是曲线 $y=f(x)$ 的拐点，可列表得出结果.

例 5　求曲线 $y=(x-1)^{\frac{5}{3}}$ 的凹向区间与拐点.

解

函数 $y=(x-1)^{\frac{5}{3}}$ 的定义域为$(-\infty,+\infty)$，则

$$y'=\frac{5}{3}(x-1)^{\frac{2}{3}}，\ y''=\frac{10}{9}(x-1)^{-\frac{1}{3}}$$

当 $x=1$ 时，$y'=0$，而 y'' 不存在，列表 3－2 讨论如下：

表 3－2

x	$(-\infty,1)$	1	$(1,+\infty)$
y''	－	不存在	＋
曲线 y	⌢	拐点	⌣

综上所述，$(-\infty,1)$是曲线 $y=(x-1)^{\frac{5}{3}}$ 的下凹区间；$(1,+\infty)$是曲线 $y=(x-1)^{\frac{5}{3}}$ 的上凹区间．又 $y|_{x=1}=0$，故曲线的拐点是(1,0).

说明：表中记号“⌣”和“⌢”分别表示曲线在相应的区间内上凹和下凹.

3.2.3 曲线的渐近线

有些函数的定义域和值域都是有限区间，此时函数的图像局限于一定的范围内，如圆、椭圆等．而有些函数的定义域或值域是无穷区间，此时函数的图像向无穷远处延伸，如双曲线、抛物线等．有些向无穷远延伸的曲线常常会接近某一条直线，这样的直线叫做曲线的渐近线.

曲线的渐近线

定义 4　如果曲线上的一点沿着曲线趋于无穷远时，该点与某条直线的距离趋于零，则称此直线为曲线的渐近线.

例如：双曲线 $y=\dfrac{1}{x}$ 的渐近线是直线 $y=0$ 和 $x=0$.

渐近线分为水平渐近线、铅垂渐近线和斜渐近线三种．本书只介绍前两种渐近线的求法.

1. 水平渐近线

如果 $\lim\limits_{x\to\infty}f(x)=C$($C$ 为常数)，则称直线 $y=C$ 为曲线 $y=f(x)$ 的水平渐近线.

2. 铅垂渐近线

如果曲线 $y=f(x)$ 在点 x_0 间断，且 $\lim\limits_{x\to x_0}f(x)=\infty$，则称直线 $x=x_0$ 为曲线 $y=f(x)$ 的铅垂渐近线.

曲线的铅垂渐近线可以存在多条．例如，我们熟悉的函数 $y=\tan x$ 就有无数条铅垂渐近线.

例 6　求曲线 $y=\dfrac{1}{x-5}$ 的水平渐近线和铅垂渐近线.

解

因为 $\lim\limits_{x\to\infty}\dfrac{1}{x-5}=0$，所以 $y=0$ 是曲线 $y=\dfrac{1}{x-5}$ 的水平渐近线；又因为 $x=5$ 是 $y=\dfrac{1}{x-5}$ 的间断点，且 $\lim\limits_{x\to5}\dfrac{1}{x-5}=\infty$，所以 $x=5$ 是曲线 $y=\dfrac{1}{x-5}$ 的铅垂渐近线.

习　题　3.2

1. 确定下列函数的单调区间.

(1) $f(x)=x^2-5x+6$；　(2) $f(x)=(x-1)\cdot x^{\frac{2}{3}}$；

(3) $f(x)=2x^2-\ln x$.

2. 求下列曲线的凹向及拐点.

(1) $y=x^4-2x^3+1$；　(2) $y=\sqrt[3]{x-4}+2$.

3. 求下列曲线的渐近线.

(1) $y=\dfrac{x+1}{x-2}$；　(2) $y=e^x$；

(3) $y=\frac{3x^2+2}{1-x^2}$.

3.3　函数的极值

函数的极值

观察图3-7，函数 $f(x)$的图像在点 x_1、x_3的函数值 $f(x_1)$、$f(x_3)$比它们近旁各点的函数值都大，而在点 x_2、x_4的函数值 $f(x_2)$、$f(x_4)$比它们近旁各点的函数值都小．对于这种性质的点和对应的函数值，给出如下的定义.

定义1　设函数 $f(x)$在点 x_0的某邻域内有定义，对于该邻域内任意的 x，如果

(1) $f(x_0)>f(x)$成立，则称 $f(x_0)$为函数的**极大值**；

(2) $f(x_0)<f(x)$成立，则称 $f(x_0)$为函数的**极小值**.

函数的极大值与极小值统称为**极值**，使函数取得极值的点 $x=x_0$称为**极值点**.

函数的极值只是一个局部性概念，而函数的最大值、最小值是一个全局性概念．极值只是与极值点邻近的所有的点的函数值相比为最大或最小，并不是指在函数整个定义域内为最大或最小．例如，图3-7中 $f(x_1)$是极大值，$f(x_4)$是极小值，但是$f(x_1)<f(x_4)$.

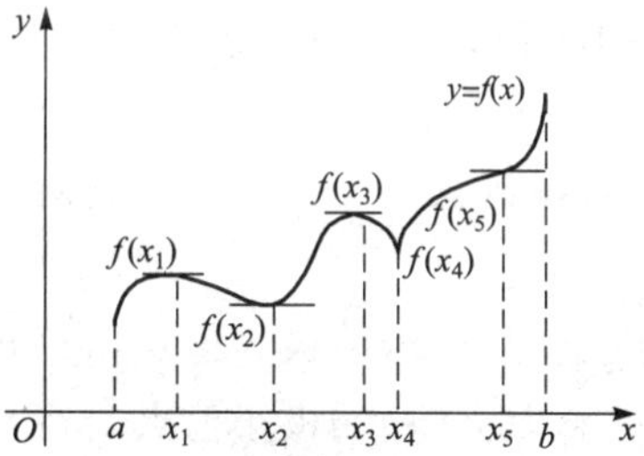

图3-7

由图3-7还能够看出，在极值点处如果曲线有切线存在，那么该切线必定是平行于 x 轴的，也就是有水平切线，但有水平切线的点不一定是函数的极值点，如图3-7中曲线在点 x_5有水平切线，但点 x_5并不是极值点.

定理1(极值存在的必要条件)　设函数 $f(x)$在点 x_0处可导，且在点 x_0处取得极值，则必有 $f'(x_0)=0$.

注意　定理1的条件是 $f(x)$在点 x_0处可导．但是在导数不存在的点，函数 $f(x)$也有可能有极值．例如图3-7中，$f'(x_4)$不存在，但在点 x_4处函数有极小值 $f(x_4)$. 也就是说，函数的极值点必定是函数的驻点或导数不存在的点．但是，驻点或导数不存在的点不一定是极值点，那么如何来判定这些点处函数是否取得极值？下面给出判定定理.

定理2(极值判定定理Ⅰ)　设函数 $f(x)$在点 x_0连续，在点 x_0的某一空心邻域内可导，当 x 从 x_0的左边变化到 x_0的右边时：

(1)如果 $f'(x)$的符号由正变负，则点 x_0是 $f(x)$的极大值点，$f(x_0)$是 $f(x)$的极大值；

(2)如果 $f'(x)$的符号由负变正，则点 x_0是 $f(x)$的极小值点，$f(x_0)$是 $f(x)$的极小值；

(3)如果 $f'(x)$不变号，则 x_0不是 $f(x)$的极值点.

例 1 求函数 $f(x)=x-\frac{3}{2}\sqrt[3]{x^2}$的极值.

解

$f(x)$的定义域为$(-\infty,+\infty)$，且 $f'(x)=1-x^{-\frac{1}{3}}=\frac{\sqrt[3]{x}-1}{\sqrt[3]{x}}$，令 $f'(x)=0$，得驻点 $x=1$，又当 $x=0$ 时，$f'(x)$不存在．用 0 和 1 将定义域分成三个部分区间，列表讨论如下.

由表 3-3 知，函数 $f(x)$的极大值为 $f(0)=0$，函数 $f(x)$的极小值为 $f(1)=-\frac{1}{2}$.

表 3-3

x	$(-\infty,0)$	0	$(0,1)$	1	$(1,+\infty)$
$f'(x)$	+	不存在	−	0	+
$f(x)$	↗	极大值 0	↘	极小值$-\frac{1}{2}$	↗

当函数只有驻点，没有一阶导数不存在的点，且在驻点处二阶导数存在时，有如下的判定定理.

定理 3(极值判定定理Ⅱ) 设函数 $f(x)$在点 x_0处具有二阶导数，且 $f'(x_0)=0$，$f''(x_0)\neq0$.

(1)如果 $f''(x_0)<0$，则点 x_0是 $f(x)$的极大值点，$f(x_0)$是 $f(x)$的极大值；

(2)如果 $f''(x_0)>0$，则点 x_0是 $f(x)$的极小值点，$f(x_0)$是 $f(x)$的极小值；

(3)如果 $f'(x_0)=f''(x_0)=0$，那么此定理失效，改用极值判定定理Ⅰ.

例 2 求函数 $f(x)=x^3-6x^2+9x-9$ 的极值.

解

$f(x)$的定义域为$(-\infty,+\infty)$，则

$$f'(x)=3x^2-12x+9,\qquad f''(x)=6x-12$$

令 $f'(x)=0$，得驻点 $x_1=1$，$x_2=3$.

因为 $f''(1)=-6<0$，所以，$f(1)=-5$ 为极大值.

因为 $f''(3)=6>0$，所以，$f(3)=-9$ 为极小值.

说明：定理 2 和定理 3 虽然都是极值判定定理，但在应用时又有区别．定理 2 对驻点和导数不存在的点均适用；而定理 3 用起来方便，但对导数不存在的点及 $f'(x_0)=f''(x_0)=0$ 的点不适用.

综上所述，归纳出求函数极值的步骤：

(1)确定函数的定义域；

(2)求出函数 $f(x)$的全部驻点及导数不存在的点；

(3)用定理 2 或定理 3 判断这些点是否为极值点；

(4)求极值点处的函数值，得到函数的极大值或极小值.

习　题　3.3

1. 下列说法是否正确？为什么？

(1)若 $f'(x_0)=0$，则 x_0 为 $f(x)$的极值点；

(2)$f(x)$的极值点一定是驻点或导数不存在的点，反之则不成立.

2. 求下列函数的极值点和极值.

(1)$f(x)=x^3-3x^2-9x+1$；　　(2)$f(x)=x-\ln x$；

(3)$f(x)=x^2e^{-x^2}$；　　(4)$f(x)=\frac{1}{3}x^3-2x^2+3x+1$.

3. 求下列函数的单调区间、极值、凹向区间和拐点.

(1)$f(x)=x^3-6x^2-15x+2$；　　(2)$f(x)=x^3-3x^2-1$.

3.4　函数的最值及其经济应用

3.4.1　函数的最大值与最小值

函数的最大值与最小值

由闭区间上连续函数的性质知道：若函数 $f(x)$在闭区间$[a,b]$上连续，则$f(x)$在$[a,b]$上必有最大值与最小值．最大值与最小值可在区间内部取得，也可以在区间端点处取得，最大值和最小值是整体的概念，是所考察的闭区间上全部函数值的最大者和最小者，函数在区间$[a,b]$上取得最大值的点可能不止一个，但最大值只有一个，取得最小值的点也可能不止一个，但最小值也只有一个．只要求出函数 $f(x)$的所有极值和端点值，它们之中最大的值就是最大值，最小的值就是最小值．根据最值的基本概念，可得出**最值的求法步骤**：

(1)求出函数在开区间(a,b)内所有可能是极值点的函数值；

(2)求出区间端点的函数值 $f(a)$和 $f(b)$；

(3)将这些函数值进行比较，其中最大(小)的值为最大(小)值.

例 1　求函数 $f(x)=3x^4-4x^3-12x^2+1$ 在区间$[-3,1]$上的最大值和最小值.

解

所给函数 $f(x)$在闭区间$[-3,1]$上连续，所以它在该区间上存在最大值和最小值.

先求驻点的函数值．由

$$f'(x)=12x^3-12x^2-24x=12x(x+1)(x-2)=0$$

解得

$$x_1=-1,\ x_2=0(x_3=2\ 舍去)$$

可算得

$$f(-1)=-4,\ f(0)=1$$

再求区间端点的函数值

$$f(-3)=244,\ f(1)=-12$$

最后，由比较可知，在区间$[-3,1]$上，最小值是$f(1)=-12$，最大值是$f(-3)=244$.

注意　求函数的最值时，常遇到下述情况：

(1)若函数$f(x)$在闭区间$[a,b]$上是单调增加(减少)的，则最值在区间端点处取得；

(2)若函数$f(x)$在区间(a,b)内仅有一个极值，是极大(小)值时，它就是函数$f(x)$在闭区间$[a,b]$上的最大(小)值，如图 3-8 所示.

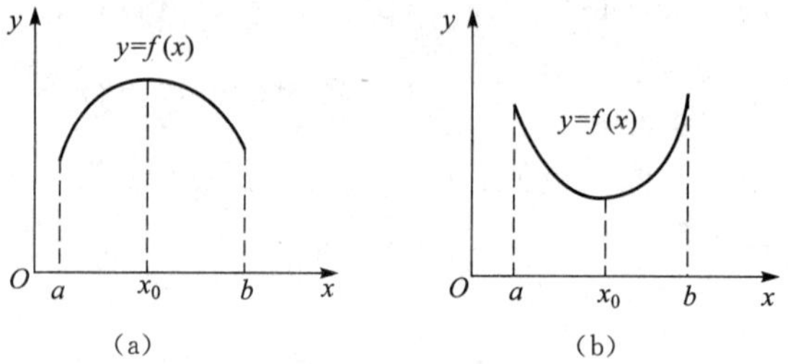

图 3-8

解极值应用问题时，此种情形较多.

3.4.2 经济学中的最值问题——经济优化分析

在生产、经营、管理等大量经济活动中，总会遇到求最小成本、最大利润等最值问题，经济学中的求最值问题构成了经济优化分析领域，其中，利用导数解决优化问题是一种常用方法，下面通过几个例子来加以说明.

例 2(最小平均成本与最大利润问题)　已知某厂生产x件产品的成本为

$$C=25\ 000+200x+\frac{1}{40}x^2.$$

问：

(1)若使平均成本最小，应生产多少件产品？

(2)若产品以每件 500 元售出，要使利润最大，应生产多少件产品？

解　(1)由$C=25\ 000+200x+\frac{1}{40}x^2$得平均成本为

$$\overline{C}=\frac{C(x)}{x}=\frac{25\ 000}{x}+200+\frac{1}{40}x$$

由$\overline{C}'(x)=-\frac{25\ 000}{x^2}+\frac{1}{40}=0$，得$x=\pm1\ 000$，由题意知应将$x=-1\ 000$舍去；

又因为

$$\overline{C}''(x)=\frac{50\ 000}{x^3}，而\overline{C}''(1\ 000)>0$$

所以$x=1\ 000$时，$\overline{C}(x)$取极小值，由于是唯一的极小值，因此也是最小值.

故生产 1 000 件产品时，可使平均成本最小.

(2)收入函数为 $R(x)=500x$，因此利润函数为

$$L(x)=R(x)-C(x)=500x-\left(25\ 000+200x+\frac{x^2}{40}\right)=-25\ 000+300x-\frac{x^2}{40}$$

由 $L'(x)=300-\frac{x}{20}=0$ 得 $x=6\ 000$；又 $L''(x)=-\frac{1}{20}<0$，所以 $x=6\ 000$ 时，$L(x)$ 取极大值，由于是唯一的极大值，因此也是最大值.

故要使利润最大，应生产 6 000 件产品.

例 3(销售利润最大问题)　某种商品的平均成本 $\overline{C}(x)=2$，价格函数为 $P(x)=20-4x$ (x 为销售量)，每件销售商品须向国家缴税为 t.

(1)企业销售多少商品时，利润最大？

(2)在企业取得最大利润的情况下，t 为何值时才能使总税收最大？

解

(1)总成本：　$C(x)=x\overline{C}(x)=2x$

总收入：　$R(x)=xP(x)=20x-4x^2$

总税收：　$T(x)=tx$

总利润：　$L(x)=R(x)-C(x)-T(x)=(18-t)x-4x^2$

令 $L'(x)=18-t-8x=0$，得 $x=\frac{18-t}{8}$. 又 $L''(x)=-8<0$，所以 $L\left(\frac{18-t}{8}\right)=\frac{(18-t)^2}{16}$ 为极大值，由于是唯一极大值，因此也是最大值.

(2)取得最大利润的税收为

$$T=tx=\frac{t(18-t)}{8}=\frac{18t-t^2}{8}\quad(x>0)$$

令 $T'=\frac{9-t}{4}=0$，得 $t=9$. 又 $T''(9)=-\frac{1}{4}<0$，故 $t=9$ 是唯一的极值点.

所以当 $t=9$ 时，总税收取得最大值为

$$T(9)=\frac{9\times(18-9)}{8}=\frac{81}{8}$$

此时的总利润为

$$L=\frac{(18-9)^2}{16}=\frac{81}{16}$$

例 4(用料最省问题)　一个能装 500 cm^3 饮料的圆柱形铝罐，底半径为多少时，用料最少？

解

若使用料最省，只要铝罐的表面积最少，铝罐的表面积是上下两个底面积与侧面积之和.

设罐高为 h，底半径为 r，则表面积 $S=2\pi r^2+2\pi rh$，又由罐的体积 $V=\pi r^2h=500$，得 $h=\frac{500}{\pi r^2}$，代入上式得

$$S=2\pi r^2+\frac{1\ 000}{r}$$

问题转化为求 r 为何值时 S 最小.

由 $S'=4\pi r-\frac{1\ 000}{r^2}=0$，得

$$r=\left(\frac{250}{\pi}\right)^{\frac{1}{3}}\approx 4.30\ \mathrm{cm}$$

又 $S''=4\pi+\frac{2\ 000}{r^3}>0$，因此当 $r\approx 4.30$ cm 时，S 取极小值，亦即最小值．故底半径约为 4.30 cm 时，所用材料最省.

习　题　3.4

1. 求下列函数在给定区间上的最大值和最小值.

(1) $f(x)=x^4-2x^3+3$，$x\in[-2,2]$；

(2) $f(x)=x^3+1$，$x\in[-1,3]$；

(3) $f(x)=x+2\sqrt{x}$，$x\in[0,4]$.

2. 已知某企业的成本函数为 $C=q^3-9q^2+30q+25$，其中 C 表示成本(单位：千元)，q 表示产量(单位：t)，求平均可变成本 $\bar{C}$(单位：千元)的最小值.

3. 某个体户以每条 10 元的价格购进一批牛仔裤，设此牛仔裤的需求函数为 $Q=40-p$，问该个体户将销售价定为多少时，才能获得最大利润?

4. 欲用围墙围成面积为 216 m² 的一块矩形土地，并在正中用一堵墙将其隔成两块．问这块土地的长和宽选取多大的尺寸，才能使所用建筑材料最省?

3.5　导数在经济分析中的应用

3.4 节已经研究了利用导数求得最优经济量的方法．本节将继续利用导数来研究经济量的特征，阐明经济理论中常用的两种方法：边际分析法和弹性分析法.

3.5.1　边际与边际分析

边际概念是经济学中的一个重要概念，一般指经济函数的变化率，利用导数研究经济变量的边际变化的方法，称为边际分析法.

1. 边际成本

成本函数 $C(q)$ 给出了生产数量 q 的某种产品的总成本．边际成本定义为产量 q 时，再增加一个单位产量时总成本的增加量，一般记为 MC.

若 $C(q)$ 可导，则

$$C'(q)=\lim_{\Delta q\to 0}\frac{C(q+\Delta q)-C(q)}{\Delta q},\quad \Delta q\cdot C'(q)\approx C(q+\Delta q)-C(q)$$

令 $\Delta q=1$，得

$$C(q+1)-C(q)=\Delta C(q)\approx C'(q)$$

故从数学角度看，$C(q)$在 q 处，当 q 增加一个单位时，$C(q)$近似增加 $C'(q)$个单位，解释实际问题时，“近似”二字可省略. 边际成本近似是 $C(q)$关于产量 q 的导数，用 $MC=C'(q)$表示. 其经济意义为：当产量为 q 时，再多生产一个单位产品($\Delta q=1$)时所需增加的成本.

2. 边际收入

收入函数 $R(q)$表示企业售出数量为 q 的某种产品所获得的总收入. 边际收入定义为销量为 q 时，再多销售一个单位产品时总收入 $R(q)$的增加量，一般记为 MR.

若 $R(q)$可导，则

$$R'(q)=\lim_{\Delta q\to 0}\frac{R(q+\Delta q)-R(q)}{\Delta q},\quad \Delta q\cdot R'(q)\approx R(q+\Delta q)-R(q)$$

令 $\Delta q=1$，得

$$R(q+1)-R(q)=\Delta R(q)\approx R'(q)$$

边际收入近似是总收入 $R(q)$关于销售量 q 的导数，用 $MR=R'(q)$表示. 其经济意义为：当销售量为 q 时，再多销售一个单位产品($\Delta q=1$)时所增加的收入.

3. 边际利润

设某产品销售量为 q 时的总利润函数为 $L=L(q)$. 当 $L(q)$可导时，称 $L'(q)$是销售量为 q 时的边际利润，它定义为销售量为 q 时，再多销售一个单位产品时所增加或减少的利润.

由于总利润为总收入与总成本之差，即有

$$L(q)=R(q)-C(q)$$

上式两边求导，得

$$L'(q)=R'(q)-C'(q)$$

即边际利润等于边际收入与边际成本之差.

例 1　某公司每月生产 q 吨煤的总收入函数为 $R(q)=100q-q^2$(万元)，而生产 q 吨煤的总成本函数为 $C(q)=40+111q-7q^2+\frac{1}{3}q^3$(万元). 试求：

(1)边际利润函数；

(2)当产量 $q=10$，11，12 吨时的边际收入、边际成本和边际利润，并说明所得结果的经济意义.

解

(1)边际收入函数为

$$R'(q)=100-2q$$

边际成本函数为

$$C'(q)=111-14q+q^2$$

所以，边际利润函数为

$$L'(q)=R'(q)-C'(q)=-q^2+12q-11$$

(2)当 $q=10$ 吨时，$R'(10)=80$，$C'(10)=71$，$L'(10)=9$；

当 $q=11$ 吨时，$R'(11)=78$，$C'(11)=78$，$L'(11)=0$；

当 $q=12$ 吨时，$R'(12)=76$，$C'(12)=87$，$L'(12)=-11$.

因此，当产量为 10 吨时的边际收入为 80 万元，边际成本为 71 万元，边际利润为 9 万元；

当产量为 11 吨时的边际收入为 78 万元，边际成本为 78 万元，边际利润为 0 万元；

当产量为 12 吨时的边际收入为 76 万元，边际成本为 87 万元，边际利润为 −11 万元.

由所得结果可知，当产量为 10 吨时，再多生产 1 吨，总利润会增加 9 万元；当产量为 11 吨时，再增加产量，总利润不会再增加；当产量为 12 吨时，再多生产 1 吨，反而使总利润减少 11 万元.

由此例可以看出，当 $L'(q)=R'(q)-C'(q)>0$，即 $R'(q)>C'(q)$ 时，当产量为 q 个单位时，再增加一个单位产量会使利润增加；

当 $L'(q)=R'(q)-C'(q)<0$，即 $R'(q)<C'(q)$ 时，当产量为 q 个单位时，再增加一个单位产量可使利润减少；

当 $L'(q)=R'(q)-C'(q)=0$，即 $R'(q)=C'(q)$ 时，当产量为 q 个单位时，再增加一个单位产量利润不变.

因此，企业取得最大利润的必要条件是 $R'(q)=C'(q)$，即边际收入等于边际成本.

3.5.2 弹性与弹性分析

1. 弹性的概念

引例 商品甲每单位价格为 10 元，涨价 1 元；商品乙每单位价格为 1 000 元，也涨价 1 元，哪个商品的涨价幅度更大呢？虽然两种商品价格的绝对改变量都是 1 元，但各与其原价相比，两者涨价的百分比却有很大的不同，甲涨了 10%，而乙仅涨了 0.1%，显然商品甲的涨价幅度比乙的涨价幅度更大．因此，有时要用相对改变量来刻画变量的变化，并研究函数的相对量的比率——弹性概念.

定义 1 若函数 $y=f(x)$ 在 x_0 处可导，极限 $\lim\limits_{\Delta x\to 0}\dfrac{\Delta y/y_0}{\Delta x/x_0}$ 存在，则称此极限值为函数 $f(x)$ 在 x_0 处的**相对变化率**，又称为函数 $f(x)$ 在点 x_0 处的**弹性**，记为 $\left.\dfrac{Ey}{Ex}\right|_{x=x_0}$.

由定义知

$$\left.\frac{Ey}{Ex}\right|_{x=x_0}=\lim_{\Delta x\to 0}\frac{\Delta y/y_0}{\Delta x/x_0}=\frac{x_0}{f(x_0)}f'(x_0)$$

当 x_0 为变量 x 时，称 $\dfrac{Ey}{Ex}=\dfrac{x}{f(x)}f'(x)$ 为 $f(x)$ 的**弹性函数**.

函数 $f(x)$ 在点 x 处的弹性 $\dfrac{Ey}{Ex}$ 反映了在 x 处，函数 $f(x)$ 的相对变化 $\dfrac{\Delta y}{y}$ 与 x 的相对变化 $\dfrac{\Delta x}{x}$ 的比率，也就是 x 相对变化百分之一时，$f(x)$ 相对变化的百分数．或者说，弹性 $\dfrac{Ey}{Ex}$ 反映了 $f(x)$ 的百分之变化相对于 x 的百分之变化的强烈程度或灵敏度．例如，$\dfrac{Ey}{Ex}=2$

表明当 x 变化 1%时，y 会近似变化 2%.

2. 需求弹性

设需求函数为 $Q=Q(p)$. 按函数弹性定义，需求函数的弹性定义为

$$E_p=\frac{EQ}{Ep}=\frac{p}{Q}\cdot\frac{\mathrm{d}Q}{\mathrm{d}p}=\frac{p}{Q}\cdot Q'(p)$$

通常上式为需求函数在点 p 的**需求价格弹性**，简称为**需求弹性**，记作 E_p. 一般情况下，因 $p>0$，$Q(p)>0$，而 $Q'(p)<0$(因假设 $Q(p)$ 是单调减函数)，所以 E_p 是负数，即

$$E_p=\frac{p}{Q}Q'(p)<0$$

由上述可知，需求函数在点 p 的需求价格弹性的**经济意义**是，当价格为 p 时，若价格提高或降低 1%，需求将减少或增加的百分数(近似的)是 $|E_p|$. 因此，需求价格弹性反映了当价格变动时需求变动对价格变动的灵敏程度. 在经济学中，比较商品的需求弹性大小时，常采用 $|E_p|$.

需求价格弹性一般分为如下三类：

(1)若 $|E_p|<1$，即 $-1<E_p<0$ 时，称需求是**低弹性(或缺乏弹性)**的. 当价格提高(或降低)1%时，需求减少(或增加)将小于 1%. 此时商品需求量变动的百分比低于价格变动的百分比，价格变动对需求量的影响较小.

(2)若 $|E_p|>1$，即 $E_p<-1$ 时，称需求是**高弹性(或富有弹性)**的. 当价格提高(或降低)1%时，需求减少(或增加)将大于 1%. 此时商品需求量变动的百分比高于价格变动的百分比，价格变动对需求量的影响较大.

(3)若 $|E_p|=1$，即 $E_p=-1$ 时，称需求是**单位弹性**的. 当价格提高(或降低)1%时，需求恰减少(或增加)1%. 此时商品需求量变动的百分比 $\frac{\Delta Q}{Q}$ 与价格变动的百分比 $\frac{\Delta p}{p}$ 相等.

例 2　某商品需求函数为 $Q=12-\frac{p}{2}(0<p<24)$，求：

(1)需求弹性函数；

(2)p 为何值时，需求为高弹性或低弹性？

(3)当 $p=6$ 时的需求弹性，并解释其经济意义.

解

(1)因为 $Q=12-\frac{p}{2}$，所以 $\frac{\mathrm{d}Q}{\mathrm{d}p}=-\frac{1}{2}$，$E_p=\frac{\mathrm{d}Q}{\mathrm{d}p}\cdot\frac{p}{Q}=\left(-\frac{1}{2}\right)\frac{p}{12-\frac{1}{2}p}=\frac{p}{p-24}$.

(2)令 $|E_p|<1$，又 $E_p<0$，有 $\frac{p}{24-p}<1$，即 $p<12$，故当 $0<p<12$ 时，需求为低弹性的. 令 $|E_p|>1$，有 $\frac{p}{24-p}>1$，即 $p>12$，故当 $12<p<24$ 时，需求为高弹性的.

(3)当 $p=6$ 时，需求弹性 $E_p\Big|_{p=6}=\frac{p}{p-24}\Big|_{p=6}=-\frac{6}{18}=-0.33$.

当 $p=6$ 时，需求变动幅度小于价格变动的幅度，即当 $p=6$ 时，价格上涨 1%，需求将减少 0.33%，或者说当价格下降 1%时，需求将增加 0.33%.

在商品经济中，商品经营者关心的是提价($\Delta p>0$)或降价($\Delta p<0$)对总收入的影响.

设销售收入 $R=Q\cdot p$(Q 为销售量，p 为价格)，则当价格 p 有微小改变量 Δp 时，有

$$\Delta R\approx \mathrm{d}R=\mathrm{d}(Q\cdot p)=Q\mathrm{d}p+p\mathrm{d}Q=\left(1+\frac{p\cdot \mathrm{d}Q}{Q\cdot \mathrm{d}p}\right)Q\mathrm{d}p$$

即

$$\Delta R\approx(1+E_p)Q\mathrm{d}p$$

由 $E_p<0$ 知，$E_p=-|E_p|$，于是有

$$\Delta R\approx(1-|E_p|)Q\mathrm{d}p=(1-|E_p|)Q\Delta p$$

由此可知，当 $|E_p|>1$(高弹性)时，降价($\Delta p<0$)可使总收入增加($\Delta R>0$)，薄利多销多收入；提价($\Delta p>0$)将使总收入减少($\Delta R<0$). 当 $|E_p|<1$(低弹性)时，降价使总收入减少，提价使总收入增加. 当 $|E_p|=1$(单位弹性)时，总收入增加近似为 0($\Delta R\approx 0$)，即提价或降价对总收入没有明显的影响.

例 3　某公司生产经营的某种电器的需求弹性为 1.5～2.5，如果该公司计划在下一年度将价格降低 10%，试问这种商品的销售量将会增加多少？总收入会增加多少？

解

由 $E_p=\frac{p}{Q(p)}\frac{\mathrm{d}Q}{\mathrm{d}p}$得$\frac{\mathrm{d}Q}{Q}=\frac{\mathrm{d}p}{p}E_p$，所以$\frac{\Delta Q}{Q}\approx\frac{\Delta p}{p}E_p$.

因为 $\Delta R\approx(1-|E_p|)Q\Delta p$，且 $R=Qp$，所以

$$\frac{\Delta R}{R}\approx\frac{(1-|E_p|)Q\Delta p}{Q\cdot p}=(1-|E_p|)\frac{\Delta p}{p}$$

于是，当$\frac{\Delta p}{p}=-0.1$，$|E_p|=1.5$ 时：

$$\frac{\Delta Q}{Q}\approx 0.15=15\%,\ \frac{\Delta R}{R}\approx 0.05=5\%$$

当$\frac{\Delta p}{p}=-0.1$，$|E_p|=2.5$ 时：

$$\frac{\Delta Q}{Q}\approx 0.25=25\%,\ \frac{\Delta R}{R}\approx 0.15=15\%$$

即在下一年度内将价格降低 10%后，该公司这种电器的销售量会增加 15%～25%，总收入将增加 5%～15%.

习　题　3.5

1. 已知某商品的总成本函数为 $C(q)=100+\frac{q^2}{4}$，求出产量 $q=10$ 时的总成本、平均成本、边际成本并解释其经济意义.

2. 某产品的需求函数和总成本函数分别为 $Q(p)=800-20p$，$C(Q)=5\,000+20Q$，求

边际利润函数，并计算 $Q=150$ 和 $Q=400$ 时的边际利润.

3. 设产品的需求量 Q 对价格 p 的函数关系为 $Q=1\,600\left(\frac{1}{4}\right)^{p}$，求当 $p=3$ 时的需求价格弹性.

4. 某商品的需求函数为 $Q(p)=75-p^2$（p 为价格）.

(1)求 $p=4$ 时的边际需求；

(2)求 $p=4$ 时需求价格的弹性，并说明经济意义；

(3)当 p 为多少时，总收入最大？最大值是多少？

3.6　数学建模案例：最佳订货批量问题

3.6.1　问题提出

数学建模案例：最佳订货批量问题

工厂为了生产必须储存一些原料，如果把全年所需原料一次性购入，则不仅占用资金、占用库存，还会增加保管成本．但是如果分散购入，则因每次购货都会有固定成本（与购货数量无关），而使费用增大．现在希望找到一个两全其美的订购原料的方案.

3.6.2　模型假设和符号说明

(1)仓储成本（包括占库费、保管费、损耗费等）为每年每件 C_1 元，简称存储费，其值固定不变.

(2)每次购货的固定成本（包括差旅费、检验费、装备费等）为每次 C_2 元，简称订货费，其值固定不变.

(3)全年的原料需求量为 D 件，且原料的消耗是连续的、均匀的，即需求速度为常数.

(4)当库存原料因消耗而降低至零时，即购入统一的 Q 件予以补充，补充是即时的（从订购至到货，时间很短）.

这是“成批到货，一致需求，不许缺货”的库存模型．所谓“成批到货”就是工厂生产的每批产品，先整批存入仓库；“一致需求”，就是市场对这种产品的需求在单位时间内数量相同，因而产品由仓库均匀提取投放市场；“不许缺货”就是当前一批产品由仓库提取完后，下一批产品立刻进入仓库．在这种假设下，规定仓库的平均库存量为每批产量的一半.

这些假设除了使问题简化、清晰化以外，也是符号化、数式化的开始.

3.6.3 模型的建立与求解

假设(4)把寻找最佳方案简化为确定最佳的订货量 Q，从而 Q 成了决策变量，应该以 Q 为自变量建立目标函数. 目标是使存储费和订货费的总量最小. 按照假设(3)、(4)，原料库存量的变化是周期性的，如图 3-9 所示，称为库存曲线.

为了计算总的存储费用，需要引入平均库存量的概念. 平均库存量即库存函数的平均值，见图 3-9 的曲线，因为在一个周期内是直线，所以平均库存量处于直线的中点，等于最大库存量的一半，即$\frac{Q}{2}$，全年的库存费为 $C_1 \cdot \frac{Q}{2}$，另外全年的订货次数显然为$\frac{D}{Q}$，于是全年的存储费与订货费总和为

$$C(Q)=C_1 \cdot \frac{Q}{2}+C_2 \cdot \frac{D}{Q}$$

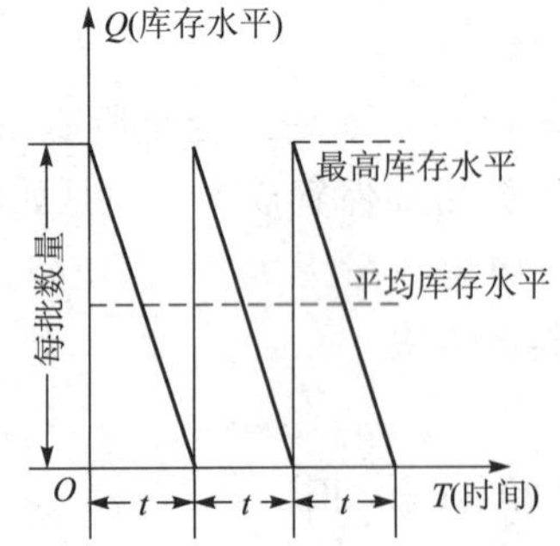

图 3-9

函数 $C(Q)$ 即目标函数，为求最小值，只需令$\frac{\mathrm{d}C}{\mathrm{d}Q}=0$，即可得最佳的订货量 $Q_0=\sqrt{\frac{2C_2D}{C_1}}$，最佳订货周期是订货次数的倒数，等于 $T_0=\frac{Q_0}{D}=\sqrt{\frac{2C_2}{C_1D}}$.

这里，运用微积分中最简单的优化模型便找到了最佳方案.

3.6.4 模型的评价与推广

不难发现，按上式给出方案订货时，总费用函数中的两项恰好相等，即存储费等于订货费，此时 $C(Q_0)=\frac{C_1Q_0}{2}+\frac{C_2D}{Q_0}=\sqrt{2C_1C_2D}$. 这是优化问题的一般规律：在包含两个互逆效应的系统中，互逆效应的平衡有利于最优结果的实现.

此模型虽然是针对生产活动中原料库存问题建立起来的，但同样可以推广到商业销售中的商品存储问题，还可以推广到水库管理中的水量储存等问题.

假设(4)简言之即“不许缺货，一致需求”，这与实际情况往往有所差异，将假设(4)作如下修改：

(4^*)不许缺货，需时补充. 补充速度为每年 A 件($A>D$).

这时，在一个周期内补充时间为$\frac{Q}{A}$，库存增加速度为$A-D$，故最大存储量不再是Q，而是$\frac{Q}{A}(A-D)$，所以目标函数、最佳订货量和订货周期分别为

$$C(Q)=C_1\cdot\frac{Q}{2}\left(1-\frac{D}{A}\right)+C_2\cdot\frac{D}{Q}$$

$$Q^*=\sqrt{\frac{2C_2D}{C_1\left(1-\frac{D}{A}\right)}}$$

$$T^*=\sqrt{\frac{2C_2}{C_1D\left(1-\frac{D}{A}\right)}}$$

这个模型得出的最佳订货量和订货周期比“一致需求，不许缺货”的模型结果多了一个调节因子$\left(1-\frac{D}{A}\right)$.

3.6.5　模型应用

例 1　某厂生产的产品年销售量为 100 万件. 假设这些产品分成若干批生产，每批需生产准备费 1 000 元；并假设产品为均匀销售，即产品的平均库存量为批量的一半，且每件产品库存一年需库存费 0.05 元. 现欲使每年生产所需的生产准备费与库存费之和为最小，则每批的生产量是多少最为适宜(最佳批量).

解

这是“成批到货，一致需求，不许缺货”的库存模型.

设每年的生产准备费与库存费之和为C元，批量为Q件，$D=100$万件，$C_1=0.05$元，$C_2=1\ 000$元，则

$$Q=\sqrt{\frac{2C_2D}{C_1}}=\sqrt{\frac{2\times1\ 000\times1\ 000\ 000}{0.05}}=200\ 000(\text{件})=20\text{ 万件}$$

例 2　某血库每月向有关卫生单位供应血液 400 瓶，当血库存量接近零瓶时则增加库存. 由于很多献血者与血库有长期供血关系，血库在决定补充库存时可以立即采到血液，但血库的采血能力每天只有 60 瓶. 每瓶血每天的存储费用为 2 元，每次恢复采血准备费用为 900 元，问每次增加库存连续采血多少瓶使存储总费用最小？最优采血周期多长？

解

据题意知

$D=400\times12=4\ 800$ 瓶/年，$A=60\times360=21\ 600$ 瓶/年，

$C_1=2\times360=720$ 元/年，$C_2=900$ 元/次

每次补充最优采血量为

$$Q^*=\sqrt{\frac{2C_2D}{C_1\left(1-\frac{D}{A}\right)}}=\sqrt{\frac{2\times900\times4\ 800}{720\times\left(1-\frac{4\ 800}{21\ 600}\right)}}=124(\text{瓶})$$

最优采血周期为

$$T^{*}=\sqrt{\frac{2C_{2}}{C_{1}D\left(1-\frac{D}{A}\right)}}=\sqrt{\frac{2\times 900}{720\times 4\ 800\times\left(1-\frac{4\ 800}{21\ 600}\right)}}=0.025\ 9(\text{年})=9.3\ \text{天}$$

即每 9～10 天补充库存一次，每次连续采血 124 瓶，可使全年的总存储费用最低.

实际工作中缺货现象总是存在的，且有各种各样的原因．有些是不能及时供货而造成，有些则是因用量较小，且不易储存而没必要总有库存．所以对缺货现象不能一概而论．从经济的角度考虑，允许缺货现象的存在是有利的，这样可以减少订货次数，少付订购费和存储费，使总费用降低.

3.7 数学实验：用 Mathematica 求解导数的应用问题

在解有关函数极值问题时，常用的 Mathematica 命令有以下几种：

FindMinimum[f,{x,x_0}]　　求出 $f(x)$靠近点 x_0 的相对极小值

FindMaximum[f,{x,x_0}]　　求出 $f(x)$靠近点 x_0 的相对极大值

Solve[{方程 1,方程 2},{变量 1,变量 2}]　　求解二元方程组

例 1　某商店以每件 100 元的进价购进一批牛仔裤，设该商品的需求函数为 $q=400-2p$，其中 q 为需求量(件)，p 为销售价格(元)．问应将售价定为多少，才能获得最大利润？最大利润是多少？

解

设当销售价格为 p 时利润为 R，则

$$R=(p-100)q=(p-100)(400-2p)=-2p^{2}+600p+40\ 000$$

此问题就是求函数 R 的最大值，具体命令如图 3-10 所示.

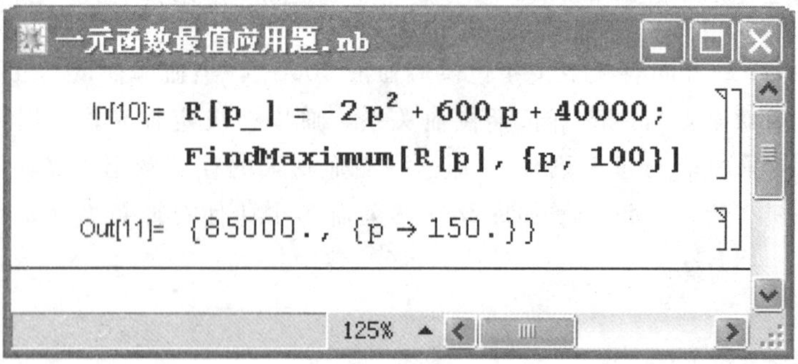

图 3-10

结果表明，将售价定为 150 元时，才能获得最大利润 85 000 元.

例 2　求函数 $f(x)=x^{3}-6x^{2}+9x-9$ 的极值.

解

首先求出函数 $f(x)$的驻点，具体命令如图 3-11 所示.

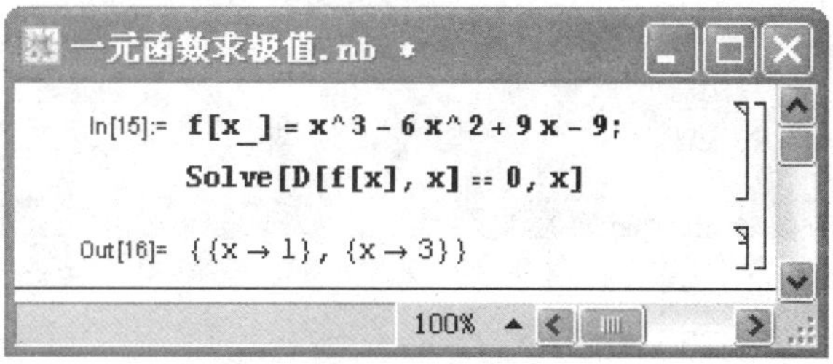

图 3-11

结论表明，驻点为 $x_1=1$，$x_2=3$，然后根据二阶导数在驻点处的函数值符号判断.具体如图 3-12 所示.

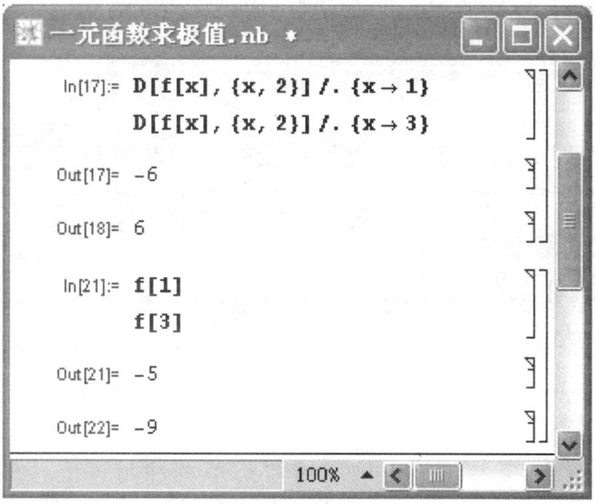

图 3-12

因为 $f''(1)=-6<0$，所以，$f(1)=-5$ 为极大值.

因为 $f''(3)=6>0$，所以，$f(3)=-9$ 为极小值.

本章小结

一、主要内容

本章主要介绍了微分中值定理、洛必达法则、导数在研究函数特性方面的应用、导数在经济问题中的应用.

1. 中值定理的应用

(1)求出满足定理条件的 ξ.

(2)证明不等式和等式.

2. 洛必达法则

若 $\lim \dfrac{u(x)}{v(x)}$ 是“$\dfrac{0}{0}$”型或“$\dfrac{\infty}{\infty}$”型未定式，而且 $\lim \dfrac{u'(x)}{v'(x)}=A$（或 ∞），则有

$\lim \frac{u(x)}{v(x)}=\lim \frac{u'(x)}{v'(x)}=A$(或$\infty$)，此公式对 $x\to x_0$ 和 $x\to\infty$ 都成立．用洛必达法则可求“$\frac{0}{0}$”型、“$\frac{\infty}{\infty}$”型、“$0\cdot\infty$”型、“$\infty-\infty$”型、“1^{∞}”型、“0^0”型、“∞^0”型七种未定式.

3. 导数在研究函数特性方面的应用

1)函数性态的判定

(1)单调性的判定：$f'(x)>0$，↗；$f'(x)<0$，↘.

(2)曲线凹向的判定：$f''(x)>0$，◡；$f''(x)<0$，⌒.

(3)曲线的渐近线：$\lim\limits_{x\to\infty} f(x)=C$($C$ 为常数)，$y=C$ 为 $y=f(x)$ 的水平渐近线.

$y=f(x)$ 在点 x_0 间断，且 $\lim\limits_{x\to x_0} f(x)=\infty$，$x=x_0$ 为 $y=f(x)$ 的铅垂渐近线.

(4)特殊点：使 $f'(x)=0$ 的点 x 为驻点；使 $f'(x)$ 符号变号的点为极值点；凹向的分界点$(x_0,f(x_0))$为拐点.

2)极值与最值的求法

(1)极值判定定理Ⅰ. 在驻点或导数不存在的点的左右两旁，一阶导数的符号经此点由负变正函数在此点取得极小值；由正变负函数在此点取得极大值；若一阶导数经此点不变号，则此点非极值点.

(2)极值判定定理Ⅱ. 在驻点处二阶导数符号为正号函数在此点取得极小值；为负号函数在此点取得极大值.

(3)求最值时需注意闭区间上的单调连续函数及开区间内连续函数极值唯一的情况．它常用于应用题的求解.

利用函数一阶导数的符号，可以确定函数的单调性与极值，利用函数二阶导数的符号，可以确定函数图形的凹向及拐点，由于曲线的凹向、拐点与曲线的升降、极值点的求法在处理方法上有很多相似之处，要搞清它们的异同，并记住**求解步骤**.

4. 导数在经济问题中的应用

(1)边际成本、边际收入、边际利润.

(2)需求弹性.

二、应注意的问题

(1)对于中值定理，要注意定理成立的条件．拉格朗日中值定理建立了函数值与导数之间的定量关系，用于研究函数的性态及证明不等式和等式．罗尔中值定理用于讨论方程 $f'(x)=0$ 根的存在性，要注意已知方程和求导后方程的关系．应用中值定理时经常要涉及恰当地引入辅助函数.

(2)应用洛必达法则求极限时应注意使用的条件，每次运用洛必达法则之前一定要**检验条件是否成立**.

(3)借助几何图形有利于对函数单调性、极值、凹向、拐点等概念的理解，还能加深对利用导数符号判断曲线形态特征的理解.

(4)几种“点”的区别.

①驻点和极值点：一是定义不同；二是驻点只是可导函数取得极值的必要条件，

极值点可能是驻点，也可能是导数不存在的点.

②驻点和拐点：一是定义不同；二是用处不同，驻点用于求极值点；拐点用于讨论曲线的凹向.

③极值点和最值点：最值点可能是极值点及区间端点，具有全局性；极值点只能在区间内，具有局部性.

(5)注重结合现实生活中的实例，理解经济函数的概念以及对其进行相应的经济分析.

复习题3

1. 验证下列函数是否满足罗尔中值定理的条件. 若满足，求出定理中的ξ.

(1)$f(x)=2x^2-x-3$，$x\in[-1,-5]$；　(2)$f(x)=\dfrac{1}{1+x^2}$，$x\in[-2,2]$.

2. 验证下列函数是否满足拉格朗日中值定理的条件. 若满足，求出定理中的ξ.

(1)$f(x)=x^3$，$x\in[-1,2]$；　(2)$f(x)=\ln x$，$x\in[1,\mathrm{e}]$.

3. 证明：当$-1\leqslant x\leqslant 1$时，$\arctan x+\operatorname{arccot} x=\dfrac{\pi}{2}$.

4. 证明：当$x>1$时，$\mathrm{e}^x>\mathrm{e}x$.

5. 求下列函数的极限.

(1)$\lim\limits_{x\to 0}\dfrac{\mathrm{e}^x-\mathrm{e}^{-x}}{\sin x}$；　(2)$\lim\limits_{x\to 1}\dfrac{x^3-3x^2+2}{x^3-x^2-x+1}$；

(3)$\lim\limits_{x\to\frac{\pi}{2}^+}\dfrac{\ln\left(x-\frac{\pi}{2}\right)}{\tan x}$；　(4)$\lim\limits_{x\to+\infty}\dfrac{\ln x}{x^2}$；

(5)$\lim\limits_{x\to 0}x^2\cdot\mathrm{e}^{\frac{1}{x^2}}$；　(6)$\lim\limits_{x\to+\infty}x\cdot\sin\dfrac{4}{x}$；

(7)$\lim\limits_{x\to 1}\left(\dfrac{1}{x-1}-\dfrac{1}{\ln x}\right)$；　(8)$\lim\limits_{x\to\frac{\pi}{2}}(\sec x-\tan x)$.

6. 设$f(x)=\dfrac{1+\sin x}{1-\sin x}$，问：

(1)$\lim\limits_{x\to 0}f(x)$是否存在？

(2)能否由洛必达法则求上述极限，为什么？

7. 求下列函数的单调区间.

(1)$f(x)=x^3-3x^2-9x+1$；　(2)$f(x)=x+\dfrac{4}{x}$；

(3)$f(x)=\sqrt{2x^2+x^3}$.

8. 求下列曲线的凹向区间和拐点.

(1)$f(x)=\dfrac{1}{3}x^4-2x^2$；　(2)$f(x)=\ln(x^2+1)$.

9. 求下列曲线的渐近线.

(1) $y=\frac{x-1}{x^2-3x+2}$； (2) $y=e^{-x^2}$；

(3) $y=\frac{e^x}{1+x}$.

10. 求下列函数的极值.

(1) $f(x)=2+x-x^2$； (2) $f(x)=x^3-3x^2+3$.

11. 当 a 为何值时，$f(x)=a\sin x+\frac{1}{3}\sin 3x$ 在 $x=\frac{\pi}{3}$ 处取得极值，并求此极值.

12. 求 $f(x)=3x-x^3$ 的单调区间、极值、凹向区间、拐点.

13. 已知曲线 $y=ax^3+bx^2+cx$ 上点(1,2)处有水平切线，且原点为该曲线的拐点，求出该曲线方程.

14. 求下列函数在给定区间上的最大值和最小值.

(1) $f(x)=x^2-4x+6$，$x\in[-3,10]$；

(2) $f(x)=\frac{x^2}{1+x}$，$x\in\left[-\frac{1}{2},1\right]$；

(3) $f(x)=(x-5)\cdot\sqrt[3]{x^2}$，$x\in[-2,3]$.

15. 已知需求函数 $Q=8\,000-8p$，求收入最大时的商品需求量和价格.

16. 设某产品的需求函数和总成本函数分别为 $Q=1\,000-100p$，$C=100+6Q$，求利润最大时的产量和利润.

17. 设某企业的需求函数和平均成本函数分别为

$$P=30-0.75Q,\ \bar{C}=\frac{30}{Q}+9+0.3Q$$

(1)求相应的产出水平，使① 收入最大；② 平均成本最低；③ 利润最大；

(2)在下述情况下，试求获得最大利润的产出水平：

① 当政府所征收一次总付税款为 10；

② 当政府对每单位产品征收的税款(即税率)为 8.4；

③ 当政府给予每单位产品的补贴为 4.2.

18. 生产某种产品的固定成本为 900 元，每生产一件产品，成本增加 4 元，产品的售价为每件 10 元. 试求：

(1)总成本函数、总收入函数和总利润函数；

(2)盈亏临界点；

(3)边际成本函数和 $Q=10$ 时的边际成本.

19. 某产品的需求函数为 $Q=a-bp(a>0,\ b>0)$：

(1)求市场价格为 p_0 时的需求价格弹性；

(2)当 $a=3$，$b=1.5$ 时，需求价格弹性 $E_p=-1.5$，求此时市场的价格和需求量；

(3)求价格上升能带来市场销售额增加的市场价格范围.

第 4 章
积分及其应用

前面已经讨论了一元函数微分学，本章将讨论一元函数积分学，包括不定积分和定积分．本章主要讲述定积分和不定积分的概念、性质以及基本的积分方法和积分的应用．

4.1　定积分的概念与性质

4.1.1　引例

引例——曲边梯形的面积

引例 1　曲边梯形的面积．

在平面直角坐标系中，由闭区间$[a,b]$上的连续曲线 $y=f(x)$（$f(x)\geqslant 0$），直线$x=a$，$x=b$ 及 x 轴所围成的平面图形 $aABb$ 称为**曲边梯形**（图 4－1）．

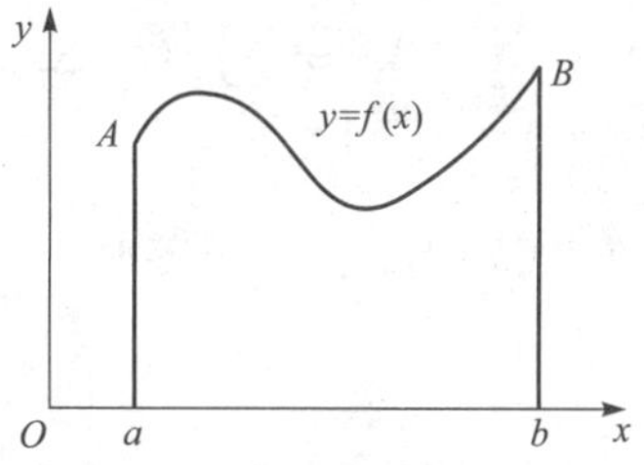

图 4－1

下面求曲边梯形的面积 S．

分析　对于曲边梯形来说，不能用初等数学的方法计算．为了计算曲边梯形的面积，设法把区间$[a,b]$划分为若干个小区间，在每一小区间上的曲边梯形可近似地看做矩形，矩形的高就取小区间上某点的函数值．于是，每一小区间上的曲边梯形面积近似地等于该区间上小矩形的面积，所有这些小矩形面积之和就是曲边梯形面积的近似值．如果把$[a,b]$无限细分，使每一小区间长度趋于零，这时，所有小矩形面积之和的极限就可定义为该曲边梯形的面积．

根据以上分析，可结合图 4－2 按下面四个步骤计算曲边梯形的面积 S．

解

(1)分割.

在$[a,b]$中任意插入 $n-1$ 个分点：

$$a=x_0<x_1<\cdots<x_{n-1}<x_n=b$$

将$[a,b]$分割成 n 个小区间：

$$[x_0,x_1],\ [x_1,x_2],\ \cdots,\ [x_{n-1},x_n]$$

记这些小区间的长度为

$$\Delta x_i=x_i-x_{i-1}\quad (i=1,2,\cdots,n)$$

(2)近似代替.

任取 $\xi_i\in[x_{i-1},x_i]$，用区间$[x_{i-1},x_i]$的长度为底，以 $f(\xi_i)$为高的矩形面积近似代替第 i 个小曲边梯形的面积 ΔA_i，即

$$\Delta A_i\approx f(\xi_i)\Delta x_i\quad (i=1,2,\cdots,n)$$

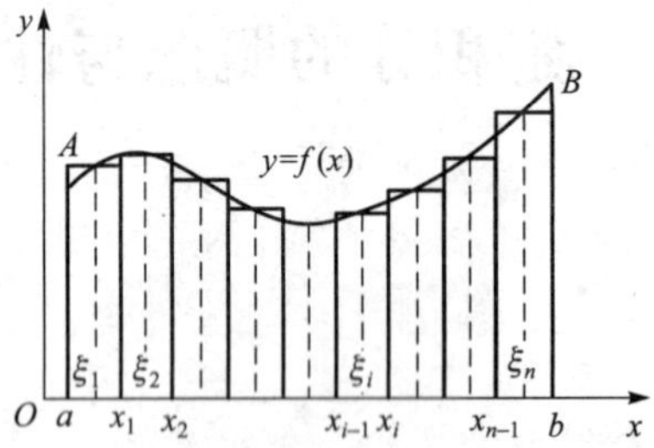

图 4-2

(3)求和.

把 n 个小矩形的面积加起来，便得到整个曲边梯形面积的近似值，即

$$A=\sum_{i=1}^{n}\Delta A_i\approx\sum_{i=1}^{n}f(\xi_i)\Delta x_i$$

(4)取极限.

当各小区间的长度最大者 $\lambda=\max\limits_{1\leqslant i\leqslant n}\{\Delta x_i\}$趋于零时，上述和式的极限便是曲边梯形的面积值，即

$$A=\lim_{\lambda\to 0}\sum_{i=1}^{n}f(\xi_i)\Delta x_i$$

引例 2　设某种产品的产量 $Q(t)$对时间 t 的变化率(即边际产量)是时间 t 的连续函数 $P=P(t)$，现求从时刻 a 起到时刻 b 的总产量.

分析　如果边际产量 $P(t)$为常数 P(即产量均匀)，则总产量 $Q=P(b-a)$. 现在边际产量 $P(t)$随时间变化(即产量不均匀)，为解决“不均匀”的问题，可将时间$[a,b]$分割为若干个小区间，当区间长度非常小时，$P(t)$在每个小区间上几乎不变，从而可将 $P(t)$近似看成均匀产量来计算，当这种分割无限细，通过取极限便可得到总产量.

解

(1)分割.

在$[a,b]$中任意插入 $n-1$ 个分点 $a=t_0<t_1<\cdots<t_{n-1}<t_n=b$，把区间$[a,b]$分成 n

个小区间，每个时间段$[t_{i-1},t_i]$$(i=1,2,\cdots,n)$的时间长度为

$$\Delta t_i=t_i-t_{i-1}\quad (i=1,2,\cdots,n)$$

(2)近似代替.

任取$\xi_i\in[t_{i-1},t_i]$，用$P(\xi_i)$近似代替$P(t)$在整个小区间上每点的值，则在$[t_{i-1},t_i]$$(i=1,2,\cdots,n)$这段时间内的产量为

$$\Delta Q_i\approx P(\xi_i)\Delta t_i\quad (i=1,2,\cdots,n)$$

(3)求和.

对所有时间段内的产量求和，得到总产量Q的近似值为

$$Q=\sum_{i=1}^{n}\Delta Q_i\approx\sum_{i=1}^{n}P(\xi_i)\Delta t_i$$

(4)取极限.

令$\Delta t=\max\limits_{1\leqslant i\leqslant n}\{\Delta t_i\}$，当$\Delta t\to 0$时，上述和式的极限就是总产量$Q$，即

$$Q=\lim_{\Delta t\to 0}\sum_{i=1}^{n}P(\xi_i)\Delta t_i$$

上述引例所具有的实际意义虽然不相同，但都是通过“分割、近似代替、求和、取极限”这四个步骤，得到一个具有相同结构的和式的极限，并通过这样一种方法解决了以前不能解决的问题，现抛开问题的实际内容，只从数量关系上的共性加以概括和抽象，便得到了定积分概念.

4.1.2　定积分的定义

定积分的定义

定义 1　设函数$f(x)$在区间$[a,b]$上有定义，在$[a,b]$中任意插入$n-1$个分点$a=x_0<x_1<\cdots<x_{i-1}<x_i<\cdots<x_n=b$，把区间$[a,b]$分成$n$个小区间$[x_{i-1},x_i]$$(i=1,2,\cdots,n)$，每个小区间的长为$\Delta x_i=x_i-x_{i-1}$$(i=1,2,\cdots,n)$，记$\lambda=\max\limits_{1\leqslant i\leqslant n}\{\Delta x_i\}$，任取$\xi_i\in[x_{i-1},x_i]$，若

$$\lim_{\lambda\to 0}\sum_{i=1}^{n}f(\xi_i)\Delta x_i$$

存在，则称此极限值为函数$f(x)$在区间$[a,b]$上的**定积分**，记作$\int_a^b f(x)\mathrm{d}x$，即

$$\int_a^b f(x)\mathrm{d}x=\lim_{\lambda\to 0}\sum_{i=1}^{n}f(\xi_i)\Delta x_i$$

也称$f(x)$在$[a,b]$上可积，其中符号“$\int$”称为**积分号**，$f(x)$称为**被积函数**，$f(x)\mathrm{d}x$称为**被积表达式**，x称为**积分变量**，“a”称为**积分下限**，“b”称为**积分上限**，$[a,b]$称为**积分区间**.

例 1　用定积分表示$y=x^2$，$x=1$与x轴所围成的曲边梯形的面积A.

解

所求曲边梯形的面积为

$$A=\int_0^1 x^2\mathrm{d}x$$

例 2　某工厂生产某商品在时刻t的总产量的变化率为$P(t)=100+12t$(单位：件/

h)，求由 $t=2$ 到 $t=4$ 的总产量.

解

设总产量为 Q，根据定积分概念有

$$Q=\int_2^4(100+12t)\mathrm{d}t$$

例 3　生产某产品的边际成本为 $C'(x)=150-0.2x$，当产量由 200 增加到 300 时，需追加成本为多少?

解

设产量由 200 增加到 300 时，追加的成本为 C，根据定积分概念有

$$C=\int_{200}^{300}(150-0.2x)\mathrm{d}x$$

关于定积分的定义有以下两点需要**说明**.

(1)若函数 $f(x)$在$[a,b]$上可积，则定积分 $\int_a^b f(x)\mathrm{d}x$ 是一个数值，它只与被积函数 $f(x)$和积分区间$[a,b]$有关，而与积分变量用什么字母表示无关，即

$$\int_a^b f(x)\mathrm{d}x=\int_a^b f(u)\mathrm{d}u$$

(2)在定积分的定义中，假定 $a<b$. 而实际上，也可有 $a>b$. 规定:

$$\int_a^b f(x)\mathrm{d}x=-\int_b^a f(x)\mathrm{d}x$$

即互换定积分的上下限，定积分要变号.

特别地，若 $a=b$ 时，规定 $\int_a^a f(x)\mathrm{d}x=0$.

4.1.3　定积分的几何意义

定积分的几何意义

定积分 $\int_a^b f(x)\mathrm{d}x$ 的**几何意义**：当闭区间$[a,b]$上的连续函数 $f(x)\geqslant 0$ 时，其定积分表示由曲线 $y=f(x)$，直线 $x=a$，$x=b$ 及 x 轴所围成的曲边梯形的面积；当 $f(x)\leqslant 0$ 时，定积分表示相应的曲边梯形的面积乘以“-1”；当 $f(x)$在$[a,b]$上有正有负时，定积分的值则等于在 x 轴上方或下方的若干个曲边梯形面积的代数和，如图 4-3 所示.

$$\int_a^b f(x)\mathrm{d}x=A_1-A_2+A_3=\int_a^c f(x)\mathrm{d}x+\int_c^d f(x)\mathrm{d}x+\int_d^b f(x)\mathrm{d}x$$

其中：A_1，A_2，A_3代表图中相应曲边梯形的面积.

例 4　利用定积分的几何意义计算 $\int_{-1}^1\sqrt{1-x^2}\mathrm{d}x$ 的值.

解

曲线 $y=\sqrt{1-x^2}$在几何上表示的是单位圆的上半圆周(图 4-4)，而单位圆上半圆的面积为$\frac{\pi}{2}$. 所以，根据定积分的几何意义有 $\int_{-1}^1\sqrt{1-x^2}\mathrm{d}x=\frac{\pi}{2}$.

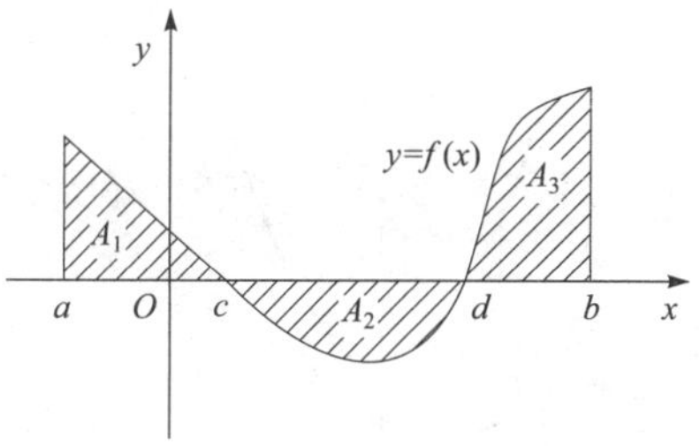

图 4－3

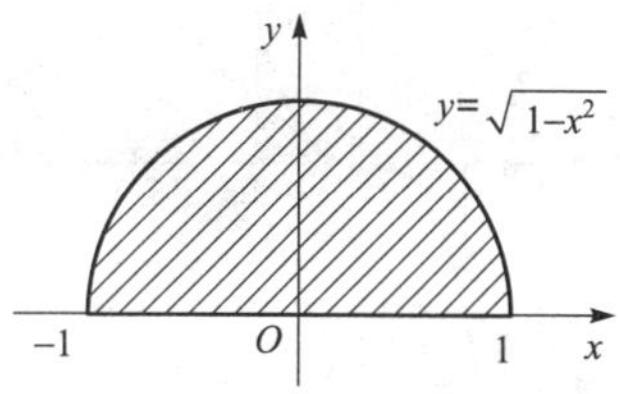

图 4－4

4.1.4　定积分的基本性质

定积分的基本性质

假设 $f(x)$和 $g(x)$在所讨论的区间上是可积的，由定积分的定义，可以证明定积分具有以下性质.

性质 1　非零常数因子可以提到积分号前，即

$$\int_a^b kf(x)\mathrm{d}x = k\int_a^b f(x)\mathrm{d}x \quad (k\text{ 为常数})$$

性质 2　代数和的定积分等于定积分的代数和，即

$$\int_a^b [f(x) \pm g(x)]\mathrm{d}x = \int_a^b f(x)\mathrm{d}x \pm \int_a^b g(x)\mathrm{d}x$$

这一结论可以推广到任意有限多个函数代数和的情形.

性质 3(定积分对积分区间的可加性)　对任意的三个实数 a，b，c，总有

$$\int_a^b f(x)\mathrm{d}x = \int_a^c f(x)\mathrm{d}x + \int_c^b f(x)\mathrm{d}x$$

性质 4(比较性质)　若函数 $f(x)$和 $g(x)$在区间上总有 $f(x)\leqslant g(x)$，则

$$\int_a^b f(x)\mathrm{d}x \leqslant \int_a^b g(x)\mathrm{d}x$$

性质 5　若在区间$[a,b]$上有 $f(x)\equiv 1$，则

$$\int_a^b f(x)\mathrm{d}x = b - a$$

例 5　用几何图形说明下列各式成立.

(1) $\int_{-1}^{1} x^3\mathrm{d}x = 0$；　　　　(2) $\int_{-1}^{1} x^2\mathrm{d}x = 2\int_0^1 x^2\mathrm{d}x$.

解

(1)如图 4－5 所示，根据定积分的性质 3 和定积分的几何意义有

$$\int_{-1}^{1} x^3\mathrm{d}x = \int_{-1}^{0} x^3\mathrm{d}x + \int_0^1 x^3\mathrm{d}x = 0$$

(2)如图 4－6 所示，和上面同样的理由

$$\int_{-1}^{1} x^2\mathrm{d}x = \int_{-1}^{0} x^2\mathrm{d}x + \int_0^1 x^2\mathrm{d}x = 2\int_0^1 x^2\mathrm{d}x$$

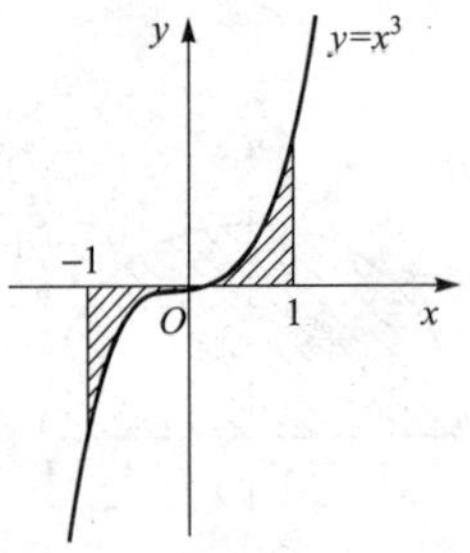

图 4－5

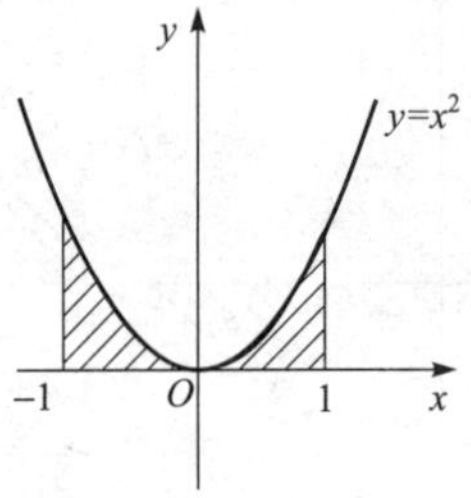

图 4－6

注意到函数 $y=x^3$ 和 $y=x^2$ 在对称区间$[-a,a]$上分别为奇函数和偶函数，对此，有一般的结论：设 $f(x)$在对称区间$[-a,a]$上连续.

(1)若 $f(x)$是奇函数，即 $f(-x)=-f(x)$，则 $\int_{-a}^{a}f(x)\mathrm{d}x=0$.

(2)若 $f(x)$是偶函数，即 $f(-x)=f(x)$，则 $\int_{-a}^{a}f(x)\mathrm{d}x=2\int_{0}^{a}f(x)\mathrm{d}x$.

例 6　比较下列定积分的大小：

(1) $\int_{1}^{2}\ln^2 x\mathrm{d}x$ 与 $\int_{1}^{2}\ln x\mathrm{d}x$；　　(2) $\int_{0}^{1}\mathrm{e}^x\mathrm{d}x$ 与 $\int_{0}^{1}\mathrm{e}^{x^2}\mathrm{d}x$.

解

(1)在区间[1,2]上，因为 $0\leqslant\ln x\leqslant 1$，所以 $\ln x\geqslant\ln^2 x$，故

$$\int_{1}^{2}\ln x\mathrm{d}x\geqslant\int_{1}^{2}\ln^2 x\mathrm{d}x$$

(2)在区间[0,1]上，因为 $x\geqslant x^2$，而 e^x 是增函数，所以 $\mathrm{e}^x\geqslant\mathrm{e}^{x^2}$，故

$$\int_{0}^{1}\mathrm{e}^x\mathrm{d}x\geqslant\int_{0}^{1}\mathrm{e}^{x^2}\mathrm{d}x$$

习　题　4.1

1. 试用定积分表示由曲线 $y=\ln x$，直线 $x=1$，$x=2$ 及 x 轴围成的图形的面积 A.

2. 用定积分的几何意义计算：

(1) $\int_{0}^{1}2x\mathrm{d}x$；　　(2) $\int_{-a}^{a}\sqrt{a^2-x^2}\mathrm{d}x(a>0)$；

(3) $\int_{1}^{2}(1-x)\mathrm{d}x$；　　(4) $\int_{-\pi}^{\pi}\sin x\mathrm{d}x$.

3. 比较下列定积分的大小：

(1) $\int_{0}^{1}x\mathrm{d}x$ 与 $\int_{0}^{1}x^2\mathrm{d}x$；　　(2) $\int_{1}^{\mathrm{e}}\ln x\mathrm{d}x$ 与 $\int_{1}^{\mathrm{e}}\ln t\mathrm{d}t$；

(3) $\int_{1}^{2}x^2\mathrm{d}x$ 与 $\int_{1}^{2}x^3\mathrm{d}x$；　　(4) $\int_{0}^{\frac{\pi}{2}}\sin x\mathrm{d}x$ 与 $\int_{0}^{\frac{\pi}{2}}\sin^2 x\mathrm{d}x$.

4.2　不定积分的概念与性质

原函数与不定积分的概念

4.2.1　原函数与不定积分的概念

引例　设某商品的边际收入函数为 $R'(x)=10-2x$，试求收入函数 $R(x)$.

解

因为

$$(10x-x^2+C)'=10-2x=R'(x)$$

所以

$$R(x)=10x-x^2+C \quad (C\text{ 为任意常数})$$

将 $R(0)=0$ 代入上式，得 $C=0$，所以

$$R(x)=10x-x^2$$

此引例可归纳为：已知一个函数 $F(x)$ 的导数为 $f(x)$，求原来的函数 $F(x)$ 的问题．可给出如下定义.

定义 1　在区间 (a,b) 上，若 $F'(x)=f(x)$ 或者 $\mathrm{d}F(x)=f(x)\mathrm{d}x$，则称 $F(x)$ 是 $f(x)$ 在区间 (a,b) 上的**一个原函数**.

例如：$(x^2)'=2x$，$x\in(-\infty,+\infty)$，x^2 是 $2x$ 在 $(-\infty,+\infty)$ 的一个原函数，$(x^2+3)'=2x$，$x\in(-\infty,+\infty)$，x^2+3 也是 $2x$ 在 $(-\infty,+\infty)$ 的一个原函数.

从定义和上面的例子可以看出，一个函数 $f(x)$ 若有原函数，则一定有无穷多个原函数，并且这些不同的原函数彼此之间仅相差一个常数.

设 $F(x)$ 是 $f(x)$ 的一个原函数，则 $f(x)$ 的所有原函数可表示为：$F(x)+C$（C 为任意常数）. 掌握全体原函数在理论和应用上都有重要意义，为此又引进了一个新的概念和运算——不定积分.

定义 2　函数 $f(x)$ 的所有原函数称为 $f(x)$ 的**不定积分**，记作 $\int f(x)\mathrm{d}x$. 设 $F(x)$ 是 $f(x)$ 的一个原函数，则有

$$\int f(x)\mathrm{d}x = F(x)+C$$

其中：C 称为**积分常数**.

由定义可知，求 $f(x)$ 的不定积分 $\int f(x)\mathrm{d}x$，就是求 $f(x)$ 的全体原函数，也就是求出一个原函数再加上积分常数.

例 1　求不定积分 $\int 2x\mathrm{d}x$.

解

因为 $(x^2)'=2x$，所以

$$\int 2x\mathrm{d}x = x^2 + C$$

例 2 求不定积分 $\int \sin x\mathrm{d}x$.

解

因为 $(\cos x)' = -\sin x$，所以

$$\int \sin x\mathrm{d}x = -\cos x + C$$

例 3 求经过点(1,3)，且其切线的斜率为 $3x^2$ 的曲线方程.

解

设所求的曲线方程为 $y=F(x)$. 由导数的几何意义知

$$F'(x)=3x^2$$

又因为

$$(x^3)'=3x^2$$

所以

$$\int 3x^2\mathrm{d}x = x^3 + C$$

$y=x^3+C$ 表示一族曲线，将 $x=1$，$y=3$ 代入，得 $C=2$. 故所求曲线为 $y=x^3+2$.

通常把 $f(x)$ 的一个原函数 $F(x)$ 的图像称为一条积分曲线，方程为 $y=F(x)$，因此 $\int f(x)\mathrm{d}x$ 的几何意义就是全体积分曲线组成的曲线族，方程为 $y=F(x)+C$.

4.2.2 不定积分的性质

不定积分的性质

性质 1 求不定积分与求导数或微分互为逆运算.

(1) $\frac{\mathrm{d}}{\mathrm{d}x}\left[\int f(x)\mathrm{d}x\right] = f(x)$ 或 $\mathrm{d}\left[\int f(x)\mathrm{d}x\right] = f(x)\mathrm{d}x$；

(2) $\int F'(x)\mathrm{d}x = F(x) + C$ 或 $\int \mathrm{d}F(x) = F(x) + C$.

此性质表明：若对函数 $f(x)$ 先求不定积分再求导数，两者的作用互相抵消，其结果仍为 $f(x)$；若对函数 $F(x)$ 先求导数，再求不定积分，那么两者的作用互相抵消后，其结果与原来的函数相差一个任意常数.

性质 2 被积函数中不为 0 的常数因子 k 可以移到积分号外面，即

$$\int kf(x)\mathrm{d}x = k\int f(x)\mathrm{d}x$$

性质 3 代数和的不定积分等于不定积分的代数和，即

$$\int [f(x) \pm g(x)]\mathrm{d}x = \int f(x)\mathrm{d}x \pm \int g(x)\mathrm{d}x$$

这一结论可以推广到任意有限多个函数代数和的情形.

4.2.3　不定积分的基本积分公式

不定积分的
基本积分公式

由于求不定积分是求导数的逆运算，所以，由导数基本公式就可以得到相应的基本积分公式．以下列出基本积分公式：

(1) $\int k\mathrm{d}x = kx + C$（$k$ 是常数）；

(2) $\int x^{\alpha}\mathrm{d}x = \dfrac{1}{\alpha+1}x^{\alpha+1} + C\ (\alpha \neq -1)$；

(3) $\int \dfrac{1}{x}\mathrm{d}x = \ln|x| + C$；

(4) $\int \mathrm{e}^{x}\mathrm{d}x = \mathrm{e}^{x} + C$；

(5) $\int a^{x}\mathrm{d}x = \dfrac{a^{x}}{\ln a} + C$；

(6) $\int \sin x\mathrm{d}x = -\cos x + C$；

(7) $\int \cos x\mathrm{d}x = \sin x + C$；

(8) $\int \dfrac{1}{\cos^{2}x}\mathrm{d}x = \int \sec^{2}x\mathrm{d}x = \tan x + C$；

(9) $\int \dfrac{1}{\sin^{2}x}\mathrm{d}x = \int \csc^{2}x\mathrm{d}x = -\cot x + C$；

(10) $\int \sec x\tan x\mathrm{d}x = \sec x + C$；

(11) $\int \csc x\cot x\mathrm{d}x = -\csc x + C$；

(12) $\int \dfrac{1}{\sqrt{1-x^{2}}}\mathrm{d}x = \arcsin x + C$；

(13) $\int \dfrac{1}{1+x^{2}}\mathrm{d}x = \arctan x + C$．

以上给出的基本积分公式是计算不定积分的基础，必须熟记．

利用基本积分公式和不定积分的运算性质，可以直接计算一些较简单的不定积分，这种方法一般称为直接积分法．

例 4　求不定积分 $\int\left(2x^{5} + \sqrt{x} - \dfrac{1}{x} - 3\right)\mathrm{d}x$．

解

由不定积分的性质和基本积分公式，得

$$\text{原式} = 2\int x^{5}\mathrm{d}x + \int x^{\frac{1}{2}}\mathrm{d}x - \int \frac{1}{x}\mathrm{d}x - \int 3\mathrm{d}x$$

$$= 2\cdot\frac{1}{5+1}x^{5+1} + \frac{1}{\frac{1}{2}+1}x^{\frac{1}{2}+1} - \ln|x| - 3x + C$$

$$-\frac{1}{3}x^6+\frac{2}{3}x^{\frac{3}{2}}-\ln|x|-3x+C$$

例 5 求不定积分$\int\left(e^x+\frac{3x^2}{1+x^2}\right)dx$.

解

$$原式=\int e^x dx+3\int\frac{x^2}{1+x^2}dx=e^x+3\int\left(1-\frac{1}{1+x^2}\right)dx$$

$$=e^x+3x-3\arctan x+C$$

例 6 求不定积分$\int\cos^2\frac{x}{2}dx$.

解

$$原式=\int\frac{1+\cos x}{2}dx=\frac{1}{2}\left(\int dx+\int\cos x dx\right)=\frac{1}{2}(x+\sin x)+C$$

通过以上计算可以看出：在计算不定积分时，有些积分不能直接从基本积分公式中查到，需将多项式的函数或较复杂的分式函数化为几个单项式或基本积分公式的代数和，再利用性质和基本积分公式逐项求积分.

习 题 4.2

1. 求函数 $f(x)=e^{-x}$的不定积分.

2. 求通过点(1,0)斜率为 $2x$ 的曲线方程.

3. 设边际成本函数 $C'(q)=14q-280$(其中 q 是产量)，若固定成本为 4 300，求成本函数 $C(q)$.

4. 求下列不定积分.

(1)$\int\left(e^x-\frac{1}{x}\right)dx$；　(2)$\int(2^x+x^2)dx$；　(3)$\int\sqrt{x\sqrt{x\sqrt{x}}}dx$；

(4)$\int 6^x e^{2x}dx$；　(5)$\int\frac{x^2}{x^2+1}dx$；　(6)$\int\frac{1}{1+\sin x}dx$.

4.3 微积分基本公式

利用定积分的定义来计算定积分是一件十分繁杂的事，有时甚至是不可能的．本节给出的微积分基本定理把定积分与不定积分两个不同的概念联系起来，提供了一种计算定积分的简便有效的方法.

变上限积分

4.3.1 变上限积分

引例 设某种产品总产量 $Q=Q(t)$的变化率(即边际产量)是时间 t 的连续函数 $P=P(t)$，求从第 a 年到第 x 年这期间的总产量.

解

由定积分概念，从第 a 年到第 x 年这期间的总产量 Q 为

$$\int_a^x P(t)\mathrm{d}t = Q(x) - Q(a)$$

两边同时对 x 求导，且因 $Q'(t)=P(t)$，于是有

$$\frac{\mathrm{d}}{\mathrm{d}x}\int_a^x P(t)\mathrm{d}t = [Q(x)-Q(a)]' = Q'(x) = P(x)$$

一般地，给出变上限积分函数的定义.

定义1 设函数 $f(x)$在$[a,b]$上可积，且 x 为$[a,b]$上的任一点，把函数 $f(x)$在$[a,x]$上的定积分 $\int_a^x f(x)\mathrm{d}x$ 称为**变上限积分函数**，记作

$$\Phi(x) = \int_a^x f(x)\mathrm{d}x$$

为避免混淆，把积分变量改为 t，于是上式也可写为

$$\Phi(x) = \int_a^x f(t)\mathrm{d}t$$

定理1 设函数 $f(x)$在区间$[a,b]$上连续，则变上限积分函数 $\Phi(x)=\int_a^x f(t)\mathrm{d}t$ 在区间$[a,b]$上可导，并且它的导数为

$$\Phi'(x) = \frac{\mathrm{d}}{\mathrm{d}x}\int_a^x f(t)\mathrm{d}t = f(x) \quad (a \leqslant x \leqslant b) \tag{4.1}$$

此定理说明：

(1)连续函数 $f(x)$的变上限积分函数 $\Phi(x)=\int_a^x f(t)\mathrm{d}t$ 是 $f(x)$的一个原函数；

(2)求导运算恰是求变上限积分运算的逆运算.

例1 求下列函数 $\Phi(x)$的导数.

(1) $\Phi(x) = \int_0^x \mathrm{e}^{t^2}\mathrm{d}t$；　　(2)$\Phi(x) = \int_x^5 \frac{2t}{3+2t+t^2}\mathrm{d}t$.

解

(1)按式(4.1)有

$$\Phi'(x) = \left(\int_0^x \mathrm{e}^{t^2}\mathrm{d}t\right)' = \mathrm{e}^{x^2}$$

(2)因式(4.1)是对积分上限求导数，故先交换积分上、下限，再求导数. 由于

$$\Phi(x) = \int_x^5 \frac{2t}{3+2t+t^2}\mathrm{d}t = -\int_5^x \frac{2t}{3+2t+t^2}\mathrm{d}t$$

故 $$\Phi'(x) = \left(-\int_5^x \frac{2t}{3+2t+t^2}\mathrm{d}t\right)' = -\left(\int_5^x \frac{2t}{3+2t+t^2}\mathrm{d}t\right)' = -\frac{2x}{3+2x+x^2}$$

4.3.2 微积分基本公式

微积分基本公式

定理2(微积分基本公式) 设 $f(x)$在$[a,b]$上连续，$F(x)$是 $f(x)$在$[a,b]$上的一个原函数，则

$$\int_a^b f(x)\mathrm{d}x = F(b) - F(a) \tag{4.2}$$

称为**微积分基本公式**，也称为**牛顿—莱布尼茨公式**

通常把 $F(b)-F(a)$ 表示成 $F(x)\Big|_a^b$，即

$$\int_a^b f(x)\mathrm{d}x = F(x)\Big|_a^b = F(b) - F(a)$$

证

由定理 1 知，$\Phi(x) = \int_a^x f(t)\mathrm{d}t$ 是函数 $f(x)$ 的一个原函数，所以

$$F(x)-\Phi(x)=C(C\text{ 为常数})$$

即

$$F(x) - \int_a^x f(t)\mathrm{d}t = C$$

令 $x=a$，代入上式，得 $F(a)=C$，于是

$$\int_a^x f(t)\mathrm{d}t = F(x) - F(a)$$

再令 $x=b$，代入上式，得

$$\int_a^b f(x)\mathrm{d}x = F(x)\Big|_a^b = F(b) - F(a)$$

式(4.2)是微积分学中的一个基本公式，它阐明了定积分与原函数之间的关系：定积分的值等于被积函数的任一原函数在积分上限与积分下限的函数值之差．这样，就把求定积分的问题转化为求被积函数的原函数的问题，为定积分的计算提供了简便的计算方法．

例 2　计算定积分 $\int_0^1 x^2\mathrm{d}x$．

解

$$\int_0^1 x^2\mathrm{d}x = \frac{1}{3}x^3\Big|_0^1 = \frac{1}{3} - 0 = \frac{1}{3}.$$

例 3　计算定积分 $\int_0^{\frac{\pi}{4}} \tan^2 x\mathrm{d}x$．

解

$$\begin{aligned}\text{原式} &= \int_0^{\frac{\pi}{4}} (\sec^2 x - 1)\mathrm{d}x = (\tan x - x)\Big|_0^{\frac{\pi}{4}} \\ &= \left(\tan\frac{\pi}{4} - \frac{\pi}{4}\right) - (\tan 0 - 0) = 1 - \frac{\pi}{4}\end{aligned}$$

例 4　计算定积分 $\int_0^2 |1-x|\mathrm{d}x$.

解

因 $|1-x| = \begin{cases} 1-x, & x\leqslant 1, \\ x-1, & x>1, \end{cases}$ 由定积分对区间的可加性得

$$\text{原式} = \int_0^1 (1-x)\mathrm{d}x + \int_1^2 (x-1)\mathrm{d}x = \left(x - \frac{x^2}{2}\right)\Big|_0^1 + \left(\frac{x^2}{2} - x\right)\Big|_1^2 = 1$$

含绝对值的函数求定积分时，应先去掉绝对值号，插入改变符号的分点，分区间积分，然后求和.

习　题　4.3

1. 利用牛顿—莱布尼茨公式计算下列定积分.

(1) $\int_1^{\sqrt{3}} \frac{1}{1+x^2}\mathrm{d}x$；　　(2) $\int_2^4 \frac{1+x^2}{x}\mathrm{d}x$；

(3) $\int_0^1 \frac{x^2}{1+x^2}\mathrm{d}x$；　　(4) $\int_0^a (\sqrt{a}-\sqrt{x})\mathrm{d}x$；

(5) $\int_{-1}^1 |x|\,\mathrm{d}x$；　　(6) $\int_0^{2\pi} |\sin x|\,\mathrm{d}x$.

2. 求下列各式对 x 的导数.

(1) $\int_1^x \frac{\sin t}{t}\mathrm{d}t(x>0)$；　　(2) $\int_x^1 (\cos t+t^2-3t)\mathrm{d}t(x>0)$.

4.4　换元积分法

利用基本积分公式与积分性质直接进行积分计算，所能计算出来的积分是十分有限的．因此，需要进一步讨论计算积分的方法．本节介绍一种计算积分的最基本也是最重要的方法——换元积分法．换元积分法分为第一换元积分法和第二换元积分法.

4.4.1　第一换元积分法(凑微分法)

第一换元积分法

引例　$\int \sin 2x\mathrm{d}x = -\cos 2x + C$ 正确吗?

检验$(-\cos 2x+C)'=2\sin 2x\neq\sin 2x$，故这个等式不成立．这是由于 $\sin 2x$ 是一个复合函数，不能直接用基本积分公式 $\int \sin x\mathrm{d}x = -\cos x + C$，但是将公式中的自变量 x 换成 u 或是 x 的函数 $\varphi(x)$，公式

$$\int \sin u\mathrm{d}u = -\cos u + C$$

仍然成立.

设 $u=2x$，则 $\int \sin 2x\mathrm{d}(2x) = -\cos 2x + C, \int \sin 2x \cdot 2\mathrm{d}x = -\cos 2x + C$，即

$$\int \sin 2x\mathrm{d}x = -\frac{1}{2}\cos 2x + C$$

检验$\left(-\frac{1}{2}\cos 2x+C\right)'=\sin 2x$，上式结果正确．于是可用下述方法求复合函数的积分.

下面来求$\int \sin 2x\mathrm{d}x$.

$$\int \sin 2x\mathrm{d}x=\frac{1}{2}\int \sin 2x\cdot 2\mathrm{d}x\xlongequal{\text{凑微分}}\frac{1}{2}\int \sin 2x\mathrm{d}(2x)\xlongequal{\text{令 } u=2x}\frac{1}{2}\int \sin u\mathrm{d}u$$

$$=-\frac{1}{2}\cos u+C\xlongequal[u=2x]{\text{回代}}-\frac{1}{2}\cos 2x+C$$

事实上，一般有以下定理.

定理 1　如果$\int f(x)\mathrm{d}x=F(x)+C, u=\varphi(x)$是$x$的任一可导函数，那么

$$\int f(u)\mathrm{d}u=F(u)+C$$

这是因为如果$\int f(x)\mathrm{d}x=F(x)+C$,那么$\mathrm{d}F(x)=f(x)\mathrm{d}x$. 根据微分形式的不变性可知,$\mathrm{d}F(u)=f(u)\mathrm{d}u$,所以

$$\int f(u)\mathrm{d}u=\int \mathrm{d}F(u)=F(u)+C$$

根据上面的讨论可知，在基本积分公式中，把自变量x换成中间变量$u(u=\varphi(x)$，且有连续的导数)，公式仍然成立．一般地，当$\int g(x)\mathrm{d}x$不能用积分基本公式和运算性质求出时,如果被积表达式$g(x)\mathrm{d}x$能够变形成$f[\varphi(x)]\varphi'(x)\mathrm{d}x$为容易积分的形式,就可以考虑用换元的方法来求$\int g(x)\mathrm{d}x$. 具体实施步骤如下：

$$\int g(x)\mathrm{d}x=\int f[\varphi(x)]\varphi'(x)\mathrm{d}x\xlongequal{\text{凑微分}}\int f[\varphi(x)]\mathrm{d}\varphi(x)$$

$$\xlongequal[\text{换元}]{\text{令 } u=\varphi(x)}\int f(u)\mathrm{d}u\xlongequal{\text{求积分}}F(u)+C$$

$$\xlongequal[u=\varphi(x)]{\text{回代}}F[\varphi(x)]+C$$

这一积分方法称为第一换元积分法，也称为凑微分法.

公式

$$\int f[\varphi(x)]\varphi'(x)\mathrm{d}x=\int f(u)\mathrm{d}u \tag{4.3}$$

称为第一换元积分公式.

式(4.3)左端的被积函数是$f[\varphi(x)]\varphi'(x)$，即被积函数是两个因子的乘积，其中一个因子是$\varphi(x)$的函数$f[\varphi(x)]$，另一个因子是$\varphi(x)$的导数$\varphi'(x)$，则可用换元积分公式(4.3).

例 1　求$\int \sqrt{3x-7}\mathrm{d}x$.

解

设$u=3x-7$，则$\mathrm{d}u=3\mathrm{d}x$，得

$$\int \sqrt{3x-7}\mathrm{d}x=\frac{1}{3}\int u^{\frac{1}{2}}\mathrm{d}u=\frac{2}{9}u^{\frac{3}{2}}+C=\frac{2}{9}(3x-7)\sqrt{3x-7}+C$$

例 2　求$\int \frac{(\ln x)^2}{x}\mathrm{d}x$.

解

因为在 $\ln x$ 中，$x>0$，所以

$$\frac{1}{x}dx=d(\ln x)$$

设 $u=\ln x$，则 $du=\frac{1}{x}dx$，得

$$\int\frac{(\ln x)^2}{x}dx=\int u^2du=\frac{1}{3}u^3+C=\frac{1}{3}(\ln x)^3+C$$

例 3　求 $\int x\cos x^2dx$.

解

因为 $d(x^2)=2xdx$，所以设 $u=x^2$，则 $du=2xdx$，得

$$\int x\cos x^2dx=\frac{1}{2}\int\cos udu=\frac{1}{2}\sin u+C=\frac{1}{2}\sin x^2+C$$

当上述运算方法熟练后，中间的换元步骤可以略去.

例 4　求 $\int\sin^3xdx$.

解

因为 $d\cos x=-\sin xdx$，所以

$$\int\sin^3xdx=\int\sin^2x\cdot\sin xdx=-\int(1-\cos^2x)d(\cos x)$$

$$=-\cos x+\frac{1}{3}\cos^3x+C$$

例 5　求 $\int\tan xdx$.

解

$$\int\tan xdx=\int\frac{\sin x}{\cos x}dx=-\int\frac{1}{\cos x}d(\cos x)=-\ln|\cos x|+C$$

例 6　求 $\int\sec xdx$.

解

$$\int\sec xdx=\int\frac{\sec x(\sec x+\tan x)}{\sec x+\tan x}dx=\int\frac{\sec^2x+\sec x\tan x}{\sec x+\tan x}dx$$

$$=\int\frac{1}{\sec x+\tan x}d(\sec x+\tan x)=\ln|\sec x+\tan x|+C$$

例 7　求 $\int\frac{\cos\sqrt{x}}{\sqrt{x}}dx$.

解

$$\int\frac{\cos\sqrt{x}}{\sqrt{x}}dx=2\int\cos\sqrt{x}\cdot\frac{1}{2\sqrt{x}}dx=2\int\cos\sqrt{x}d\sqrt{x}=2\sin\sqrt{x}+C$$

例 8　求 $\int\frac{dx}{a^2+x^2}$，并计算 $\int_0^a\frac{1}{a^2+x^2}dx$.

解

$$\int\frac{\mathrm{d}x}{a^2+x^2}=\frac{1}{a^2}\int\frac{1}{1+\left(\frac{x}{a}\right)^2}\mathrm{d}x=\frac{1}{a}\int\frac{1}{1+\left(\frac{x}{a}\right)^2}\mathrm{d}\left(\frac{x}{a}\right)=\frac{1}{a}\arctan\left(\frac{x}{a}\right)+C$$

$$\int_0^a\frac{1}{a^2+x^2}\mathrm{d}x=\frac{1}{a}\arctan\left(\frac{x}{a}\right)\Bigg|_0^a=\frac{\pi}{4a}$$

类似地,利用公式$\int\frac{\mathrm{d}x}{\sqrt{1-x^2}}=\arcsin x+C$,可求得

$$\int\frac{\mathrm{d}x}{\sqrt{a^2-x^2}}=\arcsin\frac{x}{a}+C(a>0)$$

例 9 求$\int_0^{\frac{\pi}{2}}\cos^2x\sin x\mathrm{d}x$.

解

$$\int_0^{\frac{\pi}{2}}\cos^2x\sin x\mathrm{d}x=-\int_0^{\frac{\pi}{2}}\cos^2x\mathrm{d}(\cos x)=-\frac{\cos^3x}{3}\Bigg|_0^{\frac{\pi}{2}}=\frac{1}{3}$$

在运用第一换元积分法求积分时,除要用到凑微分外,还常用到如“添一项减一项”“运用三角函数的恒等变形”等技巧,所以要多做练习,灵活掌握.

例 10 近几十年以来,全世界每年的石油消耗率呈指数增长,从 1970 年($t=0$)起,第 t 年的石油消耗率模型为 $r(t)=161\mathrm{e}^{0.07t}$(亿桶/年),那么从 1970 年至 1990 年($t=20$)石油消耗的总量为多少亿桶?

解

设从 1970 年起到 t 年的石油消耗总量为 $Q(t)$亿桶.

根据导数的概念,$r(t)$就是 $Q(t)$的变化率,即 $Q'(t)=r(t)$,所以从 1970 年至 1990 年($t=20$)石油消耗的总量为

$$\begin{aligned}Q(20)&=\int_0^{20}Q'(t)\mathrm{d}t=\int_0^{20}r(t)\mathrm{d}t=\int_0^{20}161\mathrm{e}^{0.07t}\mathrm{d}t\\&=\frac{161}{0.07}\int_0^{20}\mathrm{e}^{0.07t}\mathrm{d}(0.07t)=2\,300\mathrm{e}^{0.07t}\Big|_0^{20}\\&=2\,300(\mathrm{e}^{0.07\times20}-1)\approx7\,027(\text{亿桶})\end{aligned}$$

4.4.2 第二换元积分法

第二换元积分法

把换元积分公式

$$\int f[\varphi(x)]\varphi'(x)\mathrm{d}x=\int f(u)\mathrm{d}u$$

反过来使用,即从右端到左端用,就是第二换元积分法.

具体实施步骤如下:

$$\begin{aligned}\int f(x)\mathrm{d}x&\xlongequal[\text{换元}]{\text{令 }x=\varphi(t)}\int f[\varphi(t)]\varphi'(t)\mathrm{d}t\xlongequal{\text{求积分}}F(t)+C\\&\xlongequal{\text{回代 }t=\varphi^{-1}(x)}F[\varphi^{-1}(x)]+C\end{aligned}$$

公式

$$\int f(x)\mathrm{d}x = \int f[\varphi(t)]\varphi'(t)\mathrm{d}t = F[\varphi^{-1}(x)] + C \tag{4.4}$$

称为**第二换元积分公式**.

使用第二换元积分法时，应满足以下条件：

(1) $x=\varphi(t)$可导，$\varphi'(t)$连续且$\varphi'(t)\neq 0$；

(2) $x=\varphi(t)$存在反函数$t=\varphi^{-1}(x)$.

上述方法表明：对不定积分$\int f(x)\mathrm{d}x$可以通过变量代换$x=\varphi(t)$达到求解的目的. 关键是变量代换$x=\varphi(t)$的选择要恰当，使得以t为新积分变量的不定积分易求. 最后还要将原函数中的变量t用$t=\varphi^{-1}(x)$回代，得到变量x的函数.

以上两类换元积分法各自的特点是：在第一换元积分法中新引入的变量u是中间变量，而在第二换元积分法中新引入的变量t处于自变量的地位.

例 11　求$\int \frac{1}{1+\sqrt{x+1}}\mathrm{d}x$.

解

为了消去根号，令$t=\sqrt{x+1}$，即$x=t^2-1\,(t\geqslant 0)$，则$\mathrm{d}x=2t\mathrm{d}t$，于是

$$\begin{aligned}\int \frac{1}{1+\sqrt{x+1}}\mathrm{d}x &= \int \frac{2t}{1+t}\mathrm{d}t = 2\int \frac{(t+1)-1}{t+1}\mathrm{d}t \\ &= 2\int\left(1-\frac{1}{t+1}\right)\mathrm{d}t = 2(t-\ln|t+1|)+C \\ &= 2\left[\sqrt{1+x}-\ln\left|\sqrt{1+x}+1\right|\right]+C\end{aligned}$$

应注意，在后面的结果中必须代入$t=\sqrt{x+1}$，返回到原积分变量x.

当被积函数中出现根号，而又不能通过凑微分变成基本积分公式中的某种形式时，常采用第二换元积分法．例如，含有$\sqrt[n]{ax+b}$，令$\sqrt[n]{ax+b}=t$；若同时含有$\sqrt[n]{x}$，$\sqrt[m]{x}$，找m，n的最小公倍数p，令$\sqrt[p]{x}=t$. 除了上述代换外，第二换元积分法还常采用三角代换.

例 12　求$\int \frac{\mathrm{d}x}{\sqrt{(x^2+1)^3}}$.

解

为了消去根号，作三角代换$x=\tan t\left(-\frac{\pi}{2}<t<\frac{\pi}{2}\right)$，则

$$\sqrt{(x^2+1)^3}=\sec^3 t,\ \mathrm{d}x=\sec^2 t\mathrm{d}t$$

所以

$$\int \frac{\mathrm{d}x}{\sqrt{(x^2+1)^3}} = \int \frac{\sec^2 t}{\sec^3 t}\mathrm{d}t = \int \cos t\mathrm{d}t = \sin t + C$$

为了方便、直观，回代时，可以利用代换$x=\tan t$作一个辅助三角形，如图 4-7 所示．由图可以看出$\sin t=\frac{x}{\sqrt{x^2+1}}$，故

$$\int \frac{\mathrm{d}x}{\sqrt{(x^2+1)^3}} = \frac{x}{\sqrt{x^2+1}} + C$$

一般地，当被积函数含有根式$\sqrt{a^2-x^2}$、$\sqrt{x^2+a^2}$或$\sqrt{x^2-a^2}$时，分别作三角代换$x=a\sin t$、$x=a\tan t$、$x=a\sec t$就可以消去根号.

例 13　求半径为r的圆的面积S.

解

以圆心为原点建立直角坐标系，如图 4－8 所示．这时圆的方程为$x^2+y^2=r^2$，由此得$y=\pm\sqrt{r^2-x^2}$，其中函数$y=\sqrt{r^2-x^2}$的图像是上半圆，函数$y=-\sqrt{r^2-x^2}$的图像是下半圆.

根据定积分的几何意义，并由圆的对称性可知

$$S = 4\int_0^r \sqrt{r^2-x^2}\,\mathrm{d}x$$

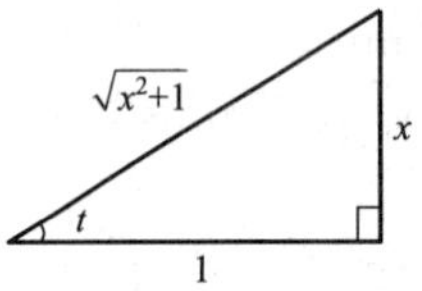

图 4－7

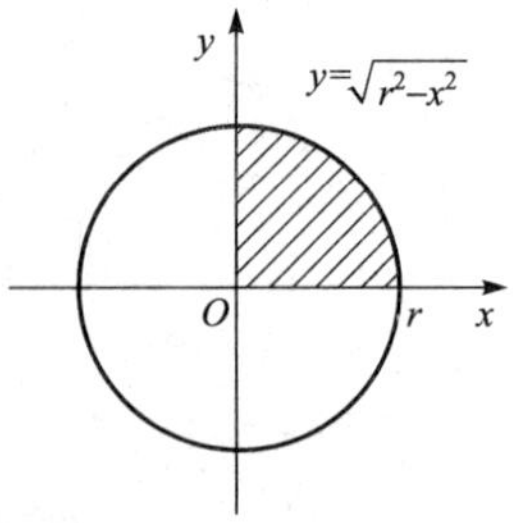

图 4－8

为此，先来求不定积分

$$\int \sqrt{r^2-x^2}\,\mathrm{d}x\,(r>0)$$

为了消去根号，作三角代换$x=r\sin t\left(-\frac{\pi}{2}\leqslant t\leqslant\frac{\pi}{2}\right)$，则$\sqrt{r^2-x^2}=r\cos t$，$\mathrm{d}x=r\cos t\mathrm{d}t$，因而

$$\begin{aligned}\int \sqrt{r^2-x^2}\,\mathrm{d}x &= r^2\int \cos^2 t\,\mathrm{d}t = r^2\int \frac{1+\cos 2t}{2}\mathrm{d}t \\ &= \frac{r^2}{2}\left(t+\frac{1}{2}\sin 2t\right)+C = \frac{r^2}{2}t+\frac{r^2}{2}\sin t\cos t+C\end{aligned}$$

由$x=r\sin t\left(-\frac{\pi}{2}\leqslant t\leqslant\frac{\pi}{2}\right)$，可得$t=\arcsin\frac{x}{r}$，$\sin t=\frac{x}{r}$，$\cos t=\frac{\sqrt{r^2-x^2}}{r}$(图 4－9).

于是

$$\begin{aligned}\int \sqrt{r^2-x^2}\,\mathrm{d}x &= \frac{r^2}{2}t+\frac{r^2}{2}\sin t\cos t+C \\ &= \frac{r^2}{2}\arcsin\frac{x}{r}+\frac{x}{2}\sqrt{r^2-x^2}+C\end{aligned}$$

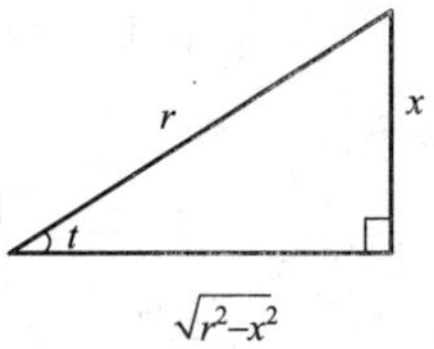

图 4－9

所以圆的面积为

$$S = 4\int_0^r \sqrt{r^2-x^2}\,\mathrm{d}x = 4\left[\frac{r^2}{2}\arcsin\frac{x}{r}+\frac{x}{2}\sqrt{r^2-x^2}\right]\Bigg|_0^r$$

$$= 4\left[\left(\frac{r^2}{2}\arcsin 1 + 0\right) - 0\right] = 4 \times \frac{r^2}{2} \times \frac{\pi}{2} = \pi r^2$$

还可以直接用定积分的换元积分法计算圆的面积 S.

在 $S=4\int_0^r \sqrt{r^2-x^2}\,dx$ 中，作代换 $x=r\sin t$，$-\frac{\pi}{2}\leqslant t\leqslant\frac{\pi}{2}$，则 $dx=r\cos t dt$，当 $x=0$ 时，$t=0$；当 $x=r$ 时，$t=\frac{\pi}{2}$. 于是得

$$S = 4\int_0^r \sqrt{r^2-x^2}\,dx = 4r^2\int_0^{\frac{\pi}{2}} \cos^2 t\,dt$$

$$= 2r^2\int_0^{\frac{\pi}{2}}(1+\cos 2t)\,dt = 2r^2\left[t+\frac{1}{2}\sin 2t\right]\Big|_0^{\frac{\pi}{2}}$$

$$= 2r^2\left[\left(\frac{\pi}{2}+0\right)-0\right] = \pi r^2$$

在上面的计算中，换元的同时换了定积分的上下限，显然这样计算要比第一种计算方法简单，因为其中省略了变量的回代过程，这就是定积分的换元积分法. 一般地，有以下定理.

定理 2(定积分的换元法则)　如果函数 $f(x)$在区间$[a,b]$上连续，且代换$x=\varphi(t)$满足以下条件：

(1)$\varphi(t)$在区间$[\alpha,\beta]$上有连续的导数；

(2)当 $t\in[\alpha,\beta]$时，$a\leqslant\varphi(t)\leqslant b$；

(3)$\varphi(\alpha)=a$，$\varphi(\beta)=b$，

那么

$$\int_a^b f(x)\,dx = \int_\alpha^\beta f[\varphi(t)]\varphi'(t)\,dt \tag{4.5}$$

例 14　求 $\int_1^3 \frac{dx}{\sqrt{x}+\sqrt{x^3}}$.

解

令$\sqrt{x}=t$，即作代换 $x=t^2(t>0)$，则 $dx=2tdt$，当 $x=1$ 时，$t=1$；当 $x=3$ 时，$t=\sqrt{3}$. 于是

$$\int_1^3 \frac{dx}{\sqrt{x}+\sqrt{x^3}} = 2\int_1^{\sqrt{3}}\frac{t\,dt}{t+t^3} = 2\int_1^{\sqrt{3}}\frac{dt}{1+t^2} = 2(\arctan t)\Big|_1^{\sqrt{3}}$$

$$= 2\left(\frac{\pi}{3}-\frac{\pi}{4}\right) = \frac{\pi}{6}$$

例 15　求 $\int_1^2 \frac{\sqrt{x^2-1}}{x}dx$.

解

令 $x=\sec t$，则

$$dx=\sec t\cdot\tan t dt$$

当 $x=1$ 时，$t=0$；当 $x=2$ 时，$t=\frac{\pi}{3}$，在区间$\left[0,\frac{\pi}{3}\right]$上 $\sec t$ 是单值的，于是

$$\int_1^2 \frac{\sqrt{x^2-1}}{x}\mathrm{d}x = \int_0^{\frac{\pi}{3}} \frac{\tan t}{\sec t}\sec t \cdot \tan t\mathrm{d}t - \int_0^{\frac{\pi}{3}} \tan^2 t\mathrm{d}t$$

$$= \int_0^{\frac{\pi}{3}} (\sec^2 t - 1)\mathrm{d}t = (\tan t - t)\Big|_0^{\frac{\pi}{3}} = \sqrt{3} - \frac{\pi}{3}$$

在使用定积分的换元积分法时，应注意在换元的同时，一定要换定积分的上、下限，口诀"换元必换限，新元代新限". 并且新上限与原上限对应，新下限与原下限对应.

习　题　4.4

1. 计算下列各积分.

(1) $\int (x+1)^2 \mathrm{d}x$；

(2) $\int \mathrm{e}^{-\frac{2}{3}x}\mathrm{d}x$；

(3) $\int 2x\mathrm{e}^{x^2}\mathrm{d}x$；

(4) $\int \frac{x-1}{x^2+1}\mathrm{d}x$；

(5) $\int x\sin(2x^2+1)\mathrm{d}x$；

(6) $\int \frac{1}{\sqrt{x}}\sin\sqrt{x}\mathrm{d}x$；

(7) $\int_0^1 \sqrt{1+x}\mathrm{d}x$；

(8) $\int_0^{\frac{\pi}{2}} \sin^2 x\cos x\mathrm{d}x$；

(9) $\int_1^{\mathrm{e}} \frac{1+\ln x}{x}\mathrm{d}x$；

(10) $\int_0^{\pi} \cos^2 \frac{x}{2}\mathrm{d}x$.

2. 计算下列各积分.

(1) $\int \frac{1}{1+\sqrt{2x}}\mathrm{d}x$；

(2) $\int \frac{1}{1+\sqrt{3-x}}\mathrm{d}x$；

(3) $\int \sqrt{9-x^2}\mathrm{d}x$；

(4) $\int_0^4 \frac{1}{1+\sqrt{x}}\mathrm{d}x$；

(5) $\int_0^2 \sqrt{4-x^2}\mathrm{d}x$；

(6) $\int_{\frac{1}{\sqrt{2}}}^1 \frac{\sqrt{1-x^2}}{x^2}\mathrm{d}x$.

4.5　分部积分法

分部积分法

设 $u(x)$与 $v(x)$有连续的导数，根据乘积的导数法则，有

$$[u(x)v(x)]' = u'(x)v(x) + u(x)v'(x)$$

移项后得

$$u(x)v'(x) = [u(x)v(x)]' - u'(x)v(x)$$

两边取不定积分，即有

$$\int u(x)v'(x)\mathrm{d}x = u(x)v(x) - \int v(x)u'(x)\mathrm{d}x \tag{4.6}$$

或者写为

$$\int u(x)\mathrm{d}v(x) = u(x)v(x) - \int v(x)\mathrm{d}u(x) \tag{4.7}$$

式(4.6)和式(4.7)称为不定积分的**分部积分公式**.

用分部积分法的**基本想法**是：当 $\int u(x)\mathrm{d}v(x)$ 不易计算，而积分 $\int v(x)\mathrm{d}u(x)$ 比较容易计算时，利用上述公式，可以达到"化难为易"的目的．而转化的关键是合理地选取 $u(x)$ 和 $v(x)$，使 $\int v(x)\mathrm{d}u(x)$ 易求.

由不定积分的分部积分公式和牛顿一莱布尼茨公式，可以得到定积分的分部积分公式，即

$$\int_a^b u(x)v'(x)\mathrm{d}x = u(x)v(x)\Big|_a^b - \int_a^b v(x)u'(x)\mathrm{d}x \tag{4.8}$$

或

$$\int_a^b u(x)\mathrm{d}v(x) = u(x)v(x)\Big|_a^b - \int_a^b v(x)\mathrm{d}u(x) \tag{4.9}$$

例 1　求 $\int x\cos x\mathrm{d}x$，并计算 $\int_0^{\frac{\pi}{2}} x\cos x\mathrm{d}x$.

解

将 $x\cos x$ 看作两个函数 x 与 $\cos x$ 的乘积，对于 $\cos x$，无论求导或者积分都无法化简，而 x 求导后是 1. 所以设 $u(x)=x$，$v'(x)\mathrm{d}x=\cos x\mathrm{d}x=\mathrm{d}(\sin x)=\mathrm{d}v(x)$，则 $v(x)=\sin x$，$\mathrm{d}u(x)=\mathrm{d}x$. 于是，由分部积分公式(4.7)，有

$$\int x\cos x\mathrm{d}x = \int x\mathrm{d}(\sin x) = x\sin x - \int \sin x\mathrm{d}x = x\sin x + \cos x + C$$

计算定积分 $\int_0^{\frac{\pi}{2}} x\cos x\mathrm{d}x$ 时，可以先用不定积分的分部积分法求得原函数，然后再用牛顿一莱布尼茨公式．这里用前述结果，有

$$\int_0^{\frac{\pi}{2}} x\cos x\mathrm{d}x = (x\sin x + \cos x)\Big|_0^{\frac{\pi}{2}} = \frac{\pi}{2} - 1$$

也可用定积分的分部积分法公式(4.9)，有

$$\int_0^{\frac{\pi}{2}} x\cos x\mathrm{d}x = \int_0^{\frac{\pi}{2}} x\mathrm{d}(\sin x) = x\sin x\Big|_0^{\frac{\pi}{2}} - \int_0^{\frac{\pi}{2}} \sin x\mathrm{d}x = \frac{\pi}{2} + \cos x\Big|_0^{\frac{\pi}{2}} = \frac{\pi}{2} - 1$$

例 2　求 $\int x^2\mathrm{e}^x\mathrm{d}x$.

解

可以先把被积表达式写成 $\int x^2\mathrm{d}\mathrm{e}^x$，然后由分部积分法公式(4.7)有

$$\int x^2\mathrm{e}^x\mathrm{d}x = \int x^2\mathrm{d}\mathrm{e}^x = x^2\mathrm{e}^x - \int \mathrm{e}^x\mathrm{d}(x^2) = x^2\mathrm{e}^x - 2\int x\mathrm{e}^x\mathrm{d}x$$

也就是说，通过一次分部积分就将被积函数中 x 的方幂降低了一次．很自然我们会想到再用一次分部积分法即可把被积函数中 x 的方幂降为零．事实上，有

$$\int x\mathrm{e}^x\mathrm{d}x = \int x\mathrm{d}\mathrm{e}^x = x\mathrm{e}^x - \int \mathrm{e}^x\mathrm{d}x = x\mathrm{e}^x - \mathrm{e}^x + C$$

将此结果代入上式即得

$$\int x^2\mathrm{e}^x\mathrm{d}x = (x^2 - 2x + 2)\mathrm{e}^x + C$$

由此可见，分部积分法是可以连续多次使用的.

通过例 1 和例 2 可知，被积表达式为

$$x^n\sin ax\mathrm{d}x,\ x^n\cos ax\mathrm{d}x,\ x^n\mathrm{e}^{ax}\mathrm{d}x$$

形式时，可以用分部积分法求出结果，其中 n 为正整数，一般设 $u(x)=x^n$.

例 3 求 $\int\ln x\mathrm{d}x$.

解

由分部积分公式(4.7)，得

$$\begin{aligned}\int\ln x\mathrm{d}x &= x\ln x-\int x\mathrm{d}(\ln x) = x\ln x-\int x\cdot\frac{1}{x}\mathrm{d}x = x\ln x-\int\mathrm{d}x\\ &= x\ln x - x + C\end{aligned}$$

例 4 计算 $\int_1^2 x\ln x\mathrm{d}x$.

解

将所求积分写成以下形式：

$$\int_1^2 x\ln x\mathrm{d}x = \frac{1}{2}\int_1^2\ln x\mathrm{d}(x^2)$$

由定积分的分部积分法公式(4.9)得

$$\begin{aligned}\int_1^2 x\ln x\mathrm{d}x &= \frac{1}{2}x^2\ln x\Big|_1^2-\frac{1}{2}\int_1^2 x^2\mathrm{d}(\ln x) = 2\ln 2-\frac{1}{2}\int_1^2 x\mathrm{d}x\\ &= 2\ln 2-\frac{1}{4}x^2\Big|_1^2 = 2\ln 2-\frac{3}{4}\end{aligned}$$

例 5 计算 $\int_0^1 x\arctan x\mathrm{d}x$.

解

$$\begin{aligned}\int_0^1 x\arctan x\mathrm{d}x &= \frac{1}{2}\int_0^1\arctan x\mathrm{d}x^2 = \frac{1}{2}x^2\arctan x\Big|_0^1-\frac{1}{2}\int_0^1 x^2\mathrm{d}(\arctan x)\\ &= \frac{\pi}{8}-\frac{1}{2}\int_0^1\frac{x^2}{1+x^2}\mathrm{d}x = \frac{\pi}{8}-\frac{1}{2}\int_0^1\left(1-\frac{1}{1+x^2}\right)\mathrm{d}x\\ &= \frac{\pi}{8}-\frac{1}{2}(x-\arctan x)\Big|_0^1 = \frac{\pi}{4}-\frac{1}{2}\end{aligned}$$

由例 3、例 4、例 5 知，被积表达式为

$$x^n\ln x\mathrm{d}x,\ x^n\arcsin x\mathrm{d}x,\ x^n\arctan x\mathrm{d}x$$

形式时适用于分部积分法，其中 n 是正整数或零．一般应设 $u(x)=\ln x$，$\arcsin x$，$\arctan x$.

习 题 4.5

1. 计算下列各积分.

(1) $\int x\mathrm{e}^{-x}\mathrm{d}x$； (2) $\int x\mathrm{e}^{3x}\mathrm{d}x$； (3) $\int x^2\cos x\mathrm{d}x$；

(4) $\int \ln(1+x)\mathrm{d}x$；　　(5) $\int_0^1 x\mathrm{e}^{2x}\mathrm{d}x$；　　(6) $\int_{\frac{1}{\mathrm{e}}}^{\mathrm{e}} |\ln x|\mathrm{d}x$.

2. 利用函数奇偶性计算下列定积分.

(1) $\int_{-\frac{\pi}{2}}^{\frac{\pi}{2}} x^2\cos x\mathrm{d}x$；　　(2) $\int_{-\pi}^{\pi} x^4\sin^3 x\mathrm{d}x$.

4.6　积分学的应用

与导数一样，积分学在几何及现代经济活动中有着广泛的应用．本节主要介绍定积分在几何及经济学方面的简单应用.

4.6.1　微元法

微元法

一般地，用定积分求曲边梯形面积问题的思路如下.

将区间$[a,b]$分成 n 个子区间，所求曲边梯形的面积 A 为每个子区间上小曲边梯形的面积 ΔA_i之和，即 $A=\sum_{i=1}^{n}\Delta A_i$，在第 i 个子区间上取 ΔA_i 的近似值 $\Delta A_i \approx f(\xi_i)\Delta x_i$，得总和 $A\approx\sum_{i=1}^{n}f(\xi_i)\Delta x_i$，然后取极限得 $A=\lim_{\lambda\to 0}\sum_{i=1}^{n}f(\xi_i)\Delta x_i=\int_a^b f(x)\mathrm{d}x$.

综上所述，在解决具体问题时，用定积分计算所求量 A 的步骤如下：

(1)选取一个积分变量 x，并确定积分区间$[a,b]$；

(2)在$[a,b]$上任取一个区间$[x,x+\mathrm{d}x]$，求出相应于这个小区间的部分量 ΔA 的近似值，记为 $\mathrm{d}A=f(x)\mathrm{d}x$(称为 A 的微元)；

(3)将微元 $\mathrm{d}A$ 在$[a,b]$上积分，即得 $A=\int_a^b f(x)\mathrm{d}x$.

用上述步骤解决问题的方法叫做定积分的微元法.

4.6.2　几何应用

几何应用——求平面图形的面积

在直角坐标系下，用微元法不难将平面图形的面积表示为定积分．下面根据不同情形给出求平面图形面积的定积分表达式.

情形一　曲线 $y=f(x)(f(x)\geqslant 0)$，$x=a$，$x=b$，及 Ox 轴所围图形(图 4-10)的面积微元 $\mathrm{d}A=f(x)\mathrm{d}x$，面积 $A=\int_a^b f(x)\mathrm{d}x$.

情形二　由上、下两条曲线 $y=f(x)$，$y=g(x)(f(x)\geqslant g(x))$及 $x=a$，$x=b$所围成的图形(图 4-11)的面积微元 $\mathrm{d}A=[f(x)-g(x)]\mathrm{d}x$，面积 $A=\int_a^b [f(x)-g(x)]\mathrm{d}x$.

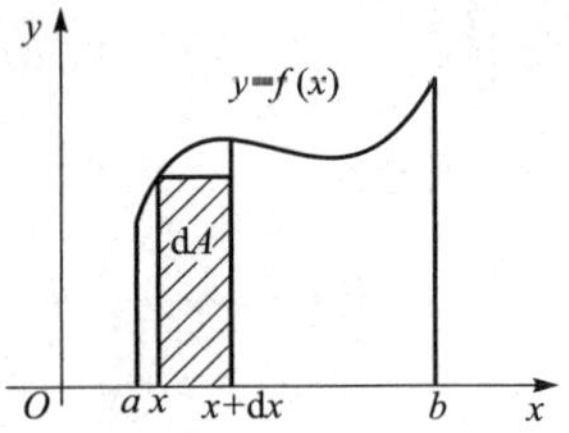

图 4－10

情形三　由左、右两条曲线 $x=\varphi(y)$，$x=\psi(y)$ 及 $y=c$，$y=d$ 所围图形(图 4－12)的面积微元 $\mathrm{d}A=[\psi(y)-\varphi(y)]\mathrm{d}y$，面积 $A=\int_c^d[\psi(y)-\varphi(y)]\mathrm{d}y$.

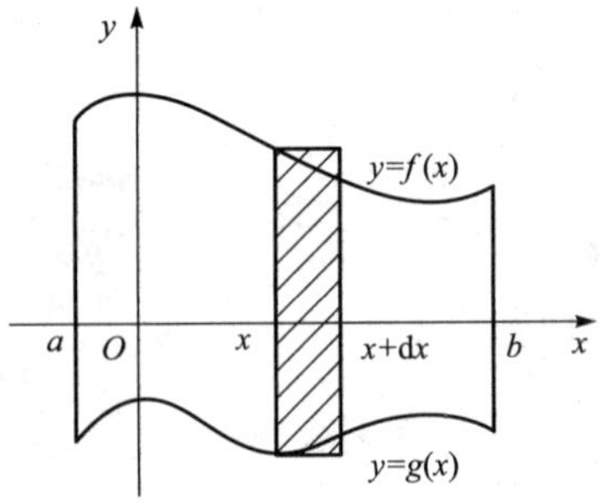

图 4－11

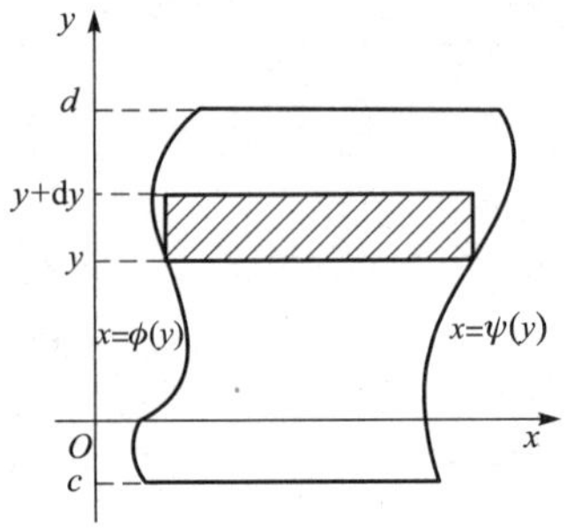

图 4－12

例 1　求由抛物线 $y=x^2$ 与直线 $y=x$ 所围成平面图形的面积.

解

(1)画出草图(图 4－13)，并解方程组 $\begin{cases} y=x^2, \\ y=x, \end{cases}$ 得两条曲线交点(0,0)及(1,1)；

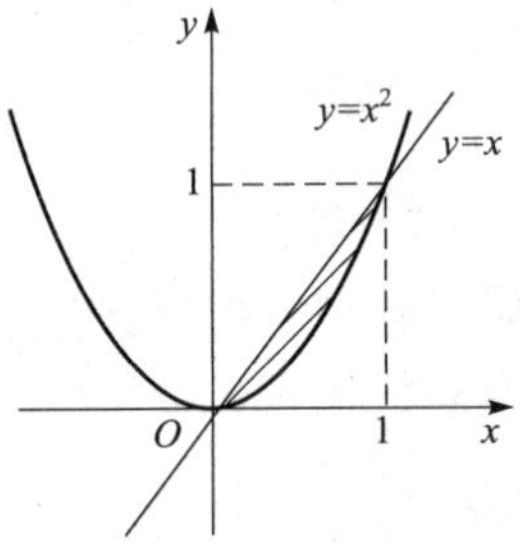

图 4－13

(2)选择 x 为积分变量，x 的变化范围为[0,1]，从而求得面积表达式为

$$A=\int_0^1(x-x^2)\mathrm{d}x$$

(3)计算积分，得

$$A=\int_0^1(x-x^2)\mathrm{d}x=\left(\frac{x^2}{2}-\frac{x^3}{3}\right)\Bigg|_0^1=\frac{1}{6}$$

例 1 也可选择 y 为积分变量，采用下式计算：

$$A=\int_0^1(\sqrt{y}-y)\mathrm{d}y=\left(\frac{2}{3}y^{\frac{3}{2}}-\frac{y^2}{2}\right)\Bigg|_0^1=\frac{1}{6}$$

综上所述，得出求平面图形面积的步骤：

(1)画出草图，找出曲线与坐标轴或曲线的交点；

(2)选择相应的积分变量与积分区间；

(3)写出面积的积分表达式并进行计算.

例2　求由曲线 $y=\sin x$，$y=\cos x$ 及直线 $x=0$，$x=\frac{\pi}{2}$所围成平面图形的面积.

解

(1)画出草图(图4-14)，并解方程组$\begin{cases}y=\sin x,\\y=\cos x,\end{cases}$得两条曲线交点$\left(\frac{\pi}{4},\frac{\sqrt{2}}{2}\right)$；

(2)选择 x 为积分变量，且 x 变化范围为$\left[0,\frac{\pi}{2}\right]$，用直线 $x=\frac{\pi}{4}$把图形分成两块；

(3)面积 A 的表达式 $A=\int_0^{\frac{\pi}{2}}|\sin x-\cos x|\mathrm{d}x$，计算积分，得

$$A=\int_0^{\frac{\pi}{2}}|\sin x-\cos x|\mathrm{d}x=\int_0^{\frac{\pi}{4}}(\cos x-\sin x)\mathrm{d}x+\int_{\frac{\pi}{4}}^{\frac{\pi}{2}}(\sin x-\cos x)\mathrm{d}x$$

$$=(\sin x+\cos x)\Big|_0^{\frac{\pi}{4}}+(-\cos x-\sin x)\Big|_{\frac{\pi}{4}}^{\frac{\pi}{2}}=2(\sqrt{2}-1)$$

例3　求由抛物线 $y^2=x$ 及直线 $x+y-2=0$ 所围成平面图形的面积.

解

(1)画出草图(图4-15)，并解方程组

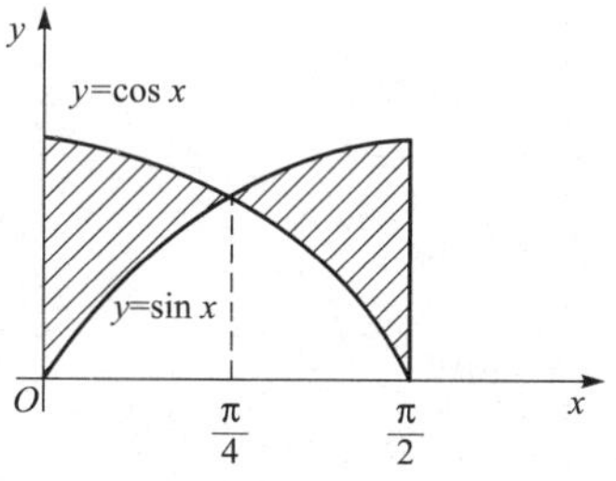

图4-14

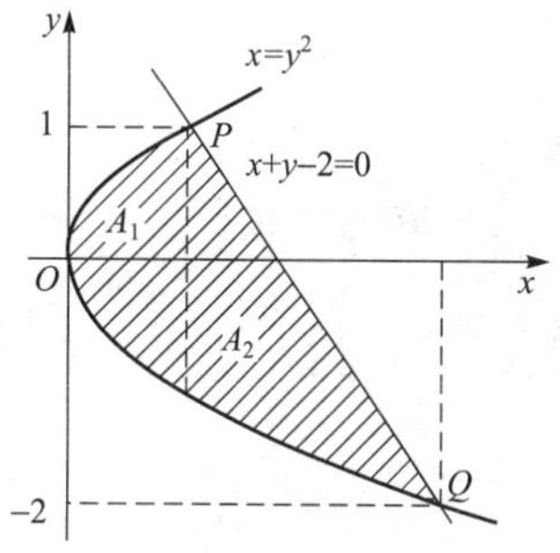

图4-15

$$\begin{cases}y^2=x\\y=2-x\end{cases}$$

得两条曲线交点 $P(1,1)$，$Q(4,-2)$.

(2)若选择 x 为积分变量，图形必须分块，面积 $A=A_1+A_2$，不易计算．若选择 y 为积分变量，图形介于直线 $y=-2$ 和 $y=1$ 之间，图形由介于这两条直线之间的 $x=y^2$ 和 $x=2-y$ 围成，图形不分块且 y 的变化范围为$[-2,1]$，易计算，所以选 y 为积分变量.

(3)计算积分，得

$$A=\int_{-2}^{1}[(2-y)-y^2]\mathrm{d}y=\left(2y-\frac{y^2}{2}-\frac{y^3}{3}\right)\Big|_{-2}^{1}=\frac{9}{2}$$

说明：用定积分求平面图形的面积时，可选择 x 为积分变量，也可选择 y 为积分变量．一般地，用定积分求面积时，应恰当地选择积分变量，尽量使图形不分块和少分块(必须分块时)为好.

4.6.3 经济应用

定积分在经济上有着广泛的应用．在此，列举几个定积分在经济方面常见的应用实例，并运用微元法建立积分表达式，加强解决实际问题能力的练习.

1. 由边际函数求总函数

由于总函数(如总成本、总收入、总利润等)的导数就是边际函数(如边际成本、边际收入、边际利润等)，若已知总函数满足某种特定条件(即自变量在某一点处的函数值已知)，则可用不定积分求得总函数，也可以用定积分求出总函数.

例如：若已知边际成本 $C'(x)$、固定成本 C_0、边际收入 $R'(x)$，则

总成本函数 $C(x)=\int_0^x C'(x)\mathrm{d}x+C_0$

总收入函数 $R(x)=\int_0^x R'(x)\mathrm{d}x$

总利润函数 $L(x)=\int_0^x [R'(x)-C'(x)]\mathrm{d}x-C_0$

例 4　已知某产品的边际成本函数为 $C'(x)=2x+36$，固定成本为 500 元，求总成本函数.

解法一

产品的总成本函数为

$$\begin{aligned}C(x)&=\int_0^x C'(x)\mathrm{d}x+500\\&=\int_0^x(2x+36)\mathrm{d}x+500\\&=(x^2+36x)\Big|_0^x+500\\&=x^2+36x+500\end{aligned}$$

该例也可用不定积分的方法求得.

解法二

由边际成本函数得

$$C(x)=\int C'(x)\mathrm{d}x=\int(2x+36)\mathrm{d}x=x^2+36x+C$$

已知固定成本为 500 元，即当 $x=0$ 时，$C(0)=500$ 元，代入上式可得，$C=500$，于是，得到该产品的总成本函数为

$$C(x)=x^2+36x+500$$

2. 由边际函数求总量函数的改变量

例如：若已知边际成本为 $C'(x)$，则在产量 $x=x_0$ 的基础上，再多生产 Δx 个单位

的产品，所需增加的成本为

$$\Delta C=\int_{x_0}^{x_0+\Delta x}C'(x)\mathrm{d}x$$

例 5　某种产品每天生产 x 单位时的固定成本为 $C_0=80$ 元，边际成本 $C'(x)=0.6x+20$(元/单位)，边际收入为 $R'(x)=32$(元/单位)，求：

(1)产量由 10 个单位增加到 20 个单位时，总成本、总收入有何变化？

(2)每天生产多少，单位利润最大？最大利润是多少？

(3)在利润最大时，若多生产 10 个单位的产品，总利润有何变化？

解

(1)产量由 10 个单位增加到 20 个单位，增加的总成本与总收入分别为

$$\Delta C=\int_{10}^{20}C'(x)\mathrm{d}x=\int_{10}^{20}(0.6x+20)\mathrm{d}x=(0.3x^2+20x)\Big|_{10}^{20}=290(\text{元})$$

$$\Delta R=\int_{10}^{20}R'(x)\mathrm{d}x=\int_{10}^{20}32\mathrm{d}x=32x\Big|_{10}^{20}=320(\text{元})$$

即在产量为 10 个单位的基础上，再多生产 10 个单位产品，总成本将增加 290 元，总收入将增加 320 元.

(2)由利润最大原则(即 $R'(x)=C'(x)$时利润最大)可知，当 $32=0.6x+20$ 时，即 $x_0=20$ 时利润最大，最大利润为

$$\begin{aligned}L(20)&=\int_0^{20}[R'(x)-C'(x)]\mathrm{d}x-C_0\\&=\int_0^{20}[32-0.6x-20]\mathrm{d}x-80\\&=40(\text{元})\end{aligned}$$

(3) $\Delta L=\int_{20}^{30}[R'(x)-C'(x)]\mathrm{d}x=(12x-0.3x^2)\Big|_{20}^{30}=-30(\text{元})$

即在最大利润时的产量 $x=20$ 个单位的基础上，再多生产 10 个单位产品，利润将减少 30 元.

例 6　某食品厂生产某种食品的边际成本为 $C'(x)=2$(元/件)(固定成本为 0)，而边际收入为 $R'(x)=20-0.02x$(元/件)，求：

(1)产量为多少时总利润最大？

(2)总利润的最大值是多少？

(3)生产 800 件时的总利润为多少？

解

(1)边际利润等于边际收入和边际成本的差，即

$$L'(x)=R'(x)-C'(x)=20-0.02x-2=18-0.02x$$

令 $L'(x)=0$，得唯一驻点 $x=900$，因此，当 $x=900$ 时总利润最大.

(2)总利润的最大值为

$$\begin{aligned}L(900)&=\int_0^{900}L'(x)\mathrm{d}x=\int_0^{900}(18-0.02x)\mathrm{d}x\\&=(18x-0.01x^2)\Big|_0^{900}=8\,100(\text{元})\end{aligned}$$

(3) 生产 800 件时的总利润为

$$L(800)=\int_0^{800}L'(x)\mathrm{d}x=\int_0^{800}(18-0.02x)\mathrm{d}x$$

$$=(18x-0.01x^2)\Big|_0^{800}=8\,000(\text{元})$$

习　题　4.6

1. 求由下列曲线所围成的平面图形的面积.

(1)直线 $y=3x+2$，$x=0$，$y=3$，$y=6$；

(2)曲线 $y=x^2$ 与直线 $x+y=2$；

(3)曲线 $y=\cos x$ 与直线 $x=0$，$y=0$，$x=\pi$；

(4)曲线 $xy=1$ 与直线 $y=x$，$y=3$；

(5)抛物线 $y^2=2x$ 与直线 $y=4-x$.

2. 某产品生产 q 个单位时，总收入 R 的变化率(边际收入)为

$$R'(q)=200-\frac{q}{100}(q\geqslant 0)$$

求：

(1)生产 50 个单位时的总收入；

(2)如果已经生产了 100 个单位，求再生产 100 个单位时的收入.

3. 某产品的总成本 C(万元)的变化率(边际成本)$C'=1$，总收入 R(万元)的变化率(边际收入)为生产量 q(百台)的函数，$R'(q)=5-q$(万元/百台).

求：

(1)生产量等于多少时，总利润 $L=R-C$ 为最大？

(2)从利润最大的生产量起又生产了 100 台，总利润减少了多少？

4. 已知某产品的边际成本函数为 $C'(x)=400+\frac{3}{2}x$(元/台)，边际收入函数为 $R'(x)=1\,000+x$(元/台)，其中 x 为产量(单位：台). 求：

(1)生产多少台时总利润最大？

(2)总利润最大时总收入为多少？

4.7　数学建模案例：航空公司是租客机还是买客机问题

数学建模案例：航空公司是租客机还是买客机问题

4.7.1　问题提出

某航空公司为了发展新航线的航运业务，需要增加 5 架波音 747 客机. 如果购进一架客机需要一次支付 5 000 万美元现金，客机的使用寿命

为 15 年. 如果租用一架客机，每年需要支付 600 万美元的租金，租金以均匀货币流的方式支付. 若银行的年利率为 12%，请问购买客机与租用客机哪种方案最佳？如果银行的年利率为 6%呢？

4.7.2　问题分析

所谓租金以“均匀货币流”的方式支付，类似于以下方式存款：

设从 $t=0$ 开始每年向银行固定存款，每年 A 元，年利率 r (连续复利计息结算).

本问题需要计算租金以均匀货币流的方式支付 15 年之后共支付多少美元？15 年后支付的总款额相当于初始时的多少现金(贴现价值)？

4.7.3　模型建立和求解

根据以上分析，购买一架飞机可以使用 15 年，但需要马上支付 5 000 万美元. 而同样租一架飞机使用 15 年，则需要以均匀货币流方式支付 15 年租金，年流量为 600 万美元. 两种方案所支付的价值无法直接比较，必须将它们都化为同一时刻的价值才能比较. 以当前价值为准.

下面计算均匀货币流的当前价值.

首先介绍几个经济概念，若现有本金为 p_0元，年利率为 r，按连续复利计算，t 年末的本利和为 $A(t)=p_0\mathrm{e}^{rt}$. 反之，若某项投资资金 t 年后的本利和 A 已知，则按连续复利计算，现在应有资金 $p_0=A\mathrm{e}^{-rt}$，称 p_0为资本现值.

设在时间区间$[0,T]$内，t 时刻的单位时间收入为 $A(t)$，称为资金流量，按年利率 r 的连续复利计算，则在时间区间$[t,t+\mathrm{d}t]$内的收入现值为 $A(t)\mathrm{e}^{-rt}\mathrm{d}t$，由定积分得，在$[0,T]$内的总收入现值为 $P=\int_0^T A(t)\mathrm{e}^{-rt}\mathrm{d}t$. 特别地，当资金流量为常数 A(称为均匀流量)时，有

$$P=\int_0^T A\mathrm{e}^{-rt}\mathrm{d}t=\frac{A}{r}(1-\mathrm{e}^{-rT})$$

因此 15 年的租金在当前的价值为

$$P=\frac{600}{r}(1-\mathrm{e}^{-15r})(\text{万美元})$$

当 $r=12\%$时，有

$$P=\frac{600}{0.12}(1-\mathrm{e}^{-0.12\times 15})\approx 4\ 173.5\ (\text{万美元})$$

而购买一架飞机的当前价值为 5 000 万美元. 比较可知，此时租用客机比购买客机合算.

当 $r=6\%$时，有

$$P=\frac{600}{0.06}(1-\mathrm{e}^{-0.06\times 15})\approx 5\ 934.3\ (\text{万美元})$$

此时购买客机比租用客机合算.

4.8 数学实验：用 Mathematica 求解积分问题

4.8.1 用 Mathematica 求不定积分

在 Mathematica 中计算不定积分 $\int f(x)\mathrm{d}x$ 的命令为 Integrate[f,x]，也可以使用 BasicInput 模板上的不定积分符号. Mathematica 给出的答案中不包含积分常数 C，在运算中除了指定的积分变量之外，其他所有符号都被当作常数处理.

例 1 计算 $\int \frac{a\mathrm{d}x}{(2x^2+1)\sqrt{x^2+1}}$.

解

具体命令如图 4－16 所示.

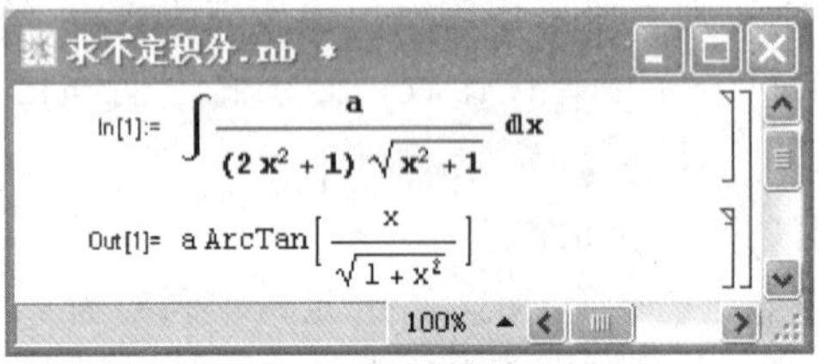

图 4－16

4.8.2 用 Mathematica 求定积分

在不定积分命令中加入积分的上下限便成为定积分.

(1) Integrate[f,{x,a,b}]计算 $\int_a^b f(x)\mathrm{d}x$ 的准确值，也可以使用 BasicInput 模板上的定积分符号.

(2) NIntegrate[f,{x,a,b}]严格利用数值方法计算 $\int_a^b f(x)\mathrm{d}x$ 的近似值.

例 2 计算 $\int_0^{\frac{\pi}{4}} \tan^3 x\mathrm{d}x$.

解

具体命令如图 4－17 所示.

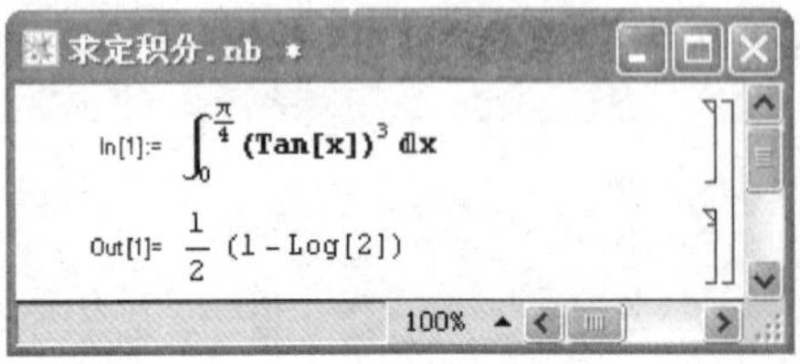

图 4－17

4.8.3　用 Mathematica 求解积分应用问题

(1)一元函数作图命令

Plot[f,{x,$x$min,$x$max}]　　在指定区间上画出 $f(x)$的图形

Plot[{f_1,f_2,…},{x,$x$min,$x$max}]　　在指定区间上同时画出 f_1，f_2，…的图形

Show[pic1,pic2,pic3,…]　　将多幅已绘制的图形在同一坐标系下重新显示

(2)参数方程确定的函数作图命令

ParametricPlot[{x[t],y[t]},{t,$t$min,$t$max}]　　作出参数图

ParametricPlot[{x_1[t],y_1[t]},{x_2[t],y_2[t]},…,{t,$t$min,$t$max}]　　作出一组参数图

ParametricPlot3D[{x[t],y[t],z[t]},{t,$t$min,$t$max}]　　作出空间曲线参数图

(3)二元函数作图命令

Plot3D[f,{x,$x$min,$x$max},{y,ymin,ymax}]　　作出以 x 和 y 为变量的二元函数的图形

(4)隐函数作图命令

在进行隐函数作图之前首先加载<<Graphics\` ImplicitPlot\`函数库

ImplicitPlot[eqn, {x,$x$min,$x$max}]　　画出隐函数的图形

ImplicitPlot[eqn,{x,$x$min,m_1,m_2…,$x$max}]　　画出隐函数的图形，不包含点 m_i

ImplicitPlot[{eqn1,eqn2,...},ranges]　　画出隐函数方程组的图形

例 3　作出函数 $\varphi(x)=\frac{1}{\sqrt{2\pi}}\mathrm{e}^{-\frac{x^2}{2}}$ 的图像.

解

具体图像如图 4-18 所示.

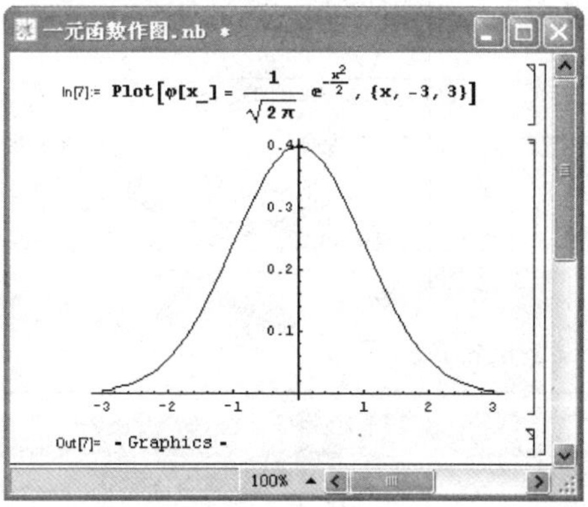

图 4-18

例 4 作出函数 $z=\sin xy$ 的图像.

解

具体图像如图 4－19 所示.

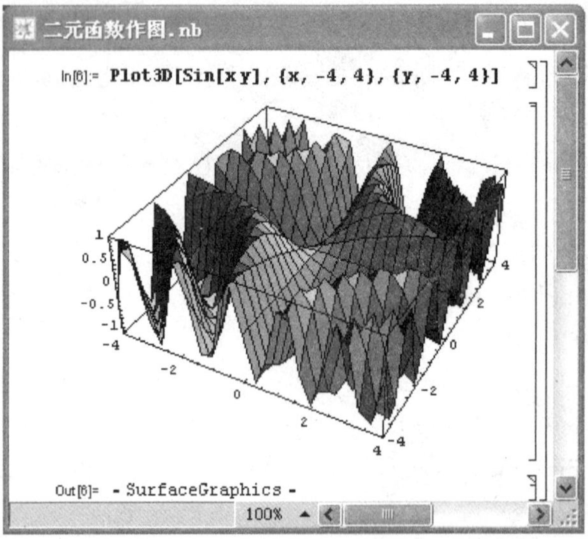

图 4－19

例 5 求曲线 $y^2=2x$，$y=-2x+2$ 所围成的区域的面积.

解

(1)作出函数图形，如图 4－20 所示.

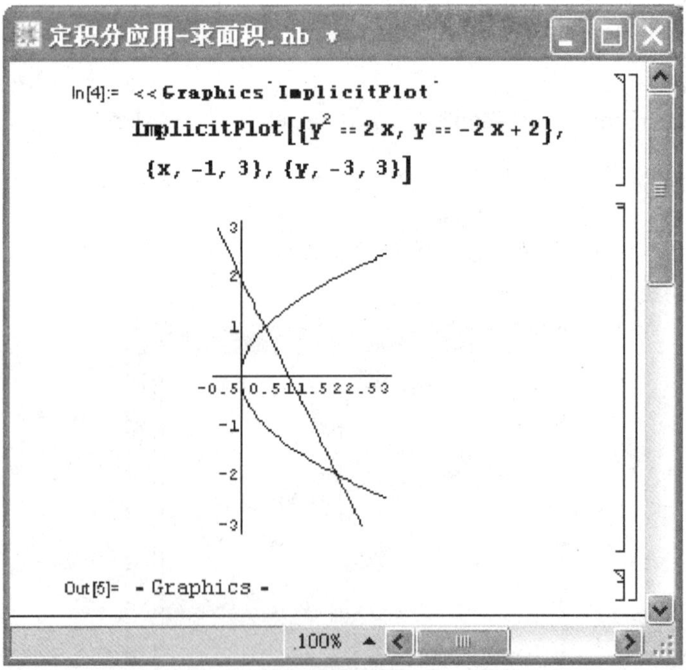

图 4－20

(2)求出两条曲线的交点，如图 4－21 所示.

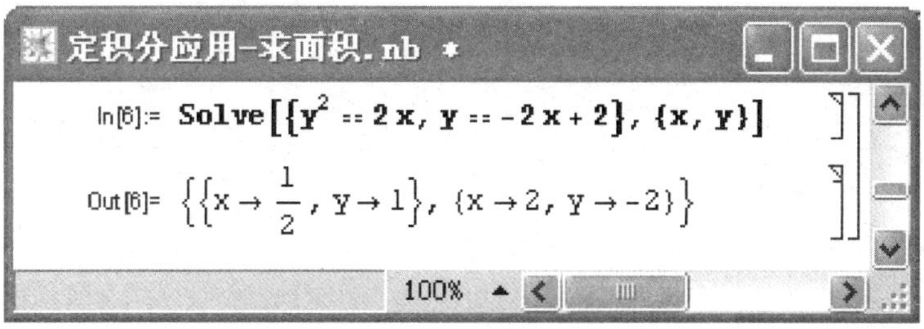

图 4－21

(3)以 y 为积分变量求面积，如图 4－22 所示.

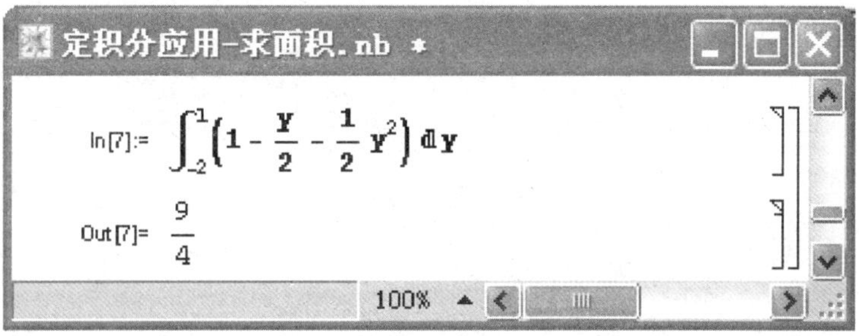

图 4－22

本章小结

一、主要内容

本章主要介绍了不定积分、定积分的概念及其性质，不定积分、定积分的计算，积分的应用等内容．不定积分、定积分的计算是本章的重点.

(1)不定积分是微分法的逆运算，它是整个积分学的基础．求不定积分的基本思路是：先将不定积分化为能利用基本积分公式的形式，然后利用公式求出结果．因此，基本积分表中的 13 个公式是求不定积分的基础，必须熟记.

(2)求不定积分时，一般可按如下步骤计算：

① 先考虑能否直接用积分的性质及基本积分公式；

② 其次考虑能否用凑微分法；

③ 考虑能否使用第二换元积分法；

④ 对两类不同性质函数乘积的不定积分，可考虑用分部积分法；

⑤ 几种方法的综合运用.

(3)不定积分的计算比较灵活，计算量较大，为了方便，往往把常用的积分公式汇集在一起，大家应熟记基本积分公式，另一些常用积分公式则列表如下，计算有关积分时，可查表直接应用这些公式.

① $\int \tan x\mathrm{d}x = -\ln|\cos x| + C$；

② $\int \cot x\mathrm{d}x = \ln|\sin x| + C$；

③ $\int \sec x\mathrm{d}x = \ln|\sec x + \tan x| + C$；

④ $\int \csc x\mathrm{d}x = \ln|\csc x - \cot x| + C$；

⑤ $\int \arcsin x\mathrm{d}x = x\arcsin x + \sqrt{1 - x^2} + C$；

⑥ $\int \arccos x\mathrm{d}x = x\arccos x - \sqrt{1 - x^2} + C$；

⑦ $\int \arctan x\mathrm{d}x = x\arctan x - \ln\sqrt{1 + x^2} + C$；

⑧ $\int \mathrm{arccot}\, x\mathrm{d}x = x\,\mathrm{arccot}\, x + \ln\sqrt{1 + x^2} + C$；

⑨ $\int \frac{1}{a + x^2}\mathrm{d}x = \frac{1}{a}\arctan\frac{x}{a} + C$；

⑩ $\int \frac{1}{x^2 - a^2}\mathrm{d}x = \frac{1}{2a}\ln\left|\frac{x - a}{x + a}\right| + C$；

⑪ $\int \frac{1}{\sqrt{a^2 - x^2}}\mathrm{d}x = \arcsin\frac{x}{a} + C$；

⑫ $\int \frac{1}{\sqrt{x^2 \pm a^2}}\mathrm{d}x = \ln\left|x + \sqrt{x^2 \pm a^2}\right| + C$；

⑬ $\int \sqrt{x^2 \pm a^2}\mathrm{d}x = \frac{x}{2}\sqrt{x^2 \pm a^2} \pm \frac{a^2}{2}\ln(x + \sqrt{x^2 \pm a^2}) + C$.

(4)定积分是解决曲边梯形面积等大量实际问题时抽象概括出来的概念．不定积分的结果是一族原函数，而定积分则是一个数.

(5)利用牛顿－莱布尼茨公式计算定积分，是最基本、最常用的方法．使用定积分的换元法时应注意：换元必换限，新元代新限.

(6)积分法公式.

① 变上限积分函数 $\Phi(x) = \int_a^x f(t)\mathrm{d}t$ 的导数公式

$$\Phi'(x) = \frac{\mathrm{d}}{\mathrm{d}x}\int_a^x f(t)\mathrm{d}t = f(x) \quad (a \leqslant x \leqslant b)$$

② 牛顿－莱布尼茨公式

$$\int_a^b f(x)\mathrm{d}x = F(x)\Big|_a^b = F(b) - F(a)$$

③ 第一换元积分(凑微分法)公式

$$\int f[\varphi(x)]\varphi'(x)\mathrm{d}x = \int f(u)\mathrm{d}u$$

④ 第二换元积分公式 $\int f(x)\mathrm{d}x = \int f[\varphi(t)]\varphi'(t)\mathrm{d}t = F[\varphi^{-1}(x)] + C$

$$\int_a^b f(x)\mathrm{d}x = \int_\alpha^\beta f[\varphi(t)]\varphi'(t)\mathrm{d}t$$

⑤ 分部积分公式　$\int u(x)\mathrm{d}v(x) = u(x)v(x) - \int v(x)\mathrm{d}u(x)$

$$\int_a^b u(x)\mathrm{d}v(x) = u(x)v(x)\Big|_a^b - \int_a^b v(x)\mathrm{d}u(x)$$

(7)利用定积分的微元法可以求平面图形的面积.

(8)定积分的经济应用，在已知某经济函数的变化率或边际函数时，求总量函数或总量函数在一定范围内的增量.

二、应注意的问题

(1)熟记不定积分基本公式，注意不定积分与求导公式的区别与联系，掌握牛顿－莱布尼茨公式.

(2)注意凑微分法使用的基本过程，明确所求积分的被积函数特征为复合函数，通过练习注重总结常见的凑微分的积分类型.

(3)掌握基本的积分方法，多做练习，举一反三，注重积分特点.

(4)应用定积分的换元法时牢记前面的口诀.

(5)正确理解 $\int f(x)\mathrm{d}x$、$\int_a^b f(x)\mathrm{d}x$、$\int_a^x f(t)\mathrm{d}t$ 三者的联系与区别.

设 $f(x)$ 的一个原函数为 $F(x)$,则 $\int f(x)\mathrm{d}x = F(x)+C$ 是一族原函数；$\int_a^b f(x)\mathrm{d}x = F(b)-F(a)$ 是一个确定的实数；$\int_a^x f(t)\mathrm{d}t = F(x)-F(a)$ 是原函数族中的一个确定的函数,是原函数之一.

(6)注重微元法思想在经济方面的应用.

复习题 4

1. 已知生产某产品 x 台的边际成本函数和边际收入函数分别为 $C'(x)=3+\frac{1}{3}x$(万元/台)，$R'(x)=7-x$(万元/台)，当产量从 4 台增加到 5 台时，求增加的总成本与总收入(用定积分表示出来即可).

2. 曲线过点(e,2)，且过曲线上任意一点的切线的斜率等于该点横坐标的倒数，求该曲线的方程.

3. 验证函数 $F(x)=x(\ln x-1)$是 $f(x)=\ln x$ 的一个原函数.

4. 比较下列定积分的大小.

(1) $\int_1^2 x^2\mathrm{d}x$ 与 $\int_1^2 x^3\mathrm{d}x$；　　(2) $\int_0^{\frac{\pi}{2}} \sin x\mathrm{d}x$ 与 $\int_0^{\frac{\pi}{2}} \sin^2 x\mathrm{d}x$.

5. 计算下列不定积分.

(1) $\int\left(x^2+2^x-\frac{2}{x}\right)\mathrm{d}x$；　(2) $\int\frac{(1-x)^2}{\sqrt{x}}\mathrm{d}x$；

(3) $\int\tan^2 x\mathrm{d}x$；　(4) $\int\frac{1}{\sin^2 x\cos^2 x}\mathrm{d}x$；

(5) $\int\left(\frac{2}{3x^2+3}+\frac{4}{\sqrt{9-9x^2}}\right)\mathrm{d}x$；　(6) $\int\frac{\cos 2x}{\cos x-\sin x}\mathrm{d}x$.

6. 求下列函数的导数.

(1) $\Phi(x)=\int_0^x\frac{1}{1+t^2}\mathrm{d}t$；　(2) $\Phi(x)=\int_x^2\mathrm{e}^{2t}\cdot\sin t\mathrm{d}t$.

7. 计算下列定积分.

(1) $\int_1^2 x^{-3}\mathrm{d}x$；　(2) $\int_0^1(x-1)(3x+2)\mathrm{d}x$；

(3) $\int_0^{\sqrt{3}}\frac{1}{1+x^2}\mathrm{d}x$；　(4) $\int_{-2}^1|1+x|\mathrm{d}x$；

(5) 设 $f(x)=\begin{cases}x^2+1,0\leqslant x\leqslant 1,\\x+1,-1\leqslant x<0,\end{cases}$ 求 $\int_{-1}^1 f(x)\mathrm{d}x$.

8. 计算下列各积分.

(1) $\int(3x+1)^{18}\mathrm{d}x$；　(2) $\int\frac{1}{(2x-3)^2}\mathrm{d}x$；　(3) $\int x\cdot\sqrt{1+x^2}\mathrm{d}x$；

(4) $\int\mathrm{e}^x\mathrm{e}^{\mathrm{e}^x}\mathrm{d}x$；　(5) $\int\frac{\sin\sqrt{x}}{\sqrt{x}}\mathrm{d}x$；　(6) $\int\frac{1}{x(1+\ln^2 x)}\mathrm{d}x$；

(7) $\int\frac{1}{\cos^2 x\sqrt{\tan x-1}}\mathrm{d}x$；　(8) $\int\frac{\tan x}{\sqrt{\cos x}}\mathrm{d}x$；　(9) $\int_0^1\mathrm{e}^{-\frac{1}{3}x}\mathrm{d}x$；

(10) $\int_1^{\mathrm{e}^3}\frac{1}{x\sqrt{1+\ln x}}\mathrm{d}x$；　(11) $\int_1^{\mathrm{e}}\frac{\ln^2 x}{x}\mathrm{d}x$；　(12) $\int_{\frac{1}{\pi}}^{\frac{2}{\pi}}\frac{1}{x^2}\cos\frac{1}{x}\mathrm{d}x$.

9. 设 $f(x)=2^x+x^2$，求 $\int f'(2x)\mathrm{d}x$.

10. 计算下列各积分.

(1) $\int\frac{1}{1+\sqrt{x+1}}\mathrm{d}x$；　(2) $\int\frac{1}{x\sqrt{4-x^2}}\mathrm{d}x$；　(3) $\int\frac{x^2}{(1+x^2)^2}\mathrm{d}x$；

(4) $\int\frac{\sqrt{x^2-4}}{x}\mathrm{d}x$；　(5) $\int_{-\frac{1}{5}}^{\frac{1}{5}}x\sqrt{2-5x}\mathrm{d}x$；　(6) $\int_{\sqrt{2}}^2\frac{1}{x\sqrt{x^2-1}}\mathrm{d}x$；

(7) $\int_1^8\frac{1}{\sqrt[3]{x}+1}\mathrm{d}x$；　(8) $\int_0^{\frac{1}{3}}\sqrt{1-9x^2}\mathrm{d}x$.

11. 计算下列各积分.

(1) $\int x\mathrm{e}^{2x}\mathrm{d}x$；　(2) $\int\arccos x\mathrm{d}x$；　(3) $\int x\sin(x+1)\mathrm{d}x$；

(4) $\int\sin\sqrt{x}\mathrm{d}x$；　(5) $\int_0^{\pi}x^2\cos 2x\mathrm{d}x$；　(6) $\int_0^{\sqrt{3}}\arctan x\mathrm{d}x$；

(7) $\int_1^{\mathrm{e}}x\ln x\mathrm{d}x$；　(8) $\int_0^4(1+x\mathrm{e}^{-x})\mathrm{d}x$.

12. 求由下列曲线所围成的平面图形的面积.

(1)抛物线 $y=x^2$ 与直线 $y=2x$；

(2)在区间 $\left[0,\frac{\pi}{2}\right]$ 上，曲线 $y=\sin x$ 与直线 $x=\frac{\pi}{2}$，$y=0$；

(3)抛物线 $x=y^2$ 与直线 $x-y-2=0$；

(4)曲线 $y=\frac{1}{x}$ 与直线 $y=x$，$y=2$.

13. 已知边际成本函数 $C'(q)=12e^{0.5q}$，固定成本为 26，求总成本函数.

14. 已知某产品的边际成本和边际收入分别为

$$C'(x)=x^2-4x+6,\ R'(x)=105-2x$$

且固定成本为 100 万元，其中 x 为生产量(台).

求：

(1)总成本函数、总收入函数、总利润函数；

(2)生产量为多少时，总利润最大？最大利润是多少？

(3)在利润最大的产出水平上，若多生产了 2 台，总利润有何改变？

第 5 章

多元函数微分学

前面研究的都是只有一个自变量的函数，即一元函数的微分法．但在自然科学与工程技术问题中，还经常遇到含有两个或更多个自变量的函数，即多元函数．本章将在一元函数微分学的基础上，介绍多元函数微分学．二元函数与一元函数有很大区别，而二元函数与二元以上的多元函数只是量的变化，所以本章主要研究二元函数，对于三元及三元以上的多元函数，完全可以仿照二元函数来处理.

5.1　多元函数的极限与连续

空间直角坐标系

5.1.1　空间直角坐标系

为了确定平面上任意一点的位置，我们曾经建立了平面直角坐标系．为了确定空间上任意一点的位置，相应地就要引进空间直角坐标系．通过空间直角坐标系，可以把一些空间的几何图形与方程联系起来.

1. 空间直角坐标系

在空间取一平面，并建立平面直角坐标系 xOy，在原点 O 作一条与 x 轴、y 轴有相同长度单位且垂直于 xOy 平面的数轴(z 轴)，称为竖轴．x 轴、y 轴仍分别称为横轴、纵轴，三条数轴统称为坐标轴．它们的方向由以下右手法则确定：右手握住 z 轴，并拢的四指从 x 轴的正向指向 y 轴的正向，这时大拇指的指向是 z 轴的正向，如图 5－1 所示，则称这三条坐标轴组成一个空间直角坐标系，称 O 为坐标原点(简称原点).

在空间直角坐标系中，每两条坐标轴确定的平面称为坐标平面(简称坐标面)，由 x 轴与 y 轴确定的平面称为 xOy 平面．类似地有 yOz 坐标面、zOx 坐标面．如图 5－2 所示，三个两两相互垂直的坐标面把空间分成八个部分，每一部分称为一个卦限，八个卦限分别用Ⅰ，Ⅱ，…，Ⅷ表示.

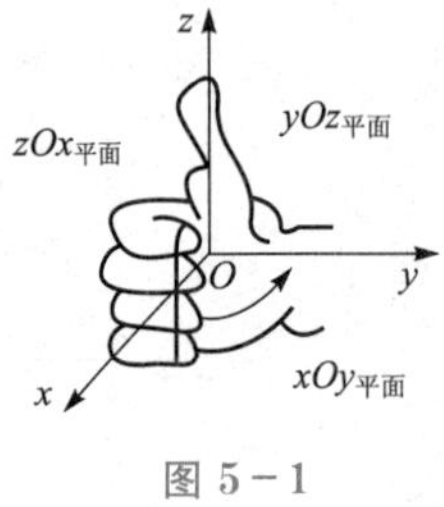

图 5－1

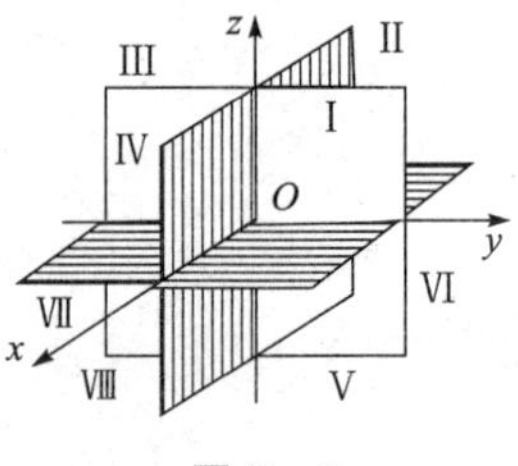

图 5－2

2. 空间点的位置表示法

空间点的
位置表示法

给定空间一点 M，过 M 分别作垂直于 x 轴、y 轴、z 轴的平面，分别交三个轴于 P、Q、R 三点，若这三个点在三个数轴上的坐标分别为 x_0、y_0、z_0，这样就由点 M 唯一确定了三元有序数组 (x_0,y_0,z_0). 反之对任意给定的三元有序数组 (x_0,y_0,z_0)，可以在 x 轴、y 轴、z 轴上分别取三个点 P、Q、R，使它们在这三个坐标轴上的坐标分别为 x_0、y_0、z_0，过 P、Q、R 作三个平面分别垂直于 x 轴、y 轴、z 轴，这三个平面交于一点 M，则由一个三元有序数组 (x_0,y_0,z_0) 唯一确定了空间一点 M（图 5－3）. 于是空间点 M 与三元有序数组 (x_0,y_0,z_0) 建立了一一对应关系，(x_0,y_0,z_0) 称为点 M 在空间直角坐标系下的坐标，而 x_0、y_0、z_0 为点 M 分别在 x 轴、y 轴、z 轴上的坐标分量，并记为 $M(x_0,y_0,z_0)$.

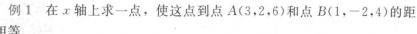

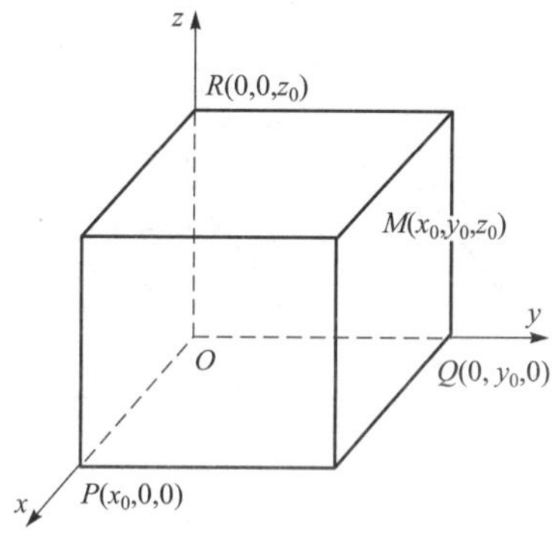

图 5－3

向量代数

显然，坐标原点 O 的坐标为 $(0,0,0)$；x 轴、y 轴、z 轴上任意一点的坐标分别为 $(x,0,0)$、$(0,y,0)$、$(0,0,z)$；xOy 平面、yOz 平面和 zOx 平面上任意一点的坐标分别为 $(x,y,0)$、$(0,y,z)$ 和 $(x,0,z)$.

3. 空间任意两点间的距离

空间任意两点 $M_1(x_1,y_1,z_1)$、$M_2(x_2,y_2,z_2)$ 的距离用 $|M_1M_2|$ 表示，下面给出它的计算公式：

$$|M_1M_2|=\sqrt{(x_2-x_1)^2+(y_2-y_1)^2+(z_2-z_1)^2} \tag{5.1}$$

空间直线
方程和应用

例 1　在 x 轴上求一点，使这点到点 $A(3,2,6)$ 和点 $B(1,-2,4)$ 的距离相等.

解

设所求点为 $M(x,0,0)$，根据题意有

$$|MA|=|MB|$$

由式(5.1)，有

$$\sqrt{(x-3)^2+(0-2)^2+(0-6)^2}=\sqrt{(x-1)^2+(0+2)^2+(0-4)^2}$$

解得 $x=7$，因此所求点的坐标为 $M(7,0,0)$.

空间平面及
平面的方程

5.1.2 曲面方程

曲面方程

在平面解析几何中，坐标平面上的一条曲线与方程 $F(x,y)=0$ 相对应. 类似地，在空间直角坐标系中，可以建立空间曲面与含有三个变量的方程 $F(x,y,z)=0$ 的对应关系.

定义 1　如果曲面 S 上任意一点的坐标都满足方程 $F(x,y,z)=0$，而不在曲面 S 上的点的坐标都不满足方程 $F(x,y,z)=0$，则方程 $F(x,y,z)=0$ 称为**曲面 S 的方程**，而曲面 S 称为方程 $F(x,y,z)=0$ 所对应的图形(图 5-4).

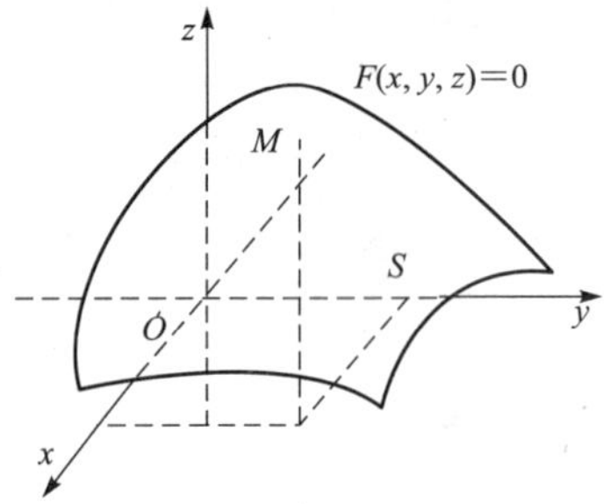

图 5-4

例 2　设一个球面的球心为 $M_0(x_0,y_0,z_0)$，半径为 R，求此球面的方程.

解

设球面上任意一点为 $M(x,y,z)$，则点 M 到球心 M_0 的距离为 R，即 $|MM_0|=R$. 由两点间距离公式(5.1)，有

$$\sqrt{(x-x_0)^2+(y-y_0)^2+(z-z_0)^2}=R$$

化简得球面方程为

$$(x-x_0)^2+(y-y_0)^2+(z-z_0)^2=R^2$$

特别地，以原点 $O(0,0,0)$ 为球心，R 为半径的球面方程为

$$x^2+y^2+z^2=R^2$$

可以看出，空间中的球面方程是平面上圆的方程的推广.

5.1.3 多元函数的概念

多元函数的概念

在许多实际问题中，经常遇到多个变量相互依赖的情况.

例 3　圆柱体的体积 V 与底面半径 r、高 h 的关系为

$$V=\pi r^2 h$$

r、h 皆在正实数范围内取值，r、h 任取一组具体数值，根据上面的依赖关系，就得到一个确定的 V 值与之对应.

例 4　库柏—道格拉斯生产函数

$$Q=AL^{\alpha}K^{\beta}(\text{其中 } A>0,\ \alpha>0,\ \beta>0 \text{ 为常数})$$

表示产量 Q 与投入的劳动力 L 和资金 K 之间的关系．生产函数就是指厂商在一定时期内所使用的各种投入的数量与它所能生产的最大产量之间的依存关系．

以上两个实例都是一个变量的变化依赖于多个变量变化的情况，它们构成了多元函数的关系．下面给出二元函数的概念．

1．二元函数的定义

定义 2　设有三个变量 x、y 和 z，如果当变量 x、y 在它们的变化范围 D 中任意取一对值时，变量 z 按照一定的对应规律 f，总有唯一确定的值与之对应，那么称 z 为变量 x、y 的**二元函数**，记作 $z=f(x,y)$，其中 x、y 称为**自变量**，z 称为**因变量**，自变量 x、y 的变化范围 D 称为函数的**定义域**．

一元函数的定义域一般是一个区间或几个区间的并，二元函数的定义域往往是由 xy 平面上的一条或几条光滑曲线(包括直线)所围成的一部分平面或整个平面，称为**区域**，即二元函数的定义域通常为平面区域．围成区域的曲线称为区域的**边界**，边界上的点称为**边界点**．包括边界在内的区域称为**闭区域**，不包括边界在内的区域称为**开区域**．

若一个区域 D 内任意两点之间的距离都不超过一个常数 M，则称 D 为**有界区域**，否则称 D 为**无界区域**．

平面上以定点 P_0 为圆心，正数 δ 为半径的圆的内部是一个开区域 $U(P_0,\delta)=\{(x,y)\mid(x-x_0)^2+(y-y_0)^2<\delta^2\}$，称为**点 $P_0(x_0,y_0)$ 的 δ 邻域**．若将圆心 P_0 去掉，剩下的部分 $\mathring{U}(P_0,\delta)=\{(x,y)\mid 0<(x-x_0)^2+(y-y_0)^2<\delta^2\}$ 称为**点 $P_0(x_0,y_0)$ 的去心 δ 邻域**．

类似地，可定义三元函数 $u=f(x,y,z)$ 以及三元以上的函数．

例 5　求二元函数 $z=\sqrt{1-x^2-y^2}$ 的定义域，并画出定义域的图形．

解

要使函数 $z=\sqrt{1-x^2-y^2}$ 有意义，必须有 $x^2+y^2\leqslant 1$，因此所求定义域为

$$D=\{(x,y)\mid x^2+y^2\leqslant 1\}$$

定义域的图形是 xOy 平面上由圆 $x^2+y^2=1$ 围成的有界闭区域(图 5－5)．

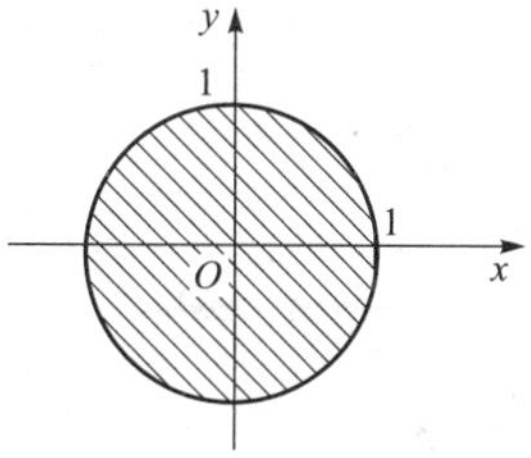

图 5－5

例 6　求函数 $z=\ln(x+y)$ 的定义域，并画出定义域的图形．

解

要使函数 $z=\ln(x+y)$ 有意义，必须有 $x+y>0$，因此所求定义域为

$$D=\{(x,y)\mid x+y>0\}$$

二元函数的几何意义

作直线 $x+y=0$，在直线外任取一点，如取点$(-1,0)$代入等式左端得-1，所得的不等式不成立，于是不等式表示不包含直线 $x+y=0$ 的另一侧区域(图 5-6).

2. 二元函数的几何意义

二元函数 $z=f(x,y)$，也就是 $F(x,y,z)=z-f(x,y)=0$，一般表示空间的曲面，这个曲面在 xOy 坐标面的投影就是函数的定义域D. 例如，二元函数 $z=\sqrt{a^2-x^2-y^2}$ 的几何图形是球心在原点，半径为 a 的上半球面，它的定义域是 xOy 平面上的圆面：$D=\{(x,y)\mid x^2+y^2\leqslant a^2\}$(图 5-7).

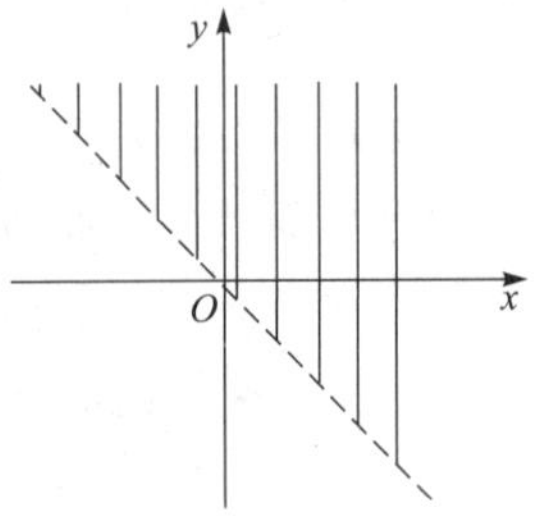

图 5-6

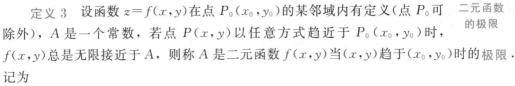

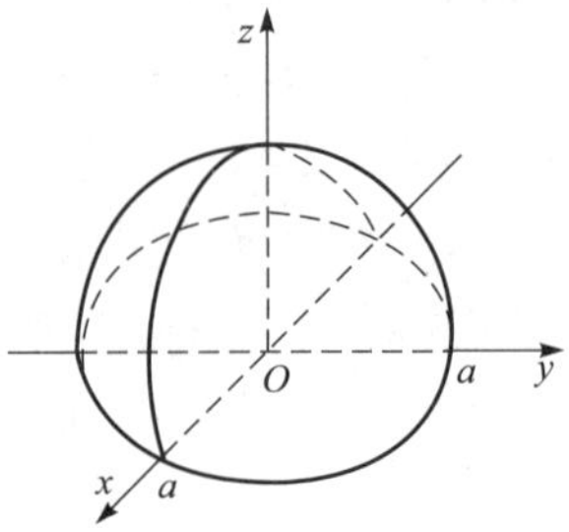

图 5-7

5.1.4 二元函数的极限与连续性

1. 二元函数的极限

二元函数的极限

定义 3 设函数 $z=f(x,y)$在点 $P_0(x_0,y_0)$的某邻域内有定义(点 P_0可除外)，A 是一个常数，若点 $P(x,y)$以任意方式趋近于 $P_0(x_0,y_0)$时，$f(x,y)$总是无限接近于 A，则称 A 是二元函数 $f(x,y)$当(x,y)趋于(x_0,y_0)时的**极限**. 记为

$$\lim_{(x,y)\to(x_0,y_0)} f(x,y)=A \quad 或 \quad \lim_{\substack{x\to x_0\\ y\to y_0}} f(x,y)=A$$

由于在平面内$(x,y)\to(x_0,y_0)$的途径有无穷多种，所以二元函数的极限比一元函数要复杂得多，但是二元函数也有与一元函数类似的极限运算法则.

例 7 求极限$\lim\limits_{\substack{x\to 0\\ y\to 2}}\dfrac{\sin(xy)}{x}$.

解

$$\lim_{\substack{x\to 0\\ y\to 2}}\frac{\sin(xy)}{x}=\lim_{\substack{x\to 0\\ y\to 2}}\frac{\sin(xy)}{xy}\cdot y$$

$$=\lim_{\substack{x\to 0\\ y\to 2}}\frac{\sin(xy)}{xy}\lim_{\substack{x\to 0\\ y\to 2}} y=\lim_{u\to 0}\frac{\sin u}{u}\lim_{y\to 2} y=1\times 2=2$$

2. 二元函数的连续

定义 4 设函数 $z=f(x,y)$在点 $P_0(x_0,y_0)$的某邻域内有定义，若

$$\lim_{\substack{x\to x_0\\ y\to y_0}} f(x,y)=f(x_0,y_0)$$

二元函数的连续

则称二元函数 $z=f(x,y)$ 在点 $P_0(x_0,y_0)$ 连续.

定义 5(二元函数连续的等价定义)　若

$$\lim_{\substack{\Delta x\to 0\\ \Delta y\to 0}}\Delta z=\lim_{\substack{\Delta x\to 0\\ \Delta y\to 0}}[f(x_0+\Delta x,y_0+\Delta y)-f(x_0,y_0)]=0$$

则称 $z=f(x,y)$ 在点 (x_0,y_0) 连续.

若函数 $z=f(x,y)$ 在区域 D 内每一点都连续，则称函数 $z=f(x,y)$ 在区域 D 内连续.

与一元函数类似，二元连续函数具有如下性质：

(1)二元连续函数的和、差、积、商(分母不为零)仍为连续函数；

(2)有界闭区域上的二元连续函数 $f(x,y)$ 存在最大值和最小值.

习　题　5.1

1. 求点 $M(x,y,z)$ 关于 xOy 平面及原点的对称点的坐标.
2. 设 $f(x,y)=x^2-2xy+y^2$，求 $f(2,1)$.
3. 已知 $f(x,y)=x+2y$，求 $f[xy,\ f(x,y)]$.
4. 求 $\lim\limits_{\substack{x\to 1\\ y\to 2}}(3x+2y)$.
5. 求函数 $z=\sqrt{4-x^2-y^2}+\ln(x^2+y^2-1)$ 的定义域，并画出定义域的图形.

5.2　偏　导　数

在一元函数微分学中，为研究因变量相对于自变量变化的快慢程度，即变化率，引入了导数的概念．对多元函数而言，同样为考虑因变量对某一个自变量的变化率，引进了偏导数的概念．本节主要介绍偏导数的概念及偏导数在经济学中的应用.

5.2.1　偏导数

偏导数

对于二元函数 $z=f(x,y)$，x、y 是两个独立的变量，它们可取互不依赖的改变量 Δx、Δy，这时函数值的改变量

$$\Delta z=f(x_0+\Delta x,y_0+\Delta y)-f(x_0,y_0)$$

与 Δx，Δy 都有关．为了讨论 z 的变化率，先把问题简化，假定两个自变量中有一个改变，而另一个保持不变，从而将其转化为一元函数，再利用导数的概念来分析函数的变化率，于是就有了二元函数的偏导数的概念.

定义 1　设二元函数 $z=f(x,y)$ 在区域 D 内有定义，$P_0(x_0,y_0)\in D$，令 $y=y_0$ 保持不变，因而 z 成了单变量 x 的函数 $z=f(x,y_0)$，如果

$$\lim_{\Delta x\to 0}\frac{f(x_0+\Delta x,y_0)-f(x_0,y_0)}{\Delta x}$$

存在，称函数 $z=f(x,y)$ 在 (x_0,y_0) 处对 x 可导，并称此极限为函数 $z=f(x,y)$ 在 (x_0,y_0) 处对 x 的偏导数．记为

$$z'_x\Big|_{\substack{x=x_0\\y=y_0}},\ \frac{\partial z}{\partial x}\Big|_{\substack{x=x_0\\y=y_0}},\ \frac{\partial f}{\partial x}\Big|_{\substack{x=x_0\\y=y_0}},\ f'_x(x_0,y_0)$$

类似地，当 x 固定在 x_0，若

$$\lim_{\Delta y\to 0}\frac{f(x_0,y_0+\Delta y)-f(x_0,y_0)}{\Delta y}$$

存在，则称函数 $z=f(x,y)$ 在 (x_0,y_0) 处对 y 可导，并称此极限为函数 $z=f(x,y)$ 在 (x_0,y_0) 处对 y 的偏导数，记为

$$z'_y\Big|_{\substack{x=x_0\\y=y_0}},\ \frac{\partial z}{\partial y}\Big|_{\substack{x=x_0\\y=y_0}},\ \frac{\partial f}{\partial y}\Big|_{\substack{x=x_0\\y=y_0}},\ f'_y(x_0,y_0)$$

如果 $z=f(x,y)$ 在区域 D 内每一点 (x,y) 都具有对 x(或 y)的偏导数，这个偏导数仍是 x、y 的函数，称这个函数为 $z=f(x,y)$ 在 D 内对自变量 x(或 y)的偏导函数，简称为偏导数．记为

$$\frac{\partial z}{\partial x},\ \frac{\partial f}{\partial x},\ z'_x,\ f'_x(x,y)\left(\text{或}\frac{\partial z}{\partial y},\frac{\partial f}{\partial y},z'_y,f'_y(x,y)\right)$$

由定义可知，求二元函数对某个自变量的偏导数，只需将另外的自变量看成常数，用一元函数求导法即可求得.

注意　偏导数的符号 $\frac{\partial z}{\partial x}$、$\frac{\partial z}{\partial y}$ 是一个整体记号，不能像 $\frac{\mathrm{d}y}{\mathrm{d}x}$ 可以看成一个分式.

例 1　求 $f(x,y)=3x^2+4y^3$ 在 $(1,1)$ 处的偏导数.

解

先求偏导函数，视 y 为常量，对 x 求导，得

$$f'_x(x,y)=6x$$

视 x 为常量，对 y 求导，得

$$f'_y(x,y)=12y^2$$

将 $x=1$，$y=1$ 代入上式，得

$$f'_x(1,1)=6,\ f'_y(1,1)=12$$

例 2　设 $z=x^y(x>0)$，求偏导数.

解

对 x 求偏导数时，视 y 为常量，这时 x^y 是幂函数，有

$$\frac{\partial z}{\partial x}=yx^{y-1}$$

对 y 求偏导数时，视 x 为常量，这时 x^y 是指数函数，有

$$\frac{\partial z}{\partial y}=x^y\ln x$$

例 3　设 $z=x\ln(x^2+y^2)$，求偏导数.

解

视 y 为常量，对 x 求偏导数，得

$$\frac{\partial z}{\partial x}=(x)'_x\ln(x^2+y^2)+x[\ln(x^2+y^2)]'_x$$

$$=1\cdot\ln(x^2+y^2)+x\cdot\frac{2x}{x^2+y^2}$$

$$=\ln(x^2+y^2)+\frac{2x^2}{x^2+y^2}$$

视 x 为常量，对 y 求偏导数，得

$$\frac{\partial z}{\partial y}=x\cdot\frac{2y}{x^2+y^2}=\frac{2xy}{x^2+y^2}$$

二元函数偏导数的概念很容易推广到三元函数，三元函数 $u=f(x,y,z)$ 求偏导数时，是因变量 u 对 x、对 y、对 z 分别求偏导数．对 x 求偏导数，就是固定自变量 y 与 z 后，u 作为 x 的函数的导数，其他两个偏导数类推．

例 4　设 $u=\frac{y}{x}+\frac{z}{y}-\frac{x}{z}$，求 $\frac{\partial u}{\partial x}$，$\frac{\partial u}{\partial y}$，$\frac{\partial u}{\partial z}$．

解

求 $\frac{\partial u}{\partial x}$ 时，要视函数表达式中的 y、z 为常数，对 x 求导数．

$$\frac{\partial u}{\partial x}=-\frac{y}{x^2}-\frac{1}{z}$$

同理可得

$$\frac{\partial u}{\partial y}=\frac{1}{x}-\frac{z}{y^2}$$

$$\frac{\partial u}{\partial z}=\frac{1}{y}+\frac{x}{z^2}$$

5.2.2　高阶偏导数

高阶偏导数

函数 $z=f(x,y)$ 的偏导数 $\frac{\partial z}{\partial x}$ 和 $\frac{\partial z}{\partial y}$，一般来说仍是 x、y 的二元函数．如果它们对于 x、y 的偏导数存在，可以对 x、y 继续求偏导数，则称这两个偏导数的偏导数为 $z=f(x,y)$ 的二阶偏导数，共有四个：

$$\frac{\partial}{\partial x}\left(\frac{\partial z}{\partial x}\right)=\frac{\partial^2 z}{\partial x^2}=f''_{xx}(x,y)=z''_{xx}$$

$$\frac{\partial}{\partial y}\left(\frac{\partial z}{\partial x}\right)=\frac{\partial^2 z}{\partial x\,\partial y}=f''_{xy}(x,y)=z''_{xy}$$

$$\frac{\partial}{\partial x}\left(\frac{\partial z}{\partial y}\right)=\frac{\partial^2 z}{\partial y\,\partial x}=f''_{yx}(x,y)=z''_{yx}$$

$$\frac{\partial}{\partial y}\left(\frac{\partial z}{\partial y}\right)=\frac{\partial^2 z}{\partial y^2}=f''_{yy}(x,y)=z''_{yy}$$

其中：第二个和第三个称为混合偏导数．

仿此，可定义更高阶的偏导数．

例 5　求 $z=2xy^2-x^3+5x^2y^3$ 的二阶偏导数．

解

因为$\frac{\partial z}{\partial x}=2y^2-3x^2+10xy^3$，$\frac{\partial z}{\partial y}=4xy+15x^2y^2$，所以

$$\frac{\partial^2 z}{\partial x^2}=-6x+10y^3;\quad \frac{\partial^2 z}{\partial x\,\partial y}=4y+30xy^2$$

$$\frac{\partial^2 z}{\partial y^2}=4x+30x^2y;\quad \frac{\partial^2 z}{\partial y\,\partial x}=4y+30xy^2$$

例 6　求 $z=x^2\mathrm{e}^y$的二阶偏导数.

解

因为$\frac{\partial z}{\partial x}=2x\mathrm{e}^y$，$\frac{\partial z}{\partial y}=x^2\mathrm{e}^y$，所以

$$\frac{\partial^2 z}{\partial x^2}=2\mathrm{e}^y;\quad \frac{\partial^2 z}{\partial x\,\partial y}=2x\mathrm{e}^y$$

$$\frac{\partial^2 z}{\partial y^2}=x^2\mathrm{e}^y;\quad \frac{\partial^2 z}{\partial y\,\partial x}=2x\mathrm{e}^y$$

上面两例中都有$\frac{\partial^2 z}{\partial x\,\partial y}=\frac{\partial^2 z}{\partial y\,\partial x}$，这两个混合偏导数是相等的，我们自然会想到，对于一般的二元函数 $z=f(x,y)$是否都具有这个性质呢？关于这个问题，有下面的定理.

定理 1　如果函数 $z=f(x,y)$的两个混合偏导数$\frac{\partial^2 z}{\partial x\,\partial y}$和$\frac{\partial^2 z}{\partial y\,\partial x}$在区域 D 内连续，则在该区域内必有$\frac{\partial^2 z}{\partial x\,\partial y}=\frac{\partial^2 z}{\partial y\,\partial x}$.

定理说明，只要两个二阶混合偏导数在某区域内连续，那么求二阶混合偏导数与求导次序无关.

5.2.3　偏导数在经济学中的应用

1. 边际经济量

以库柏一道格拉斯生产函数 $Q=AL^{\alpha}K^{\beta}$为例说明“边际经济量”.

由偏导数定义可知

$$\frac{\partial Q}{\partial L}=A\alpha L^{\alpha-1}K^{\beta}=\alpha\frac{Q}{L}$$

它表示当资本投入在某水平上保持不变，而劳力投入变化时产量的变化率，称为劳力的边际产量. 而

$$\frac{\partial Q}{\partial K}=A\beta L^{\alpha}K^{\beta-1}=\beta\frac{Q}{K}$$

则表示当劳力投入在某水平上保持不变，而资本投入变化时产量的变化率，称为资本的边际产量.

例 7　某工厂的生产函数是 $Q=100L^{\frac{1}{2}}K^{\frac{2}{3}}$，其中 Q 是产量(单位：件)，L 是劳力投入(单位：百工时)，K 是资本投入(单位：千元). 求当 $L=9$，$K=8$ 时的边际产量，并解释其经济意义.

解

劳力的边际产量：

$$\frac{\partial Q}{\partial L}=50\frac{K^{\frac{2}{3}}}{L^{\frac{1}{2}}}=\frac{1}{2}\frac{Q}{L}$$

资本的边际产量：

$$\frac{\partial Q}{\partial K}=\frac{200}{3}\frac{L^{\frac{1}{2}}}{K^{\frac{1}{3}}}=\frac{2}{3}\frac{Q}{K}$$

又

$$Q\Big|_{\substack{L=9\\K=8}}=100\times3\times4=1\ 200$$

所以

$$\frac{\partial Q}{\partial L}\Big|_{\substack{L=9\\K=8}}=\frac{200}{3},\ \frac{\partial Q}{\partial K}\Big|_{\substack{L=9\\K=8}}=100$$

这就是说，当劳力投入9百工时和资本投入8千元时产量是1 200件．若资本投入保持不变，每增加一个单位的劳力投入，产量增加$\frac{200}{3}$件；若劳力投入保持不变，每增加一个单位的资本投入，产量增加100件.

例8　某工厂生产甲乙两种不同的产品，产量分别为x和y时的总成本为

$$C(x,y)=300+\frac{1}{2}x^2+4xy+\frac{3}{2}y^2$$

(1)求两种不同产品的边际成本；

(2)当出售两种产品的单价分别为30元和20元时，求每种产品的边际利润.

解

(1)对产品甲的边际成本为

$$\frac{\partial C}{\partial x}=\left(300+\frac{1}{2}x^2+4xy+\frac{3}{2}y^2\right)'_x=x+4y$$

对产品乙的边际成本为

$$\frac{\partial C}{\partial y}=\left(300+\frac{1}{2}x^2+4xy+\frac{3}{2}y^2\right)'_y=4x+3y$$

(2)甲乙两种产品的利润函数为

$$L(x,y)=30x+20y-C(x,y)=30x+20y-300-\frac{1}{2}x^2-4xy-\frac{3}{2}y^2$$

对x，y的边际利润分别为

$$\frac{\partial L}{\partial x}=30-x-4y$$

$$\frac{\partial L}{\partial y}=20-4x-3y$$

2. 偏弹性

一元函数$y=f(x)$在x处的弹性$\frac{Ef(x)}{Ex}=x\frac{f'(x)}{f(x)}$，它表示$f(x)$在点$x$处的相对变化率，可解释为自变量增加1%时函数变化的百分数.

对多元函数，利用偏导数的知识来定义偏弹性的概念.

$z=f(x,y)$对 x 的偏弹性

$$\frac{Ez}{Ex}=\frac{x}{z}\frac{\partial z}{\partial x}$$

表示 y 保持不变，z 对 x 的相对变化率.

$z=f(x,y)$对 y 的偏弹性

$$\frac{Ez}{Ey}=\frac{y}{z}\frac{\partial z}{\partial y}$$

表示 x 保持不变，z 对 y 的相对变化率.

经济学中经常用到需求价格弹性，对此给出如下概念.

设两种相关的商品 A 和 B 的需求函数分别为

$$Q_A=f(p_A,p_B),\quad Q_B=g(p_A,p_B)$$

其中：p_A、p_B分别为商品 A、B 的单位价格，Q_A、Q_B是各自的需求量，则

$$\frac{EQ_A}{Ep_A}=\frac{p_A}{Q_A}\frac{\partial Q_A}{\partial p_A},\quad \frac{EQ_B}{Ep_B}=\frac{p_B}{Q_B}\frac{\partial Q_B}{\partial p_B}$$

分别称为商品 A、B 的**自身价格弹性**，而

$$\frac{EQ_A}{Ep_B}=\frac{p_B}{Q_A}\frac{\partial Q_A}{\partial p_B},\quad \frac{EQ_B}{Ep_A}=\frac{p_A}{Q_B}\frac{\partial Q_B}{\partial p_A}$$

分别称为商品 A、B 的**交叉价格弹性**.

相关商品是指一种商品的替代品和互补品．利用两种商品的交叉价格弹性，可以帮助我们分析两种商品的相互关系，即是相互替代还是相互补充.

若商品 A 的需求对商品 B 的交叉价格弹性是负数，即$\frac{EQ_A}{Ep_B}<0$，则表示当商品 A 的价格不变，而商品 B 的价格上升时，商品 A 的需求量将相应地减少，这时称商品 A 和 B 之间是相互补充的关系．互补商品之间的价格与需求量按反方向变化．例如，音响设备和激光唱盘是相互补充的关系，当唱盘价格上涨时，音响设备的需求量就会下降.

若$\frac{EQ_A}{Ep_B}>0$，则表示当商品 A 的价格不变，而商品 B 的价格上升时，商品 A 的需求量将相应地增加，这时称商品 A 和 B 之间是相互替代的关系．替代商品之间的价格与需求量按同方向变化．例如，鸡肉和猪肉这两种商品就是相互替代的关系，如果猪肉的价格上涨，则鸡肉的需求量将增加.

例 9 某商品 A 的单位价格为 p_A，与其关联的商品 B 的单位价格为 p_B，已知商品 A 的需求函数为

$$Q_A=\frac{p_A^2}{p_B}$$

求商品 A 的自身价格弹性、交叉价格弹性，并说明商品 A 和 B 是相互替代的还是相互补充的.

解

因为$\frac{\partial Q_A}{\partial p_A}=\frac{2p_A}{p_B}$，$\frac{\partial Q_A}{\partial p_B}=-\frac{p_A^2}{p_B^2}$，所以商品 A 的自身价格弹性为

$$\frac{EQ_A}{Ep_A}=\frac{p_A}{Q_A}\frac{\partial Q_A}{\partial p_A}=\frac{p_A}{\frac{p_A^2}{p_B}}\frac{2p_A}{p_B}=2$$

交叉价格弹性为

$$\frac{EQ_A}{Ep_B}=\frac{p_B}{Q_A}\frac{\partial Q_A}{\partial p_B}=\frac{p_B}{\frac{p_A^2}{p_B}}\left(-\frac{p_A^2}{p_B^2}\right)=-1$$

因为$\frac{EQ_A}{Ep_B}=-1<0$，所以商品 A 和 B 是相互补充的.

习　题　5.2

1. 求下列函数的偏导数.

(1)$z=5x^2-3y$；　　(2)$z=y^x$；

(3)$z=\ln xy$；　　(4)$u=xy+yz+zx$.

2. 求下列函数在指定点处的偏导数.

(1)$f(x,y)=x^3+2xy+2y^2$，求 $f'_x(2,3)$，$f'_y(2,3)$；

(2)$u=e^y\sin x$，求$\left.\frac{\partial u}{\partial x}\right|_{(0,1)}$，$\left.\frac{\partial u}{\partial y}\right|_{(1,0)}$；

(3)$f(x,y)=x+(y-1)\ln\sin\sqrt{\frac{x}{y}}$，求 $f'_x(x,1)$.

3. 求下列函数的二阶偏导数.

(1)$z=x^8e^y$；　　(2)$z=\sin(2x+3y)$.

4. 某生产函数为 $Q(L,K)=3L+3K+LK-L^2-K^2$，求当 $L=3$，$K=10$ 时的边际产量，并做出经济解释.

5. 某商品 A、B 的需求函数为 $Q_A=60e^{p_B-p_A}$，求在价格 $p_A=2$，$p_B=3$ 时的自身价格弹性和交叉价格弹性，并讨论商品 A 和 B 是相互替代还是相互补充的.

5.3　全　微　分

全微分的概念

5.3.1　全微分概念

在一元函数 $y=f(x)$中，y 对 x 的微分 dy 是自变量增量 Δx 的线性函数，且当 $\Delta x\to 0$ 时，dy 与函数增量 Δy 的差是关于 Δx 的较高阶的无穷小. 类似地，来讨论二元函数在所有自变量都有微小变化时，函数增量的变化情况.

例如，金属薄片是长方形的，它的边长分别为 x 与 y，它的面积 S 显然是 x、y 的函数，即 $S=xy$. 当金属薄片受冷热影响时，其边长由 x 变到 $x+\Delta x$，由 y 变到 $y+\Delta y$，则面积 S 有相应的增量

$$\Delta S=(x+\Delta x)(y+\Delta y)-xy$$
$$=y\Delta x+x\Delta y+\Delta x\Delta y$$

上式包含两部分：

第一部分 $y\Delta x+x\Delta y$ 是 Δx、Δy 的线性函数，即图 5－8 中带单条斜线的两个矩形面积之和；

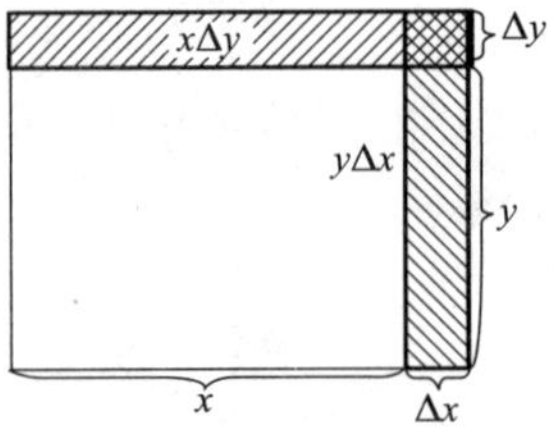

图 5－8

第二部分 $\Delta x\Delta y$，当 $\Delta x\to0$、$\Delta y\to0$ 时，是比 $\rho=\sqrt{(\Delta x)^2+(\Delta y)^2}$ 较高阶的无穷小(图 5－8 中有双线的阴影部分)．如果以 $y\Delta x+x\Delta y$ 近似表示 ΔS，而将 $\Delta x\Delta y$ 略去，则差 $\Delta S-(y\Delta x+x\Delta y)$ 是一个比 ρ 较高阶的无穷小．把 $y\Delta x+x\Delta y$ 叫作面积 S 的全微分．

一般地，对二元函数 $z=f(x,y)$ 有如下定义．

定义 1 对于自变量在点 (x,y) 处的增量 Δx、Δy，函数 $z=f(x,y)$ 有相应的增量

$$\Delta z=f(x+\Delta x,y+\Delta y)-f(x,y)$$

可表示为

$$\Delta z=A\Delta x+B\Delta y+o(\rho)$$

其中：A、B 只与 x，y 有关，与 Δx 和 Δy 无关；$\rho=\sqrt{(\Delta x)^2+(\Delta y)^2}$，$o(\rho)$ 是当 $\rho\to0$ 时比 ρ 高阶的无穷小，则称 $A\Delta x+B\Delta y$ 是二元函数 $z=f(x,y)$ 在点 (x,y) 处的**全微分**．记作 $\mathrm{d}z$ 或 $\mathrm{d}f(x,y)$，即

$$\mathrm{d}z=\mathrm{d}f(x,y)=A\Delta x+B\Delta y$$

此时也称函数 $z=f(x,y)$ 在点 (x,y) 处**可微**．

如果函数在区域 D 内各点处都可微，那么称函数在 D 内可微．

对于一元函数，在一点可微与在一点可导构成充要条件，但对于二元函数，可微与偏导数的关系要复杂得多．

定理 1(可微的必要条件) 如果函数 $z=f(x,y)$ 在点 (x,y) 处可微，则它在该点处必连续，同时两个偏导数 $\frac{\partial z}{\partial x}$ 和 $\frac{\partial z}{\partial y}$ 都存在，且

$$A=\frac{\partial z}{\partial x},\ B=\frac{\partial z}{\partial y}$$

与一元函数类似，当 x，y 是自变量时，规定 $\mathrm{d}x=\Delta x$，$\mathrm{d}y=\Delta y$，于是二元函数的全微分可以写为

$$\mathrm{d}z=\frac{\partial z}{\partial x}\mathrm{d}x+\frac{\partial z}{\partial y}\mathrm{d}y$$

类似地，三元函数 $u=f(x,y,z)$ 的全微分为

$$du=\frac{\partial u}{\partial x}dx+\frac{\partial u}{\partial y}dy+\frac{\partial u}{\partial z}dz$$

定理 2(可微的充分条件)　如果函数 $z=f(x,y)$ 的两个偏导数 $\frac{\partial z}{\partial x}$ 和 $\frac{\partial z}{\partial y}$ 在点 (x,y) 处都存在且连续，则函数 $z=f(x,y)$ 在该点可微.

偏导数存在是二元函数可微的必要条件，并不是充分条件. 但是，函数的偏导数存在且连续，则函数可微. 因此，函数的偏导数存在和函数连续有如下关系：

$$\text{偏导数连续}\Rightarrow\text{全微分存在}\begin{cases}\Rightarrow\text{偏导数存在}\\\Rightarrow\text{函数连续}\end{cases}$$

即二元函数是否连续与偏导数是否存在之间不存在必然联系，但我们研究的二元函数中，偏导数一般都连续，所以，可以求出偏导数后直接写出全微分.

例 1　求 $z=x^3y^4$ 的全微分.

解

因为 $\frac{\partial z}{\partial x}=3x^2y^4$，$\frac{\partial z}{\partial y}=4x^3y^3$，所以

$$dz=\frac{\partial z}{\partial x}dx+\frac{\partial z}{\partial y}dy=3x^2y^4dx+4x^3y^3dy$$

例 2　计算函数 $z=e^{xy}$ 在点 $(2,1)$ 处的全微分.

解　因为 $\frac{\partial z}{\partial x}=ye^{xy}$，$\frac{\partial z}{\partial y}=xe^{xy}$，所以 $\left.\frac{\partial z}{\partial x}\right|_{\substack{x=2\\y=1}}=e^2$，$\left.\frac{\partial z}{\partial y}\right|_{\substack{x=2\\y=1}}=2e^2$，故

$$dz=e^2dx+2e^2dy$$

全微分在近似计算中的应用

5.3.2　全微分在近似计算中的应用

由二元函数的全微分的定义可知，若函数 $z=f(x,y)$ 在点 (x,y) 可微，且 $|\Delta x|$、$|\Delta y|$ 很小时，则

$$\Delta z=f(x+\Delta x,y+\Delta y)-f(x,y)\approx dz=f'_x(x,y)dx+f'_y(x,y)dy$$

或

$$f(x+\Delta x,y+\Delta y)\approx f(x,y)+f'_x(x,y)dx+f'_y(x,y)dy$$

用这个公式可以计算二元函数的近似值.

例 3　利用全微分公式计算 $(2.02)^{0.96}$ 的近似值.

解

设函数 $z=f(x,y)=x^y$，则 $(2.02)^{0.96}=f(2.02,0.96)$，由

$$f'_x(x,y)=yx^{y-1},\quad f'_y(x,y)=x^y\ln x$$

得

$$dz=yx^{y-1}dx+x^y\ln x dy$$

当 $x=2$，$\Delta x=0.02$，$y=1$，$\Delta y=-0.04$ 时，有

$$dz=1\times2^{1-1}\times0.02+2\times\ln2\times(-0.04)=0.02-0.08\ln2$$

于是

$$(2.02)^{0.96}=f(2.02,0.96)\approx f(2,1)+\mathrm{d}z$$
$$=2+(0.02-0.08\ln 2)\approx 1.964$$

例 4　设某产品的生产函数是 $Q=4L^{\frac{3}{4}}K^{\frac{1}{4}}$，其中 Q 是产量，L 是劳力投入，K 是资本投入．现在劳力投入由 256 增加到 258，资金投入由 10 000 增加到 10 500，问产量大约增加多少?

解

由 $\dfrac{\partial Q}{\partial L}=3L^{-\frac{1}{4}}K^{\frac{1}{4}}$，$\dfrac{\partial Q}{\partial K}=L^{\frac{3}{4}}K^{-\frac{3}{4}}$，得

$$\mathrm{d}Q=3L^{-\frac{1}{4}}K^{\frac{1}{4}}\mathrm{d}L+L^{\frac{3}{4}}K^{-\frac{3}{4}}\mathrm{d}K$$

于是，当 $L=256$，$\Delta L=2$，$K=10\ 000$，$\Delta K=500$ 时，有

$$\Delta Q\approx \mathrm{d}Q=3\times 256^{-\frac{1}{4}}\times 10\ 000^{\frac{1}{4}}\times 2+256^{\frac{3}{4}}\times 10\ 000^{-\frac{3}{4}}\times 500=47$$

即产量大约增加 47 个单位.

习　题　5.3

1. 设 $z=x\ln y$，求 $\mathrm{d}z$.

2. 求函数 $z=x^2y^2+x^3+y^4$ 的全微分.

3. 设 $z=\dfrac{y}{x}$，当 $x=2$，$y=1$，$\Delta x=0.1$，$\Delta y=-0.2$，求 Δz 及 $\mathrm{d}z$.

4. 求 $u=2x+3y+4z$ 的全微分.

5. 利用全微分求 $0.98^{2.03}$ 的近似值.

6. 在机械加工中一金属圆柱体受压变形，底面半径由原来的 20 cm 变到 20.1 cm，高由原来的 40 cm 减少到 39.5 cm，求该圆柱体体积变化的近似值.

5.4　二元函数的极值与最值

二元函数极值

二元函数的极值理论在经济管理中具有广泛的应用．与一元函数的微分学类似，可以利用二元函数的偏导数来讨论二元函数的极值和最值．本节重点讨论二元函数的极值与最值的求法，它的许多结论也适用于一般的多元函数问题.

5.4.1　无条件极值

定义 1　设函数 $z=f(x,y)$ 在点 $P_0(x_0,y_0)$ 的某邻域内有定义，且在该邻域内恒有 $f(x,y)\leqslant f(x_0,y_0)$ ($f(x,y)\geqslant f(x_0,y_0)$)，则称 $f(x_0,y_0)$ 为函数 $f(x,y)$ 的**极大(小)值**．极大值与极小值统称为**极值**，使函数取得极值的点 (x_0,y_0) 称为**极值点**.

在求函数 $f(x,y)$ 的极值时，如果没有任何限制条件，则此极值问题称为**无条件极值问题**，否则，称为**条件极值问题**.

例 1　求 $f(x,y)=\sqrt{1-x^2-y^2}$ 的极值.

解

$f(x,y)$ 在点 $(0,0)$ 的某邻域内，对任意的点 $(x,y)\neq(0,0)$ 有

$$f(x,y)=\sqrt{1-x^2-y^2}<1=f(0,0)$$

所以函数 $z=f(x,y)=\sqrt{1-x^2-y^2}$ 在 $(0,0)$ 处取得极大值 $f(0,0)=1$(图 5 - 9).

再例如，$f(x,y)=x^2+y^2-1$，对任意的点 $(x,y)\neq(0,0)$，有

$$f(x,y)=x^2+y^2-1>-1=f(0,0)$$

所以函数 $z=f(x,y)=x^2+y^2-1$ 在 $(0,0)$ 处取得极小值 $f(0,0)=-1$(图 5 - 10).

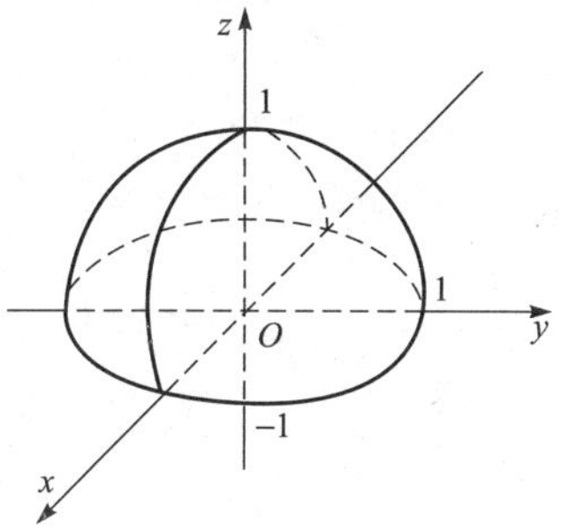

图 5 - 9

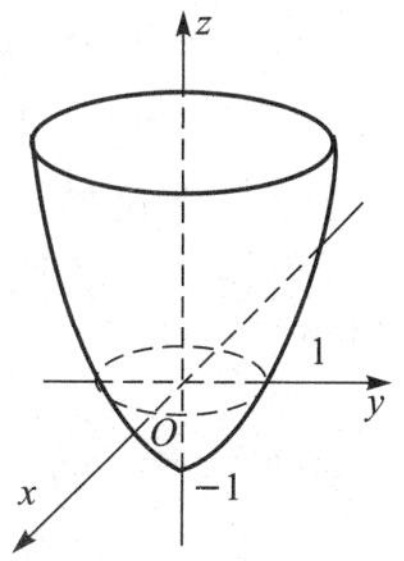

图 5 - 10

上面两例比较简单，可以直接利用定义 1 判定．对于一般的二元函数的极值问题，则需利用下面定理进行判断，这些定理是一元函数极值理论的推广.

定理 1(极值存在的必要条件)　若函数 $f(x,y)$ 在 (x_0,y_0) 处有极值，且函数在该点的一阶偏导数都存在，则有

$$f'_x(x_0,y_0)=f'_y(x_0,y_0)=0$$

证

因为点 (x_0,y_0) 是函数 $f(x,y)$ 的极值点，若固定 $f(x,y)$ 中的变量 $y=y_0$，则 $z=f(x,y_0)$ 是一个一元函数，且在 $x=x_0$ 处取得极值，由一元函数极值的必要条件知 $f'_x(x_0,y_0)=0$，同理有 $f'_y(x_0,y_0)=0$.

使 $f'_x(x,y)=0$，$f'_y(x,y)=0$ 同时成立的点 (x,y) 称为函数 $z=f(x,y)$ 的**驻点**．由定理 1 知，偏导数存在的函数的极值点必为驻点，但驻点不一定是极值点.

例如，函数 $z=x^2-y^2$ 在点 $(0,0)$ 处的两个偏导数都为 0，即 $(0,0)$ 是驻点，但在 $(0,0)$ 的任一邻域内函数既有正值也有负值，所以 $(0,0)$ 不是极值点(图 5 - 11)，即驻点不一定是极值点.

另外，极值点也可能是偏导数不存在的点．例如，上半锥面 $z=\sqrt{x^2+y^2}$ 在点 $(0,0)$ 的偏导数不存在，但 $(0,0)$ 是函数的极小值点，函数极小值为 0(图 5 - 12).

定理 2(极值存在的充分条件)　设函数 $z=f(x,y)$ 在点 $P_0(x_0,y_0)$ 的某邻域内具有二阶连续偏导数，且点 $P_0(x_0,y_0)$ 是函数的驻点，即 $f'_x(x_0,y_0)=f'_y(x_0,y_0)=0$，若记

$$A=f''_{xx}(x_0,y_0),\quad B=f''_{xy}(x_0,y_0),\quad C=f''_{yy}(x_0,y_0)$$

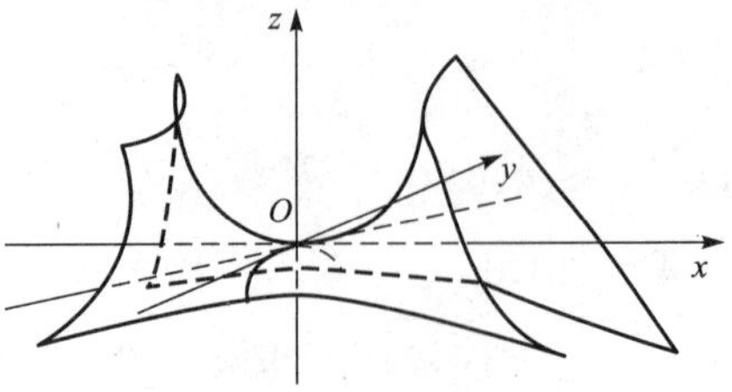

图 5－11

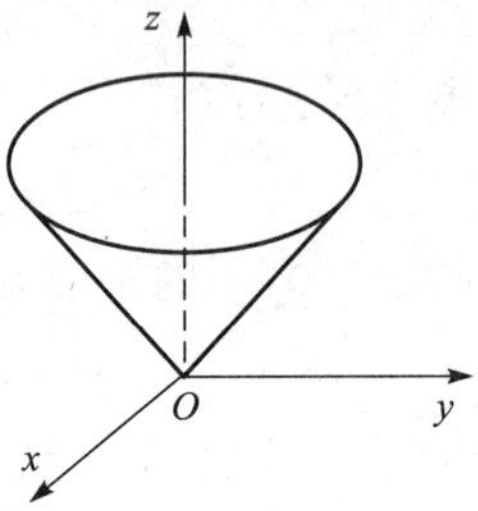

图 5－12

(1)当 $B^2-AC<0$ 时，点 $P_0(x_0,y_0)$ 是极值点，且当 $A<0$(或 $C<0$)时，$P_0(x_0,y_0)$ 是极大值点；当 $A>0$(或 $C>0$)时，$P_0(x_0,y_0)$ 是极小值点；

(2)当 $B^2-AC>0$ 时，点 $P_0(x_0,y_0)$ 不是极值点；

(3)当 $B^2-AC=0$ 时，点 $P_0(x_0,y_0)$ 可能是极值点也可能不是极值点.

由定理 1 与定理 2 可得，求二元函数 $f(x,y)$ 极值点的一般步骤如下：

(1)由方程组 $\begin{cases} f'_x(x,y)=0 \\ f'_y(x,y)=0 \end{cases}$ 解出驻点坐标；

(2)算出二阶偏导数在驻点的值；

(3)由 B^2-AC 的符号确定极值的情况.

例 2　求函数 $f(x,y)=x^3+y^3-3xy$ 的极值.

解

由方程组

$$\begin{cases} f'_x(x,y)=3x^2-3y=0 \\ f'_y(x,y)=3y^2-3x=0 \end{cases}$$

解得驻点(0,0)和(1,1).

再求二阶偏导数，得

$$f''_{xx}(x,y)=6x，f''_{xy}(x,y)=-3，f''_{yy}(x,y)=6y$$

在点(0,0)处，有 $A=0$，$B=-3$，$C=0$，从而 $B^2-AC=9>0$，故点(0,0)不是极值点.

在点(1,1)处，有 $A=6$，$B=-3$，$C=6$，从而 $B^2-AC=-27<0$，且 $A=6>0$，故点(1,1)是极小值点，函数的极小值为

$$f(1,1)=(x^3+y^3-3xy)\big|_{(1,1)}=1^3+1^3-3\times1\times1=-1$$

5.4.2　多元函数的最大值与最小值

二元函数最值

与一元函数类似，若 $z=f(x,y)$ 在有界闭区域 D 上连续，则 $z=f(x,y)$ 在 D 上必有最大值和最小值．具体求法是：求出 D 内的一切可能极值，以及边界上的最大值和最小值，然后进行比较，以确定最大值和最小值．但在解决实际问题时，若 $z=f(x,y)$ 在 D 内有唯一驻点，由问题性质，即可确定该驻点就是所求最值点，不必比较.

例 3　某工厂生产 A、B 两种产品，其销售单价分别为 $p_A=12$ 元，$p_B=18$ 元．总成本 C(单位：万元)是两种产品产量 x 和 y(单位：千件)的函数，即

$$C(x,y)=2x^2+xy+2y^2$$

问两种产品产量为多少时，可获利润最大？最大利润是多少？

解

收益函数为

$$R(x,y)=p_A\cdot x+p_B\cdot y=12x+18y$$

从而利润函数为

$$\begin{aligned}L(x,y)&=R(x,y)-C(x,y)\\&=(12x+18y)-2x^2-xy-2y^2\end{aligned}$$

由

$$\begin{cases}L'_x(x,y)=12-4x-y=0\\L'_y(x,y)=18-x-4y=0\end{cases}$$

解得驻点(2,4)，而 $L(2,4)=48$.

由题意知，最大利润存在，而且驻点唯一，故生产 2 千件产品 A、4 千件产品 B 时，利润最大，最大利润为 48 万元.

5.4.3　条件极值

条件极值

上面讨论的无条件极值问题，自变量在定义域内可以任意取值，未受任何条件约束，但在实际问题中，对自变量的取值往往要附加一定的条件限制．在求函数 $z=f(x,y)$ 的极值时，如果自变量 x、y 必须满足一定的条件 $\varphi(x,y)=0$，这样的极值问题称为条件极值问题．$\varphi(x,y)=0$ 称为约束条件或约束方程，所求极值称为条件极值.

如果由约束条件 $\varphi(x,y)=0$ 可解出用一个变量表示另一个变量的解析表达式，则可将此表达式代入 $z=f(x,y)$ 中，于是条件极值问题就化为一元函数的无条件极值问题，但在许多情形下，不能由约束条件解得这样的表达式，因此需研究其他的求解条件极值的方法，下面介绍一种常用的求解条件极值的方法——拉格朗日乘数法.

求函数 $z=f(x,y)$ 在约束条件 $\varphi(x,y)=0$ 限制下的极值，按以下方法进行.

首先构造辅助函数

$$F=F(x,y,\lambda)=f(x,y)+\lambda\varphi(x,y)$$

称为拉格朗日函数，其中 λ 称为拉格朗日乘数.

然后按无条件极值问题的必要条件，求 $F(x,y,\lambda)$ 的可能极值点，即由方程组

$$\begin{cases}F'_x=f'_x+\lambda\varphi'_x=0\\F'_y=f'_y+\lambda\varphi'_y=0\\F'_\lambda=\varphi(x,y)=0\end{cases}$$

解出 x、y 及 λ，则 (x,y) 是可能极值点.

至于这个点是否为极值点，往往由实际问题本身所具有的特性来确定．若某一问题

确有极值，而且求出的又只有一个可能极值点，则这一点就是要求的极值点.

例 4　某工厂生产两种商品的日产量分别为 x 和 y(件)，总成本函数 $C(x,y)=6x^2-xy+19y^2$(元)，商品的限额为 $x+y=56$，求最小成本.

解

约束条件为 $\varphi(x,y)=x+y-56=0$，构造拉格朗日函数

$$F(x,y,\lambda)=6x^2-xy+19y^2+\lambda(x+y-56)$$

解方程组

$$\begin{cases}F'_x=12x-y+\lambda=0\\F'_y=-x+38y+\lambda=0\\F'_\lambda=x+y-56=0\end{cases}$$

得唯一驻点(42,14)，由问题本身性质知，最小成本为 $C(42,14)=13\ 720$(元).

例 5　某化妆品公司可以通过报纸和电视台做销售化妆品的广告．根据统计资料，销售收入 R(单位：百万元)与报纸广告费用 x_1(单位：百万元)和电视广告费 x_2(单位：百万元)之间的关系有如下的经验公式：

$$R=15+14x_1+32x_2-8x_1x_2-2x_1^2-10x_2^2$$

(1)如果不限制广告费的支出，求最优广告策略；

(2)如果可供使用的广告费用为 150 万元，求相应的最优广告策略.

解

(1)设该公司的净销售收入为

$$\begin{aligned}z&=f(x_1,x_2)\\&=15+14x_1+32x_2-8x_1x_2-2x_1^2-10x_2^2-(x_1+x_2)\\&=15+13x_1+31x_2-8x_1x_2-2x_1^2-10x_2^2\end{aligned}$$

令

$$\begin{cases}\dfrac{\partial z}{\partial x_1}=13-8x_2-4x_1=0\\[2ex]\dfrac{\partial z}{\partial x_2}=31-8x_1-20x_2=0\end{cases}$$

得驻点 $x_1=0.75$(百万元)，$x_2=1.25$(百万元)．又

$$z''_{x_1x_1}=-4<0,\ z''_{x_1x_2}=-8,\ z''_{x_2x_2}=-20$$

所以在点(0.75, 1.25)处有

$$B^2-AC=(-8)^2-(-4)\times(-20)<0,\ A=-4<0$$

所以函数 $z=f(x_1,x_2)$ 在(0.75,1.25)处有极大值．因极大值点唯一，故在点(0.75,1.25)处也取得最大值，即最优广告策略是报纸广告费为 75 万元，电视广告费为 125 万元.

(2)如果广告费限定为 150 万元，则要求函数 $f(x_1,x_2)$ 在条件 $x_1+x_2=1.5$ 下的条件极值.

构造拉格朗日函数

$$F(x_1,x_2,\lambda)=15+13x_1+31x_2-8x_1x_2-2x_1^2-10x_2^2+\lambda(x_1+x_2-1.5)$$

由

$$\begin{cases} F'_{x_1}=-4x_1-8x_2+13+\lambda=0 \\ F'_{x_2}=-8x_1-20x_2+31+\lambda=0 \\ F'_{\lambda}=x_1+x_2-1.5=0 \end{cases}$$

得 $x_1=0$(百万元)，$x_2=1.5$(百万元)，故(0,1.5)是唯一驻点，也是最大值点，根据问题的实际意义将广告费全部用于电视广告，可使净收入最大.

习　题　5.4

1. 求函数 $z=x^2-xy+y^2-2x+y$ 的极值.

2. 求函数 $z=x^3-3x^2-3y^2$ 的极值.

3. 某工厂要用钢板制作一个容积为 1 000 m^3的有盖长方体容器，若不计钢板厚度，怎样制作用料最省？

4. 设某企业总成本函数为 $C(x,y)=3x^2+5y^2-2xy+2$，产品限额为 $x+y=30$，求最小成本.

5.5　数学建模案例：正圆柱体易拉罐的最优设计

数学建模案例：正圆柱体易拉罐的最优设计

5.5.1　问题提出

在生活中我们会发现销量很大的饮料（例如饮料量为 355mL 的可口可乐、青岛啤酒等）的饮料罐(即易拉罐)的形状和尺寸几乎都是一样的．看来，这并非偶然，这应该是某种意义下的最优设计．当然，对于单个的易拉罐来说，这种最优设计可以节省的钱可能是很有限的，但是如果是生产几亿，甚至几十亿个易拉罐的话，可以节约的钱就很可观了.

下面就请大家来研究易拉罐的形状和尺寸，怎样设计才能使用料最省？并说明你的设计是否能够合理地说明你们所测量的实际的易拉罐的形状和尺寸，如半径和高之比等.

5.5.2　模型假设和问题分析

假设易拉罐是一个正圆柱体，罐体各部分厚度相同，且罐内装满饮料不留空隙，则欲使材料最省，只需在容积固定时使柱体表面积最小即可.

在学习函数的极值时曾有这样一道题：要做一个容积为 V 的正圆柱体易拉罐，怎样设计才能使用料最省？(这是在不考虑壁厚，固定容积时使圆柱体的表面积最小的问

题)

解

设正圆柱体易拉罐底面半径为 r，高为 h，则由 $V=\pi r^2 h$，得 $h=\frac{V}{\pi r^2}$.

圆柱表面积为

$$S=2\pi r^2+2\pi rh=2\pi r^2+2\pi r\frac{V}{\pi r^2}=2\pi r^2+\frac{2V}{r}(r>0)$$

使用料最省，即求在 $(0,+\infty)$ 内 S 的最小值.

因为 $S'=4\pi r-\frac{2V}{r^2}=\frac{4\pi r^3-2V}{r^2}$，令 $S'=0$，得唯一驻点 $r=\sqrt[3]{\frac{V}{2\pi}}$，又 $S''=4\pi+\frac{4V}{r^3}>0$，所以 $r=\sqrt[3]{\frac{V}{2\pi}}$ 是 S 的极小值点，也是 S 的最小值点，此时 $h=\frac{V}{\pi r^2}=2\sqrt[3]{\frac{V}{2\pi}}$，即 $h=2r$.

因此当圆柱体半径 $r=\sqrt[3]{\frac{V}{2\pi}}$，圆柱体的高和直径相等时用料最省.

这一结论和实际相符吗？我们到市面上找来可口可乐、雪碧、青岛啤酒等销量极大的易拉罐产品，进行实际测量，见表 5-1.

表 5-1

容积/mL	底面直径/mm	高/mm	顶盖厚/mm	壁厚/mm	底面厚/mm	高与直径之比
355	65	122	0.3	0.1	0.1	2∶1.06
330	60	115	0.3	0.1	0.1	2∶1.04
180	54	105	0.3	0.1	0.1	2∶1.02

结果发现大多数易拉罐，高与直径之比为 2∶1，而非 1∶1. 在前面的题目计算中，我们不考虑壁厚，假设易拉罐各处厚度相同，但实际上用手摸一下，就会感觉到顶盖比其他部位要硬(厚)，这是由于易拉罐要在顶盖上刻出开口痕迹．经过测量，一般顶盖的厚度是其他部分厚度的 3 倍，顶盖的厚度是不是影响易拉罐高与直径比的主要原因呢？

如果考虑顶盖的厚度，就应补充假设，假设易拉罐侧面厚度与底面厚度相同，顶盖厚度是侧面厚度的 a 倍，重新建模.

5.5.3 符号说明

r：正圆柱体易拉罐的半径；

h：正圆柱体易拉罐的高；

V_0：正圆柱体易拉罐的容积；

V：正圆柱体易拉罐所用材料的体积；

b：正圆柱体易拉罐除顶盖外的厚度；

a：顶盖厚度参数，即顶盖厚度为 ab.

5.5.4　建立模型

考虑顶盖厚度大于侧壁厚度，则欲使材料最省，需在容积固定不变时，使所用材料的体积最小.

易拉罐用料总体积＝侧面材料体积＋底面材料体积＋顶盖材料体积

侧面材料体积＝(外圆面积－内圆面积)×总高

即

$$V_{侧}=[\pi(r+b)^2-\pi r^2](h+b+ab)=(2\pi rb+\pi b^2)(h+b+ab)\approx 2\pi rbh$$

因为 b 远远小于 r，且 b^2，b^3 很小，可忽略不计.

$$V=2\pi rhb+\pi r^2 b+\pi r^2 ab$$

问题转化为在容积一定时，求半径和高为何值时所用材料体积最小的问题.

5.5.5　模型求解

这是一个条件极值问题，可以有两种解法.

解法一

转化为无条件极值问题

$$V=2\pi rhb+\pi r^2 b+\pi r^2 ab=[2\pi rh+\pi r^2(1+a)]b$$

而 $V_0=\pi r^2 h$，故 $h=\dfrac{V_0}{\pi r^2}$，于是化简得到一个以 a，b 为参数，以 r 为自变量的函数，即

$$V(r)=\left[\frac{2V_0}{r}+\pi(1+a)r^2\right]b\quad(r>0)$$

至此，已将所给优化问题转化为求函数 $V(r)$ 的最小值.

求函数 $V(r)$ 的导数.

令 $V'(r)=\dfrac{2b}{r^2}[(1+a)\pi r^3-V_0]=0$，得 $r=\sqrt[3]{\dfrac{V_0}{(1+a)\pi}}$.

因为 $V''(r)>0$，所以 $r=\sqrt[3]{\dfrac{V_0}{(1+a)\pi}}$ 为极小值点，由于极值点唯一，故也是最小值点.

$$h=\frac{V_0}{\pi r^2}=\frac{V_0}{\pi}\sqrt[3]{\left[\frac{(1+a)\pi}{V_0}\right]^2}=(1+a)\sqrt[3]{\frac{V_0}{(1+a)\pi}}=(1+a)r,\ 即\ h=(1+a)r.$$

解法二

拉格朗日乘数法.

构造拉格朗日函数

$$f=2\pi rhb+\pi r^2 b+\pi r^2 ab+\lambda(\pi r^2 h-V_0)$$

解方程

$$\begin{cases}f'_r=2\pi hb+2\pi rb+2\pi rab+2\pi rh\lambda=0\\ f'_h=2\pi rb+\pi r^2\lambda=0\\ f'_\lambda=\pi r^2 h-V_0=0\end{cases}$$

得

$$h=(1+a)r$$

由测量值知 $a=3$，所以 $h=4r$，即在正圆柱体易拉罐顶盖厚度是侧面厚度 3 倍时，当高与直径之比为 2∶1 时，正圆柱体易拉罐用料最少，设计最优.

5.5.6 结果分析

模型的解为 $h=(1+a)r$，可以进一步分析：

当 $a=3$ 时，正圆柱体易拉罐的高与直径之比为 2∶1；

当 $a=2$ 时，正圆柱体易拉罐的高与直径之比为 3∶2；

当 $a=1$ 时，正圆柱体易拉罐的高与直径之比为 1∶1.

可见，单纯考虑用料最少，正圆柱体易拉罐顶盖的厚薄，将直接影响着正圆柱体易拉罐的形状设计.

5.5.7 模型评价与推广

在正圆柱体易拉罐顶盖厚度是侧面厚度 3 倍的假设下，当高与直径之比为2∶1时，易拉罐用料最少，设计最优，此结果符合市场上大多数正圆柱体易拉罐的形状和尺寸.

易拉罐的优化设计，在容积一定、物理参数一定、加工工艺一定的假设下，优化主要考虑的就是形状尺寸和美观两个方面的因素. 如果形状尺寸只考虑用料最少，则外形有可能不符合美学原理，因而这是个双目标优化问题. 这种考虑顶盖厚度，便于在顶盖刻出开口痕迹，并假设顶盖厚度是侧面厚度的 3 倍，得到的易拉罐高与直径之比(1∶0.5)，与黄金分割比例(1∶0.618)有差距，但较为接近，因此，这样的形状设计比较接近美学原理.

易拉罐形状还有很多，可以设计成上部是一个正圆台，下部为一个正圆柱体，还可以设计成正四面体或正椭圆体等，这样设计可能会增加成本，但视觉上产生的美，可能会赢得更多的顾客，从而使总收益增长，这些形状的易拉罐的优化设计，有兴趣的读者可以自己研究. 从这个问题的分析，还可以看出，数学题与实际应用问题往往存在较大差异，用数学建模来研究实际问题，需要综合考虑经济和生产多方面因素。

5.6 数学实验：用 Mathematica 求解多元函数微分问题

5.6.1 用 Mathematica 求偏导数

在 Mathematica 中，计算函数偏导数的命令为 D[f,x]，常用格式有以下几种：

D[f,x]　　计算偏导数$\frac{\partial f}{\partial x}$

D[f,{x,n}]　　计算 n 阶偏导数$\frac{\partial^n f}{\partial x^n}$

D[f,x_1,x_2,…,x_n]　　计算混合偏导数$\frac{\partial^n f}{\partial x_1 \partial x_2 \cdots \partial x_n}$

例 1　已知 $z=(x^2+y^2)e^{-\arctan\frac{y}{x}}$，求$\frac{\partial z}{\partial x}$，$\left.\frac{\partial^2 z}{\partial x \partial y}\right|_{(1,0)}$.

解

具体命令如图 5－13 所示.

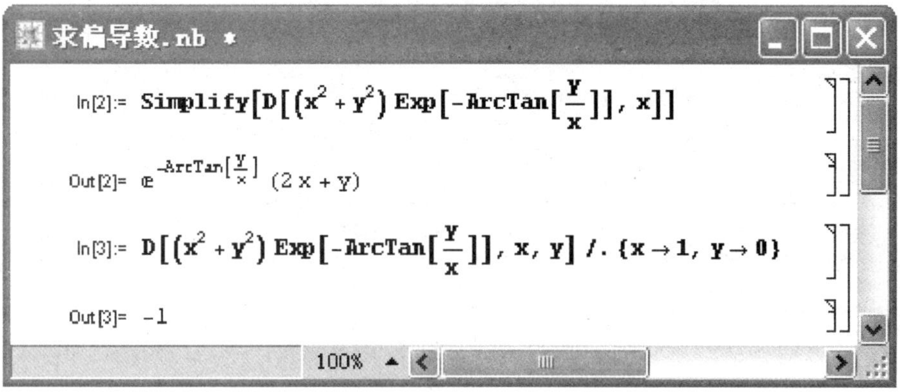

图 5－13

5.6.2　用 Mathematica 求全微分

在 Mathematica 中，求全微分的命令是 Dt，下面是 Dt 命令的常用形式：

Dt[f]　　给出 f 的全微分 df

Dt[f,x]　　给出 f 关于变量 x 的全导数$\frac{df}{dx}$，假定 f 中所有变量均依赖于 x

例 2　求 $z=y+\sin(xy)$的全微分.

解

具体命令如图 5－14 所示.

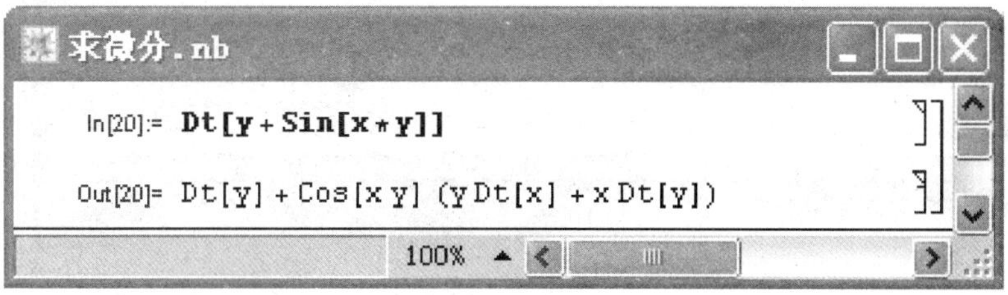

图 5－14

5.6.3 用 Mathematica 求二元函数极值

例 3　求函数 $f(x,y)=x^3+y^3-3xy$ 的极值.

解

首先求出函数 $f(x,y)$的驻点，如图 5-15 所示.

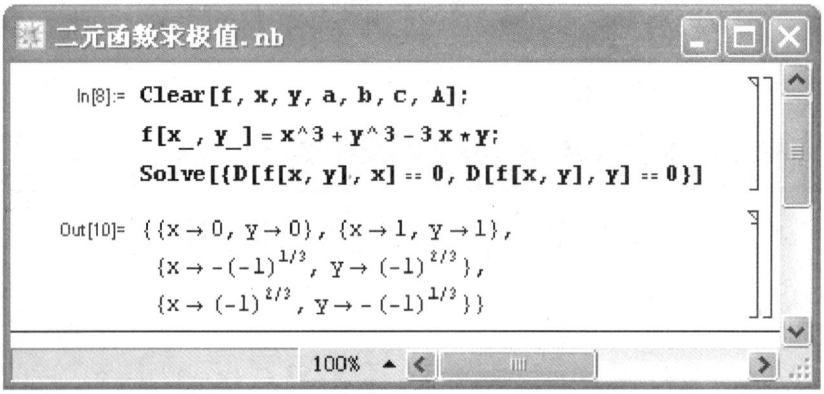

图 5-15

结论表明，实驻点只有(0,0)与(1,1)，然后用极值的充分条件来判断.

如图 5-16 所示，在点(0,0)，$\Delta=9>0$，故(0,0)不是函数的极值点，在点(1,1)，$\Delta=-27<0$ 且 $a=6>0$，故(1,1)是函数的极小值点，极小值为 $f(1,1)=-1$.

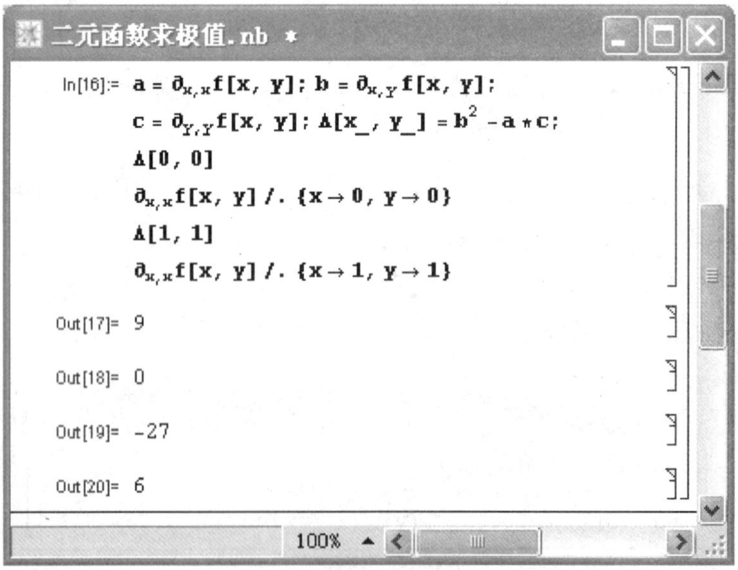

图 5-16

本章小结

一、主要内容

本章主要介绍了空间直角坐标系、二元函数的概念、极限、连续、偏导数、全微分及二元函数的极值.

1. 空间直角坐标系

空间直角坐标系的建立，使空间中的点与三元有序数组一一对应起来，从而使空间几何图形同解析表达式联系起来.

2. 曲面的方程

了解曲面的方程的概念.

3. 二元函数的概念、极限与连续

(1)区域与邻域的概念：

平面上由一条或几条曲线围成的部分平面叫做区域；以 $P_0(x_0, y_0)$为中心，δ 为半径的邻域是指集合$\{(x,y)\mid(x-x_0)^2+(y-y_0)^2<\delta^2\}$.

(2)二元函数的极限：

二元函数的极限比一元函数的极限要复杂得多，主要是自变量变化过程在方式上较复杂，对二元函数的极限的计算不做高要求.

(3)二元函数 $z=f(x,y)$在点 $P_0(x_0, y_0)$连续的定义与一元函数相似，即当

$$\lim_{(x,y)\to(x_0,y_0)} f(x,y)=f(x_0,y_0)$$

则称二元函数 $z=f(x,y)$在点 $P_0(x_0, y_0)$连续.

4. 偏导数

多元函数的偏导数就是将其他变量视为常数，只有一个自变量变化时函数的变化率，因此在求 $z=f(x,y)$对 x 的偏导数时，可将 y 视为常数，对 x 求导；在求 $z=f(x,y)$对 y 的偏导数时，将 x 视为常数，对 y 求导.

5. 全微分

若 $z=f(x,y)$在点(x,y)处两个偏导数连续，那么函数 $z=f(x,y)$的全微分为

$$dz=f'_x(x,y)dx+f'_y(x,y)dy$$

6. 二元函数的极值

(1)求二元函数极值的一般步骤：

第一步　由方程组$\begin{cases}f'_x(x,y)=0\\f'_x(x,y)=0\end{cases}$解出驻点$(a,b)$；

第二步　求二阶偏导数；

第三步　由 B^2-AC 的符号确定极值的情况，其中 $A=f''_{xx}(a,b)$，$B=f''_{xy}(a,b)$，$C=f''_{yy}(a,b)$.

(2)条件极值:

用拉格朗日乘数法求解条件极值问题

$$\begin{cases} z=f(x,y) \text{目标函数} \\ \varphi(x,y)=0 \text{ 约束条件} \end{cases}$$

的具体步骤如下:

第一步　构造拉格朗日函数

$$F(x,y,\lambda)=f(x,y)+\lambda\varphi(x,y)$$

第二步　解方程组

$$\begin{cases} F'_x=f'_x(x,y)+\lambda\varphi'_x=0 \\ F'_y=f'_y(x,y)+\lambda\varphi'_y=0 \\ F'_\lambda=\varphi(x,y)=0 \end{cases}$$

第三步　求得可能极值点(x_0,y_0,λ)，若所讨论的问题有最大(小)值，且求得的可能极值点只有一个，那么它就是所求极值点，也是取得最值的点.

二、应注意的问题

1. 多元函数在某一点连续、偏导数存在、可微、偏导数连续之间的关系

$$\text{偏导数连续}\Rightarrow\text{函数可微}\begin{cases}\Rightarrow\text{偏导数存在} \\ \Rightarrow\text{函数连续}\end{cases}$$

特别注意　多元函数的连续与偏导数存在没有任何必然联系，这是与一元函数可导必连续的不同之处.

2. 多元函数的极值

讨论多元函数极值问题时，如果函数在所讨论区域内有偏导数，则极值可能在驻点处取得，如果函数在个别点的偏导数不存在，那么这些点也可能是极值点.

复习题 5

1. 设点 P 在 x 轴上，它到点 $P_1(0,\sqrt{2},3)$的距离为到点 $P_2(0,1,-1)$的距离的两倍，求点 P 的坐标.

2. 设 $f(x,y)=\dfrac{2xy}{x^2+y^2}$，求 $f\left(1,\dfrac{y}{x}\right)$.

3. 求下列函数的定义域，并画出定义域的图形.

(1)$z=\sqrt{x-y}$；　　(2)$z=\sqrt{4-x^2-y^2}$；

(3)$z=x^2+y^2$；　　(4)$z=\dfrac{\ln(1-x^2-y^2)}{\sqrt{y-x^2}}$.

4. 求下列函数的偏导数.

(1)$z=x^3y-y^3x$；　　(2)$z=x\sin(x+y)$；

(3)$z=e^{x^2+y^2}$；　　(4)$z=x^{2y}$；

(5) $z=\arctan\dfrac{y}{x}$；　　　　(6) $z=x\ln\sqrt{x^2+y^2}$.

5. 设 $f(x,y)=x+y-\sqrt{x^2+y^2}$，求 $f'_x(3,4)$ 及 $f'_y(3,4)$.

6. 求下列函数的二阶偏导数.

(1) $z=x^3+2x^2y-5xy^2$；　　　　(2) $f(x,y)=xe^{xy}$；

(3) $z=xy+x\sin y+y\cos x$.

7. 某工厂生产的甲乙两种产品，当产量分别为 x 和 y 时，这两种产品的总成本函数是 $C(x,y)=(x+1)^{\frac{1}{2}}\ln(5+y)$（单位：元）.

(1)求每种产品的边际成本；

(2)当出售两种产品的单价分别为 10 元和 9 元时，求每种产品的边际利润.

8. 设生产函数为 $Q(x,y)=300+\dfrac{1}{2}x^2+4xy+\dfrac{3}{2}y^2$.

(1)求 x 和 y 的边际产量；

(2)求 $x=3$，$y=5$ 时的边际产量.

9. 经过长期市场调查，人们得出某商品 A 的需求函数为 $Q_A=\dfrac{30}{p_A^2p_B}$，其中 p_A，p_B 分别为商品 A，B 的价格，求在 $p_A=8$，$p_B=9$ 时商品 A 的需求对自身的价格弹性，对商品 B 的交叉价格弹性．并说明商品 A 和 B 之间是相互替代还是相互补充的关系.

10. 求下列函数的全微分.

(1) $z=x^2y+y^2$；　　　　(2) $z=\ln(x^2+y^2)$.

11. 求函数 $z=e^{xy}$ 当 $x=1$，$y=1$，$\Delta x=0.15$，$\Delta y=0.1$ 时的全微分值.

12. 计算下列各式的近似值.

(1) $1.02^{2.99}$；　　　　(2) $\sqrt{1.02^3+1.97^3}$.

13. 求下列函数的极值.

(1) $z=2xy-3x^2-2y^2$；　　　　(2) $z=e^{2x}(x+y^2+2y)$.

14. 设某工厂的总利润函数为 $L(x,y)=70x+120y-2x^2+2xy-y^2$，设备的最大产出力为 $x+2y=15$，求最大利润.

第 6 章

常微分方程及其应用

在实际问题中，人们经常根据问题提供的条件寻找函数关系．然而许多时候常常不能直接得出函数关系式，仅能得到含有未知函数的导数或微分的关系式．这种关系式就是本章所要讨论的微分方程；所要求的函数关系式需通过求解微分方程才能确定．本章主要介绍微分方程的基本概念和常见的几种类型的微分方程的解法，并通过举例给出微分方程在实际问题中的一些简单应用.

6.1　微分方程的基本概念

微方程的概念

简单微方程的建立

先通过几个实例来说明微分方程的基本概念.

例 1　一曲线通过点(1,2)，且曲线上任一点处的切线斜率等于该点的横坐标的 2 倍，求此曲线的方程.

解

设所求曲线方程是 $y=f(x)$，由导数的几何意义及已知条件得

$$\begin{cases}\dfrac{\mathrm{d}y}{\mathrm{d}x}=2x\\ f(1)=2\end{cases}$$

由 $y'=\dfrac{\mathrm{d}y}{\mathrm{d}x}=2x$，得

$$y=\int 2x\mathrm{d}x=x^2+C(C\text{ 为任意常数})$$

$y=x^2+C$ 代表一簇曲线，簇中每一条曲线在点 x 处的切线斜率均为 $2x$，再利用已知条件 $y(1)=2$，可求出 $C=1$，则

$$y=x^2+1$$

为所求曲线的方程.

例 2　已知某产品的需求价格弹性值恒为 -1，并且价格 $p=2$ 时，需求量 $Q=300$，试求需求函数.

解

由弹性的定义及已知条件可得

$$\begin{cases}\dfrac{p}{Q}\cdot\dfrac{\mathrm{d}Q}{\mathrm{d}p}=-1\\ Q(2)=300\end{cases}$$

将$\frac{p}{Q}\cdot\frac{dQ}{dp}=-1$变形为$\frac{dQ}{Q}=-\frac{dp}{p}$，然后两端分别求不定积分，可得

$$\ln Q=-\ln p+C(p>0,Q>0)$$

化简得

$$Q=\frac{C_0}{p}(C_0=e^C)$$

再由$Q(2)=300$，求得$C_0=600$，于是所求的需求函数为$Q=\frac{600}{p}$.

以上两例所得关系式中均含有未知函数的导数或微分，像这样的方程称为微分方程.

定义 1　含有未知函数的导数或微分的方程称为**微分方程**. 如果微分方程中未知函数是一元函数，称为**常微分方程**.

定义 2　微分方程中出现的未知函数的导数的最高阶数，称为**微分方程的阶**.

如例 1 中的$\frac{dy}{dx}=2x$和例 2 中的$\frac{p}{Q}\cdot\frac{dQ}{dp}=-1$都是一阶常微分方程，而方程$y''+2y(y')^3=5x$是二阶常微分方程.

定义 3　如果将某个函数及其导数代入微分方程后，方程两端恒等，则称此函数为该**微分方程的解**.

从上述两例中可以看到微分方程的解有两种形式：一种不含有任意常数；一种含有任意常数. 如果微分方程的解中所含独立任意常数的个数等于微分方程的阶数，则此解称为**微分方程的通解**. 相应地，不含任意常数的解为**微分方程的特解**.

例如，$y=x^2+C$是微分方程$y'=2x$的通解，而$y=x^2+2$，$y=x^2-1$都是$y'=2x$的特解.

定义 4　确定通解中任意常数的条件，称为**初始条件**. 如例 1 中的$y(1)=2$和例 2 中的$Q(2)=300$分别是相应微分方程的初始条件. 一般地，一阶微分方程的初始条件写成$y|_{x=x_0}=y_0$或$y(x_0)=y_0$. 由初始条件确定了通解中任意常数的值后所得到的解，称为微分方程的**特解**. 求微分方程满足初始条件的特解的问题，称为**初值问题**.

例 3　验证函数$y=C_1e^{2x}+C_2e^{-2x}$(C_1，C_2为任意常数)是二阶微分方程$y''-4y=0$的通解，并求满足初始条件$y|_{x=0}=0$，$y'|_{x=0}=1$的特解.

解　$y=C_1e^{2x}+C_2e^{-2x}$，$y'=2C_1e^{2x}-2C_2e^{-2x}$，$y''=4C_1e^{2x}+4C_2e^{-2x}$，将$y$，$y''$代入方程$y''-4y=0$的左端，得

$$左端=y''-4y=4C_1e^{2x}+4C_2e^{-2x}-4(C_1e^{2x}+C_2e^{-2x})=0=右端$$

所以，函数$y=C_1e^{2x}+C_2e^{-2x}$是所给微分方程的解. 又因为此解中含有两个独立的任意常数，与方程的阶数相同，所以它是方程的通解.

将初始条件$y|_{x=0}=0$，$y'|_{x=0}=1$分别代入y及y'中，得

$$\begin{cases}C_1+C_2=0\\2C_1-2C_2=1\end{cases}$$

解得$C_1=\frac{1}{4}$，$C_2=-\frac{1}{4}$. 于是，所求特解为$y=\frac{1}{4}(e^{2x}-e^{-2x})$.

可以证明函数 $y=C_1e^{2x}+2C_2e^{2x}$ 也满足方程 $y''-4y=0$，是方程的解，但这里的 C_1，C_2 不是两个独立的任意常数．因为该函数能写成 $y=(C_1+2C_2)e^{2x}=Ce^{2x}$，这种能合并成一个的任意常数，只能算一个独立的任意常数．由于任意常数的个数与微分方程的阶数不相等，因此，$y=C_1e^{2x}+2C_2e^{2x}$ 不是微分方程 $y''-4y=0$ 的通解.

习　题　6.1

1. 指出下列各给定函数是否为所给微分方程的解，是通解还是特解？

(1) $y''+y=0$，$y=C_1\cos x+C_2\sin x$；

(2) $xy'+y=e^x$，$y=\dfrac{e^x}{x}$；

(3) $y''=x$，$y=Cx+\dfrac{x^3}{6}$；

(4) $y''-y'=0$，$y=2\sin x-\cos x$.

2. 根据已给的初始条件，确定下列函数关系中的任意常数.

(1) $e^x+e^{-y}=C$，$y|_{x=1}=-1$；

(2) $y=(C_1+C_2x)e^{3x}$，$y|_{x=0}=0$，$y'|_{x=0}=1$.

3. 根据下列条件，建立微分方程.

(1)曲线在点 (x,y) 处的切线的斜率等于该点的纵坐标.

(2)放射性元素镭的衰变有如下规律：镭的衰变速度 $\dfrac{dR}{dt}$ 与它的现存量 R 成正比，由经验资料得知，镭经过 1 600 年后，只剩下原始量 R_0 的一半.

放射性元素的衰变

6.2　一阶微分方程

6.2.1　可分离变量的微分方程

可分离变量的微分方程

定义 1　形如

$$\frac{dy}{dx}=f(x)g(y)$$

或

$$M_1(x)N_1(y)dx+M_2(x)N_2(y)dy=0 \tag{6.1}$$

的一阶微分方程称为**可分离变量的微分方程**.

求解步骤如下.

(1)分离变量得

$$\frac{dy}{g(y)}=f(x)dx \quad (g(y)\neq 0)$$

(2)两边积分

$$\int \frac{\mathrm{d}y}{g(y)} = \int f(x)\mathrm{d}x$$

若$\frac{1}{g(y)}$和 $f(x)$的一个原函数分别是 $G(y)$和 $F(x)$，则微分方程$\frac{\mathrm{d}y}{\mathrm{d}x}=f(x)g(y)$的(隐式)通解如下：

$$G(y)=F(x)+C \quad (C\text{ 为任意常数})$$

例 1　求微分方程$\frac{\mathrm{d}y}{\mathrm{d}x}=3x^2y$ 的通解.

解

此方程为可分离变量的微分方程，分离变量($y\neq 0$ 时)得

$$\frac{\mathrm{d}y}{y}=3x^2\mathrm{d}x$$

两边积分

$$\int \frac{\mathrm{d}y}{y} = \int 3x^2\mathrm{d}x$$

得

$$\ln|y|=x^3+C_1$$

即

$$|y|=\mathrm{e}^{x^3+C_1}=\mathrm{e}^{C_1}\mathrm{e}^{x^3}$$

所求通解为 $y=C\mathrm{e}^{x^3}$(其中 $C=\pm\mathrm{e}^{C_1}$ 为任意常数).

$y=0$ 也是方程的解，当任意常数 C 取零时，此解含在通解中.

注意　为了书写方便，可以不必先取绝对值 $\ln|y|$，去掉绝对值后再令 $C=\pm\mathrm{e}^{C_1}$，而在积分时直接写成 $\ln y$，常数 C_1 写成 $\ln C$，这样可由 $\ln y=x^3+\ln C$ 即得到 $y=C\mathrm{e}^{x^3}$. 但要记住，最后得到的常数 C 是(可正可负的)任意常数，以后遇到类似的情况均可这样表示.

例 2　求微分方程 $y'=y^2$的通解.

解

此方程为可分离变量的一阶微分方程，当 $y\neq 0$ 时，分离变量得

$$\frac{\mathrm{d}y}{y^2}=\mathrm{d}x$$

两边积分

$$\int \frac{\mathrm{d}y}{y^2} = \int \mathrm{d}x$$

得通解为

$$-\frac{1}{y}=x+C \quad (C\text{ 为任意常数})$$

显然 $y=0$ 也是上述方程的解，但它不包含在通解中.

如果求得的微分方程的解是一个显函数，那么这样的解称为**显式解**，如本节例 1 的通解；如果求得的微分方程的解是一个隐函数，那么这样的解称为**隐式解**，如本节

例 2 的通解.

在求解微分方程时，由于方程的变形，常使某些特解不在所求得的通解中．这种解一般容易从方程直接观察出，有时适当扩大通解中任意常数的取值范围，就可以把这些特解包含进去(如本节例 1). 另一方面，实际问题中求解微分方程的主要目的是寻找满足初始条件的特解，这样的特解可以从通解中确定出或直接从方程得出，所以今后将不再指出这些不属于通解中的特解.

例 3　求微分方程 $xy'=y\ln y$ 满足初始条件 $y|_{x=1}=\mathrm{e}$ 的特解.

解

这是可分离变量的微分方程，分离变量得

$$\frac{1}{y\ln y}\mathrm{d}y=\frac{1}{x}\mathrm{d}x$$

两边积分

$$\int\frac{1}{\ln y}\mathrm{d}(\ln y)=\int\frac{1}{x}\mathrm{d}x$$

得

$$\ln\ln y=\ln x+\ln C$$

去掉对数符号，通解可记作

$$y=\mathrm{e}^{Cx}$$

代入初始条件 $y|_{x=1}=\mathrm{e}$，得 $\mathrm{e}=\mathrm{e}^{C}$，$C=1$，所以满足初始条件的特解为 $y=\mathrm{e}^{x}$.

例 4　求解微分方程 $(1+x^2)\mathrm{d}y+xy\mathrm{d}x=0$.

解

这是可分离变量的微分方程，分离变量得

$$\frac{1}{y}\mathrm{d}y=-\frac{x}{1+x^2}\mathrm{d}x$$

两边积分

$$\int\frac{1}{y}\mathrm{d}y=-\int\frac{x}{1+x^2}\mathrm{d}x$$

得

$$\ln y=-\frac{1}{2}\ln(1+x^2)+\ln C$$

于是微分方程的通解为

$$y=\frac{C}{\sqrt{1+x^2}}$$

6.2.2　一阶线性微分方程

定义 2　形如 $\frac{\mathrm{d}y}{\mathrm{d}x}+P(x)y=Q(x)$ 或 $y'+P(x)y=Q(x)$ 的方程称为一阶线性微分方程，简称线性方程．其中 $P(x)$，$Q(x)$ 为已知函数．一阶线性微分方程的特点是方程中 y 和 y' 都是一次的，且不含 yy' 这样的乘积项.

一阶线性微分方程

当 $Q(x)=0$ 时，有 $\frac{dy}{dx}+P(x)y=0$，称其为一阶齐次线性微分方程；

当 $Q(x)\neq 0$ 时，称方程 $\frac{dy}{dx}+P(x)y=Q(x)$ 为一阶非齐次线性微分方程.

1. 一阶齐次线性微分方程 $\frac{dy}{dx}+P(x)y=0$ 的通解

将此方程分离变量得

$$\frac{dy}{y}=-P(x)dx$$

两边积分得

$$\ln y=-\int P(x)dx+\ln C$$

即

$$y=Ce^{-\int P(x)dx} \tag{6.2}$$

这就是方程 $\frac{dy}{dx}+P(x)y=0$ 的通解(其中 $\int P(x)dx$ 不带任意常数，代表 $P(x)$ 的一个具体的原函数).

2. 一阶非齐次线性微分方程 $\frac{dy}{dx}+P(x)y=Q(x)$ 的通解

由于非齐次线性方程 $\frac{dy}{dx}+P(x)y=Q(x)$ 的右端是 x 的函数 $Q(x)$，考虑到非齐次线性方程与其对应的齐次线性方程左端相同，因此，可设想将齐次线性方程通解式中的常数 C 换成待定函数 $C(x)$ 后，有可能是非齐次线性方程的解．即令 $y=C(x)e^{-\int P(x)dx}$ 为非齐次线性方程的解，并将其代入非齐次线性方程，有

$$C'(x)e^{-\int P(x)dx}-C(x)P(x)e^{-\int P(x)dx}+C(x)P(x)e^{-\int P(x)dx}=Q(x)$$

得 $C'(x)e^{-\int P(x)dx}=Q(x)$，即 $C'(x)=Q(x)e^{\int P(x)dx}$，两边积分得

$$C(x)=\int Q(x)e^{\int P(x)dx}dx+C$$

将 $C(x)$ 代入 $y=C(x)e^{-\int P(x)dx}$ 中，便得非齐次线性方程的通解公式为

$$y=e^{-\int P(x)dx}\left(\int Q(x)e^{\int P(x)dx}dx+C\right)=e^{-\int P(x)dx}\int Q(x)e^{\int P(x)dx}dx+Ce^{-\int P(x)dx} \tag{6.3}$$

由通解公式(6.3)可以看出，一阶非齐次线性方程的通解等于它的一个特解加上对应的齐次线性方程的通解.

上述求解方法称为常数变易法．用常数变易法求一阶非齐次线性微分方程的通解的步骤如下：

(1)先求出非齐次线性方程所对应的齐次线性方程的通解式(6.2)；

(2)根据所求出的齐次线性方程的通解设出非齐次线性方程的解，即把所求出的齐次线性方程的通解中的任意常数 C 改为待定函数 $C(x)$；

(3)将所设解代入非齐次线性方程，解出 $C(x)$，并写出非齐次线性方程的通解公式(6.3).

例5 求微分方程$(1+x^2)\frac{dy}{dx}-2xy=(1+x^2)^2$的通解.

解

将原方程改写为

$$y'-\frac{2x}{1+x^2}y=1+x^2$$

这是一阶非齐次线性微分方程.

解法一(常数变易法):

(1)先求出原方程对应的齐次线性方程 $y'-\frac{2x}{1+x^2}y=0$ 的通解，分离变量得

$$\frac{dy}{y}=\frac{2x}{1+x^2}dx$$

两边积分

$$\int\frac{dy}{y}=\int\frac{2x}{1+x^2}dx$$

得

$$\ln y=\ln(1+x^2)+\ln C$$

所以齐次线性方程的通解为

$$y=C(1+x^2)$$

(2)令 $y=C(x)(1+x^2)$为原方程的解，将其代入原方程得

$$(1+x^2)[C'(x)(1+x^2)+2xC(x)]-2xC(x)(1+x^2)=(1+x^2)^2$$

$$C'(x)(1+x^2)+2xC(x)-2xC(x)=(1+x^2)$$

得

$$C'(x)=1,\ C(x)=x+C$$

故原方程的通解为

$$y=(1+x^2)(x+C)$$

解法二(公式法):

该方程中

$$P(x)=\frac{-2x}{1+x^2},\ Q(x)=1+x^2$$

将其代入一阶非齐次线性微分方程的通解公式(6.3)，得

$$y=e^{-\int P(x)dx}\left(\int Q(x)e^{\int P(x)dx}dx+C\right)=e^{\int\frac{2x}{1+x^2}dx}\left(\int(1+x^2)e^{-\int\frac{2x}{1+x^2}dx}dx+C\right)$$

$$=e^{\ln(1+x^2)}\left(\int\frac{1+x^2}{1+x^2}dx+C\right)=(1+x^2)(x+C)$$

故原方程的通解为

$$y=(1+x^2)(x+C)$$

与解法一结果相同，可以看出解法二简单些，但必须熟记公式，而解法一只要知道常数变易法的思路即可求出解，在实际做题时用两种方法中的哪一种都可以.

例6 求方程 $xy'+y=\sin x$ 满足初始条件 $y|_{x=\pi}=0$的特解.

解

原方程变形为 $y'+\frac{1}{x}y=\frac{\sin x}{x}$，是一阶非齐次线性微分方程，其中 $P(x)=\frac{1}{x}$，$Q(x)=\frac{\sin x}{x}$，由通解公式(6.3)得

$$y=e^{-\int\frac{1}{x}dx}\left(\int\frac{\sin x}{x}e^{\int\frac{1}{x}dx}dx+C\right)=e^{-\ln x}\left(\int\frac{\sin x}{x}e^{\ln x}dx+C\right)$$
$$=\frac{1}{x}\left(\int\sin x dx+C\right)=\frac{1}{x}(-\cos x+C)$$

代入初始条件 $y|_{x=\pi}=0$后，得 $C=-1$，故满足初始条件的特解为

$$y=\frac{-1}{x}(\cos x+1)$$

习　题　6.2

1. 求 $y'=2xy$ 的通解.
2. 求 $dx+2xydy=y^2dx+2ydy$ 满足初始条件 $y|_{x=0}=2$的特解.
3. 求下列微分方程的通解.

(1)$3x^2+5x-5y'=0$；　　(2)$2xy'+y\ln y=0$.

4. 求 $y'-y=2e^x$的通解.
5. 求下列微分方程的通解或特解.

(1)$\frac{dy}{dx}+y=e^{-x}$；　　(2)$\frac{dy}{dx}+2xy=xe^{-x^2}$；

(3)$y'+y=2x$，$y|_{x=0}=1$；　　(4)$y'+y\cos x=e^{-\sin x}$，$y|_{x=0}=0$.

6.3　一阶微分方程应用举例

微分方程在各个领域中都有着广泛的应用，用微分方程解决应用问题的方法如下：

(1)分析题意，建立表达题意的微分方程及相应的初始条件，这是最关键的一步；

(2)求解微分方程，依问题要求，求出通解或满足初始条件的特解；

(3)依据问题的需要，用所求得的解对实际问题做出解释.

例 1(广告与利润)　已知某厂的纯利润 L 对广告费 x 的变化率$\frac{dL}{dx}$与常数 A 和纯利润 L 之差成正比．当 $x=0$ 时 $L=L_0$. 试求纯利润 L 与广告费 x 之间的函数关系.

解

由题意列出方程及初始条件为

$$\begin{cases}\frac{dL}{dx}=k(A-L)\\ L|_{x=0}=L_0\end{cases}\quad(\text{其中 } k \text{ 为比例系数，} k>0)$$

分离变量并积分

$$\int \frac{\mathrm{d}L}{A-L}=\int k\mathrm{d}x$$

得

$$-\ln(A-L)=kx+\ln C_1$$

即

$$A-L=C\mathrm{e}^{-kx} \quad \left(\text{其中 } C=\frac{1}{C_1}\right)$$

所以

$$L=A-C\mathrm{e}^{-kx}$$

由初始条件 $L|_{x=0}=L_0$，解得 $C=A-L_0$，所以纯利润 L 与广告费 x 之间的函数关系为

$$L=A-(A-L_0)\mathrm{e}^{-kx}$$

例 2(逻辑斯蒂曲线) 在商品销售预测中，时刻 t 时的销售量用 $x=x(t)$ 表示．如果商品销售的增长速度 $\frac{\mathrm{d}x(t)}{\mathrm{d}t}$ 正比于销售量 $x(t)$ 及与销售接近饱和水平的程度 $a-x(t)$ 之乘积(a 为饱和水平)，求销售量函数 $x(t)$.

解

由题意列出方程 $\frac{\mathrm{d}x(t)}{\mathrm{d}t}=kx(t)\cdot(a-x(t))$($k$ 为比例因子)，分离变量得

逻辑斯蒂方程

$$\frac{\mathrm{d}x(t)}{x(t)\cdot(a-x(t))}=k\mathrm{d}t$$

上式变形为

$$\left[\frac{1}{x(t)}+\frac{1}{a-x(t)}\mathrm{d}x\right]=ak\mathrm{d}t$$

两端积分得

$$\ln\frac{x(t)}{a-x(t)}=akt+C_1 \quad (C_1\text{为任意常数})$$

即

$$\frac{x(t)}{a-x(t)}=\mathrm{e}^{akt+C_1}=C_2\mathrm{e}^{akt} \quad (C_2=\mathrm{e}^{C_1}\text{为任意常数})$$

从而可得通解为

$$x(t)=\frac{aC_2\mathrm{e}^{akt}}{1+C_2\mathrm{e}^{akt}}=\frac{a}{1+C\mathrm{e}^{-akt}} \quad \left(C=\frac{1}{C_2}\text{为任意常数}\right)$$

其中：任意常数 C 由给定的初始条件确定.

在生物学、经济学等学科中可见到这种变量按逻辑斯蒂曲线方程变化的模型.

例 3(市场动态均衡价格) 设某商品的市场价格 $p=p(t)$ 随时间 t 变动，设 $t=0$ 时商品价格为 p_0，其需求函数为 $D_d=b-ap(a,b>0)$，供给函数 $D_s=-d+cp(c,d>0)$. 又设价格 p 随时间 t 的变化率与超额需求 (D_d-D_s) 成正比，求价格函数 $p=p(t)$.

解

由题意列出方程

$$\begin{cases}\dfrac{\mathrm{d}p}{\mathrm{d}t}=A(D_d-D_s)=-A(a+c)p+A(b+d) \\ p\big|_{t=0}=p_0\end{cases}(A\text{ 为比例因子，}A>0)$$

利用一阶线性微分方程的通解公式可得

$$\begin{aligned}p &= \mathrm{e}^{-\int A(a+c)\mathrm{d}t}\left[\int A(b+d)\mathrm{e}^{\int A(a+c)\mathrm{d}t}\mathrm{d}t+C_1\right] \\ &= \mathrm{e}^{-A(a+c)t}\left[\frac{A(b+d)}{A(a+c)}\mathrm{e}^{A(a+c)t}+C_1\right] \\ &= \frac{b+d}{a+c}+C_1\mathrm{e}^{-A(a+c)t}\end{aligned}$$

由初始条件 $t=0$，$p=p_0$ 得 $C_1=p_0-\dfrac{b+d}{a+c}$，代入上式得

$$p=\left(p_0-\frac{b+d}{a+c}\right)\mathrm{e}^{-A(a+c)t}+\frac{b+d}{a+c}$$

由解的表达式可得，当 $t\to\infty$ 时，$P(t)\to\dfrac{b+d}{a+c}$，称$\dfrac{b+d}{a+c}$为均衡价格，即当$t\to\infty$时，价格将逐步趋向均衡价格.

例 4（马尔萨斯人口方程） 英国人口学家马尔萨斯（Malthus）根据百余年的人口统计资料提出了人口指数增长模型．他的基本假设是：单位时间内人口的增长量与当时的人口总数成正比．根据我国国家局统计 2006 年 3 月 16 日发表的公报，2005 年 11 月 1 日零时我国人口总数为 13.06 亿人，过去 5 年的年人口平均增长率为 0.63%. 若今后的年增长率保持不变，试用马尔萨斯方程预报 2020 年我国的人口总数.

解

人口预测模型

设时间 t 时的人口总数为 $N(t)$，根据马尔萨斯假设，列出方程为

$$\begin{cases}\dfrac{\mathrm{d}N}{\mathrm{d}t}=kN \\ N(t_0)=N_0\end{cases}\quad(k\text{ 为比例常数，}k>0)$$

分离变量，积分

$$\int\frac{1}{N}\mathrm{d}N=\int k\mathrm{d}t$$

得

$$\ln N=kt+\ln C$$

求得通解为

$$N=C\mathrm{e}^{kt}$$

将初始条件代入通解中，得 $C=\dfrac{N_0}{\mathrm{e}^{kt_0}}$，所以特解为

$$N=N_0\mathrm{e}^{k(t-t_0)}$$

将 $t=2020$，$t_0=2005$，$k=0.006\,3$ 代入特解中，可预报 2020 年我国的人口总数为

$$N(2020)=13.06\times\mathrm{e}^{0.006\,3(2020-2005)}$$

$$\approx 14.35(亿)$$

这个预测与实际肯定会有误差，主要是因为15年内的人口增长率不会保持这个水平不变．一般来说，利用指数增长模型作为人口的短期预报与实际吻合得较好，但是当人口增加到一定数量后，增长率就会随着人口的继续增加而逐渐减少.

习　题　6.3

牛顿冷却定律

1. 设某物品的需求价格弹性 $E=-\dfrac{5}{\sqrt{Q}}$，且当 $Q=100$ 时，$p=1$. 试求需求函数 $Q(p)$.

2. 已知物体冷却的速度正比于物体的温度与周围环境温度之差(牛顿冷却定律).

求：(1)温度为 Q 的物体放到温度为 Q_a 的环境中(设物体的初始温度为 Q_0，$Q_0>Q_a$)，物体的温度 Q 与时间 t 的函数关系.

(2)室温为 20 ℃时，一物体由 100 ℃冷却到 60 ℃需经过 20 min，问从 100 ℃冷却到 30 ℃需经过多少分钟?

3. 已知某种商品的价格 p 对时间 t 的变化率与需求和供给之差成正比，设需求函数为 $f(p)=4p-p^2$，供给函数为 $g(p)=2p+1$，当 $t=0$ 时，$p=2$，试求价格关于时间的函数 $p(t)$.

6.4　二阶常系数线性微分方程

引例　火车沿水平轨道运动，火车的重量是 P，机车牵引力为 f_1，运动阻力 $f_2=a+bv$，其中 a，b 都是常数，v 是火车的速度．假设 $s(0)=s'(0)=0$，求火车的运动规律.

解

火车运动所受的力满足牛顿定律 $F=ma$，因为

$$F=f_1-f_2=f_1-(a+bv)=f_1-a-b\frac{\mathrm{d}s}{\mathrm{d}t}$$

所以

$$\frac{P}{g}\frac{\mathrm{d}^2 s}{\mathrm{d}t^2}=f_1-a-b\frac{\mathrm{d}s}{\mathrm{d}t}$$

即火车的运动规律可表示为

$$\begin{cases} s''(t)+\dfrac{gb}{P}s'(t)=\dfrac{g}{P}(f_1-a) \\ s(0)=s'(0)=0 \end{cases}$$

这是一个二阶常系数线性微分方程．形如

$$y''+py'+qy=f(x) \tag{6.4}$$

的方程称为二阶常系数线性微分方程，其中 p、q 均为常数，y''、y'、y 均为一次的(线性的).

当 $f(x)=0$ 时，方程

$$y''+py'+qy=0 \tag{6.5}$$

称为二阶常系数齐次线性微分方程；$f(x)\neq 0$ 时，方程(6.4)称为二阶常系数非齐次线性微分方程.

6.4.1 二阶常系数线性微分方程通解的结构

二阶常系数线性微分方程通解的结构

定理 1(齐次线性微分方程解的叠加原理) 若函数 $y_1(x)$ 与 $y_2(x)$ 都是二阶常系数齐次线性微分方程(6.5)的解，则 $y_1(x)$ 与 $y_2(x)$ 的线性组合 $y=C_1y_1(x)+C_2y_2(x)$ 也是该方程的解(C_1，C_2 为任意常数).

那么，函数 $y=C_1y_1(x)+C_2y_2(x)$ 是否为方程(6.5)的通解呢？这要看 $y_1(x)$ 与 $y_2(x)$ 的关系．如果 $y_1(x)=ky_2(x)$，则 $y=C_1y_1(x)+C_2y_2(x)=(C_1k+C_2)y_2(x)$ 只含有一个任意常数，所以不是方程(6.5)的通解．只有当 $y_1(x)\neq ky_2(x)$ 时，$C_1y_1(x)+C_2y_2(x)$ 中的两个任意常数不能合并成一个常数，$C_1y_1(x)+C_2y_2(x)$ 才是方程(6.5)的通解.

定义 1 如果 $\dfrac{y_2(x)}{y_1(x)}=k$(k 为常数，$y_1(x)\neq 0$)，那么称函数 $y_1(x)$ 与 $y_2(x)$ 线性相关；若 $\dfrac{y_2(x)}{y_1(x)}\neq k$，则称函数 $y_1(x)$ 与 $y_2(x)$ 线性无关.

例如，e^{2x} 与 $3e^{5x}$ 线性无关，$2x$ 与 $5x$ 线性相关.

定理 2(齐次线性微分方程通解的结构) 若函数 $y_1(x)$ 与 $y_2(x)$ 是方程(6.5)的两个线性无关的特解，则函数 $y=C_1y_1(x)+C_2y_2(x)$(C_1，C_2 为任意常数)是方程(6.5)的通解.

例如，$y_1=\cos\omega x$，$y_2=\sin\omega x$ 是方程 $y''+\omega^2y=0$ 的两个特解，且 $\dfrac{y_2}{y_1}=\dfrac{\sin\omega x}{\cos\omega x}=\tan\omega x\neq$ 常数，即 y_1 与 y_2 线性无关，因此 $y=C_1\cos\omega x+C_2\sin\omega x$ 是方程的通解.

定理 3(线性非齐次微分方程通解的结构) 设 $y^*(x)$ 是二阶常系数非齐次线性微分方程(6.4)的一个特解，$Y(x)=C_1y_1(x)+C_2y_2(x)$ 是其对应的齐次微分方程(6.5)的通解，则 $y=Y(x)+y^*(x)$ 是方程(6.4)的通解.

6.4.2 二阶常系数齐次线性方程的解法

二阶常系数齐次线性微分方程的解法

二阶齐次线性微分方程解的叠加原理说明，要求方程 $y''+py'+qy=0$ 的通解，只要求出它的两个线性无关的特解即可．由于齐次线性微分方程左端是未知函数的常数倍、未知函数的一阶导数的常数倍与二阶导数，且它们的代数和等于 0，适于方程的函数 y 必须与其一阶导数、二阶导数只能相差一个常数因子，可以猜想方程具有 $y=e^{rx}$ 形式的解.

把指数函数 $y=e^{rx}$(r 是常数)，代入方程 $y''+py'+qy=0$，则有 $e^{rx}(r^2+pr+q)=0$.

由于 $e^{rx}\neq 0$，所以有

$$r^2+pr+q=0 \tag{6.6}$$

由此可见，只要 r 满足代数方程 $r^2+pr+q=0$，函数 $y=e^{rx}$ 就是微分方程 $y''+py'+qy=0$ 的解，此代数方程(6.6)叫做微分方程 $y''+py'+qy=0$ 的**特征方程**，特征方程的根称为微分方程 $y''+py'+qy=0$ 的**特征根**.

求二阶常系数齐次线性微分方程

$$y''+py'+qy=0$$

的通解的步骤可归纳如下：

(1)写出微分方程 $y''+py'+qy=0$ 的特征方程 $r^2+pr+q=0$；

(2)求出特征方程 $r^2+pr+q=0$ 的两个根 r_1 和 r_2；

(3)根据特征方程的两个根的不同情形，依次写出微分方程的通解(表 6-1).

表 6-1

特征方程的根	通解形式(C_1，C_2 为任意常数)
两个不等的实根 $r_1\neq r_2$	$y=C_1e^{r_1x}+C_2e^{r_2x}$
两个相等的实根 $r_1=r_2=r$	$y=(C_1+C_2x)e^{rx}$
一对共轭复根 $r_{1,2}=\alpha\pm i\beta$	$y=e^{\alpha x}(C_1\cos\beta x+C_2\sin\beta x)$

例 1　求下列微分方程的通解：

(1)$y''-2y'-3y=0$；(2)$y''-4y'+4y=0$；(3)$y''+4y'+13y=0$.

解

(1)该方程的特征方程为 $r^2-2r-3=0$，即$(r+1)(r-3)=0$，其特征根为 $r_1=-1$，$r_2=3$. 故方程的通解为 $y=C_1e^{-x}+C_2e^{3x}$；

(2)该方程的特征方程为 $r^2-4r+4=0$，即$(r-2)^2=0$，特征根为 $r_1=r_2=2$. 故方程的通解为 $y=(C_1+C_2x)e^{2x}$；

(3)该方程的特征方程为 $r^2+4r+13=0$，它有一对共轭复根，特征根为 $r_{1,2}=-2\pm 3i$. 方程的通解为 $y=e^{-2x}(C_1\cos 3x+C_2\sin 3x)$.

例 2　求方程 $y''+9y=0$ 满足条件 $y|_{x=0}=2$，$y'|_{x=0}=3$ 的特解.

解

该方程的特征方程为 $r^2+9=0$，特征根为 $r_{1,2}=\pm 3i$，方程的通解为

$$y=C_1\cos 3x+C_2\sin 3x$$

代入初始条件 $y|_{x=0}=2$，$y'|_{x=0}=3$，有

$$y|_{x=0}=C_1=2$$

$$y'=-3C_1\sin 3x+3C_2\cos 3x，\ y'|_{x=0}=3C_2=3，\ C_2=1$$

故所求特解为

$$y=2\cos 3x+\sin 3x$$

6.4.3　二阶常系数非齐次线性方程的解法

由二阶常系数非齐次线性微分方程解的结构定理可知，求二阶常系数非齐次线性方

程 $y''+py'+qy=f(x)$ 的通解，可先求出其对应的齐次方程 $y''+py'+qy=0$ 的通解 Y，再设法求出非齐次线性方程的某个特解 y^*，二者之和就是方程 $y''+py'+qy=f(x)$ 的通解．关于二阶常系数齐次线性方程的通解的求法前面已解决．在此主要讨论非齐次线性方程的特解 y^* 的求法．这里只讨论 $f(x)$ 为多项式与指数函数 $e^{\lambda x}$ 的乘积的情况．

设 $f(x)=e^{\lambda x}P_m(x)$（其中 λ 是常数，$P_m(x)$ 是 x 的一个 m 次多项式），这时方程 $y''+py'+qy=f(x)$ 成为

$$y''+py'+qy=e^{\lambda x}P_m(x) \tag{6.7}$$

因为多项式与指数函数乘积的导数仍然是多项式与指数函数的乘积，所以从方程(6.7)的结构可以推断出它应该有多项式与指数函数乘积型的特解，且特解形式见表 6－2（其中 $Q(x)$ 是与 $P_m(x)$ 同次的待定多项式）.

表 6－2

$f(x)$ 的形式	条　件	特解 y^* 形式
$f(x)=e^{\lambda x}P_m(x)$	λ 不是特征根	$y^*=Q_m(x)e^{\lambda x}$
	λ 是特征单根	$y^*=xQ_m(x)e^{\lambda x}$
	λ 是特征重根	$y^*=x^2Q_m(x)e^{\lambda x}$

例 3　求微分方程 $y''+y'=2x^2-3$ 的一个特解.

解

$f(x)=2x^2-3$，$m=2$，$\lambda=0$. 因为 $\lambda=0$ 是特征方程 $r^2+r=0$ 的单根，故设特解

$$y^*=xQ_2(x)e^{0x}=x(Ax^2+Bx+C)$$

求 y^* 的导数，得

$$y^{*\prime}=3Ax^2+2Bx+C，\ y^{*\prime\prime}=6Ax+2B$$

代入原方程，得

$$3Ax^2+(6A+2B)x+(2B+C)=2x^2-3$$

比较两端 x 的同次幂的系数，得

$$\begin{cases}3A=2\\6A+2B=0\\2B+C=-3\end{cases}$$

解得

$$A=\frac{2}{3}，\ B=-2，\ C=1$$

由此求得一个特解为

$$y^*=\frac{2}{3}x^3-2x^2+x$$

例 4　求微分方程 $y''-2y'-3y=xe^{2x}$ 的通解.

解

特征方程为 $r^2-2r-3=0$，特征根是 $r_1=-1$，$r_2=3$，所以对应齐次方程的通解为

$$Y=C_1e^{-x}+C_2e^{3x}$$

因为 $f(x)=xe^{2x}$，$m=1$，而 $\lambda=2$ 不是特征根，故设特解为

$$y^*=Q_1(x)e^{2x}=(Ax+B)e^{2x}$$

求 y^* 的导数，得

$$y^{*\prime}=(A+2Ax+2B)e^{2x},\quad y^{*\prime\prime}=(4A+4Ax+4B)e^{2x}$$

将 y^*，$y^{*\prime}$，$y^{*\prime\prime}$代入原方程，得

$$-3Ax+2A-3B=x$$

比较两端 x 的同次幂的系数，得

$$\begin{cases}-3A=1\\2A-3B=0\end{cases}$$

解得 $A=-\dfrac{1}{3}$，$B=-\dfrac{2}{9}$. 由此求得一个特解为

$$y^*=\left(-\frac{1}{3}x-\frac{2}{9}\right)e^{2x}$$

所以原方程的通解为

$$y=C_1e^{-x}+C_2e^{3x}-\frac{1}{3}\left(x+\frac{2}{3}\right)e^{2x}$$

例 5　求解本节引例：

$$\begin{cases}s''(t)+\dfrac{gb}{P}s'(t)=\dfrac{g}{P}(f_1-a)\\s(0)=s'(0)=0.\end{cases}$$

解

特征方程为 $r^2+\dfrac{gb}{P}r=0$，特征根是 $r_1=0$，$r_2=-\dfrac{gb}{P}$，所以对应齐次方程的通解为

$$s=C_1+C_2e^{-\frac{gb}{P}t}$$

设方程的特解为

$$s^*=At$$

将 $s^{*\prime}$，$s^{*\prime\prime}$代入原方程，得

$$A=\frac{f_1-a}{b}$$

故原方程的通解为

$$s=C_1+C_2e^{-\frac{gb}{P}t}+\frac{f_1-a}{b}t$$

将初始条件代入通解中，得

$$C_1=\frac{P(a-f_1)}{gb^2},\quad C_2=\frac{P(f_1-a)}{gb^2}$$

所以火车的运动规律为

$$s=\frac{P(a-f_1)}{gb^2}(1-e^{-\frac{gb}{P}t})+\frac{f_1-a}{b}t$$

习　题　6.4

1. 下列各组函数中，哪些是线性相关的，哪些是线性无关的？

(1)e^x 与 $2e^x$；(2)e^{-x} 与 e^x；(3)$\sin 2x$ 与 $\sin(\cos x)$.

2. 已知二阶常系数齐次线性微分方程的特征方程，试写出对应的齐次线性微分方程.

(1)$9r^2-6r+1=0$；(2)$r^2+3r+2=0$；(3)$r^2+\sqrt{3}r=0$.

3. 求下列各微分方程的通解或在给定条件下的特解.

(1)$3y''-2y'-8y=0$；(2)$y''+2y'+y=0$；(3)$4y''-8y'+5y=0$；

(4)$y''-4y'+3y=0$，$y|_{x=0}=6$，$y'|_{x=0}=10$；

(5)$y''=4y$，$y|_{x=0}=1$，$y'|_{x=0}=2$；

(6)$y''-2y'+y=0$，$y|_{x=2}=1$，$y'|_{x=2}=-2$.

4. 求下列微分方程的通解.

(1)$y''+2y'+y=-2$；　　(2)$y''+4y'+3y=9e^{-3x}$；

(3)$y''+3y'=3e^{-3x}$；　　(4)$y''-5y'+6y=e^{3x}\sin x$.

6.5　数学建模案例：微分方程在考古学中的应用

数学建模案例：微分方程在考古学中的应用

6.5.1　问题提出

长沙马王堆一号墓的出土在当时曾引起国内外的巨大轰动，马王堆一号墓于 1972 年 8 月出土，当一号古墓被打开，一位形体完整、全身润泽的女尸，以其不老容颜出现在人们的面前时，一切焦点都集中到了她的身上，她是谁？她曾经过着怎样的生活，她是怎样死的，在古墓中到底躺了多少年，她的身体为何会如此完整地保留下来？这对于从事考古的专家来说，只能用“神奇”两个字来形容. 如何测算马王堆一号墓的年代呢？

6.5.2　问题分析

测定考古发掘物年龄的最精确的方法之一是大约在 1949 年 W・利贝(Libby)发明的碳－14(^{14}C)年龄测定法，这个方法的依据很简单。地球周围的大气层不断受到宇宙射线的轰击，这些宇宙射线使地球中的大气产生中子，这些中子同氮发生作用而产生 ^{14}C. 因为 ^{14}C 会发生放射性衰变，所以通常称这种碳为放射性碳。这种放射性碳又结合到二氧化碳中，在大气中漂动而被植物吸收，动物通过吃植物又把放射性碳带入它们的组织中. 在活的组织中，^{14}C 的摄取率正好与 ^{14}C 的衰变率相平衡. 但是，当组织死亡以后，它就停止摄取 ^{14}C，因此 ^{14}C 的浓度因 ^{14}C 的衰变而减少. 地球的大气被宇宙射线轰击的速率始终不变，这是一个基本的物理假定. 这就意味着，在像木炭这样的样品中，^{14}C 原来的蜕变速率同现在测量出来的蜕变速率是一样的. 有了这个假设我们就能够利用墓中发现的用于防潮防腐的木炭测定木炭样品的年龄，从而确定马王堆一号墓的年代.

6.5.3 模型的建立与求解

放射性元素的衰变有如下规律：衰变速度与现存量成正比.

设 $N(t)$表示 t 时刻的^{14}C 原子数，则$\frac{dN}{dt}$表示单位时间内原子的蜕变数，它与 N 成正比，即$\frac{dN}{dt}=-\lambda N$($\lambda>0$ 为衰变常数)，设 $N(0)=N_0$，建立微分方程

$$\begin{cases}\frac{dN}{dt}=-\lambda N\\ N(0)=N_0\end{cases}$$

解微分方程，得

$$N(t)=N_0e^{-\lambda t}$$

已知开墓时测得木炭中碳－14 的平均原子蜕变数 $N'(t)=29.78$ 次/分，新木炭的平均原子蜕变数 $N'(0)=38.37$ 次/分，^{14}C 的半衰期 $T=5\ 568$ 年.

将 $N(5\ 568)=\frac{1}{2}N_0$代入上式，得$\frac{1}{2}N_0=N_0e^{-5\ 568\lambda}$，解得 $\lambda=\frac{\ln 2}{5\ 568}$.

样品^{14}C 中目前的蜕变率 $N'(t)=-\lambda N_0e^{-\lambda t}$，而原来的蜕变率是 $N'(0)=-\lambda N_0$，因此

$$\frac{N'(t)}{N'(0)}=e^{-\lambda t}$$

从而 $t=\frac{1}{\lambda}\ln\frac{N'(0)}{N'(t)}$，将数据带入上式，得

$$t=\frac{5\ 568}{\ln 2}\ln\frac{38.37}{29.78}\approx 2\ 036(\text{年})$$

这样就估计出马王堆一号墓的大致年代是在 2000 年前(西汉末年).

6.6 数学实验：用 Mathematica 求解微分方程

6.6.1 求微分方程的通解

在 Mathematica 中，方程中未知函数用 $y[x]$表示，其各阶导数用 $y'[x]$，$y''[x]$等表示. 在没有给定初始条件时，我们所得到的解包括待定系数 $C[1]$，$C[2]$，…. 下面给出微分方程的求解命令：

DSolve[eqn, y, x]　　求解微分方程函数 y

DSolve[{eqn1, eqn2, …}, {y1, y2, …}, x]　　求解微分方程组

例 1　求微分方程 $y'-2xy=xe^{x^2}$ 的通解.

解

具体命令如图 6－1 所示.

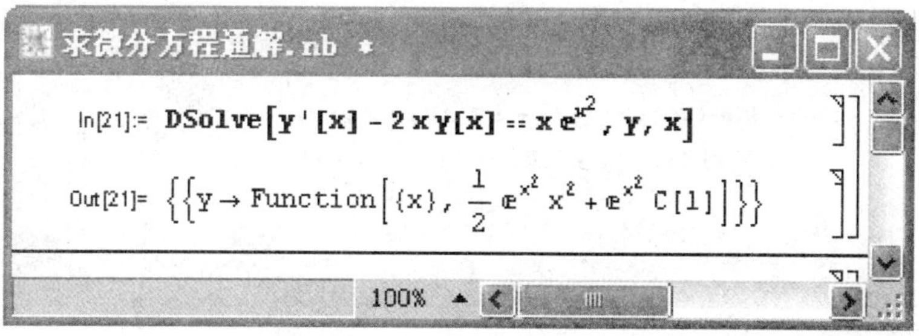

图 6－1

注：本例中得到的 y 是纯函数形式，适合 y 的所有情况，例如，可以计算 y'或者求 $y[0]$，如图 6－2 所示.

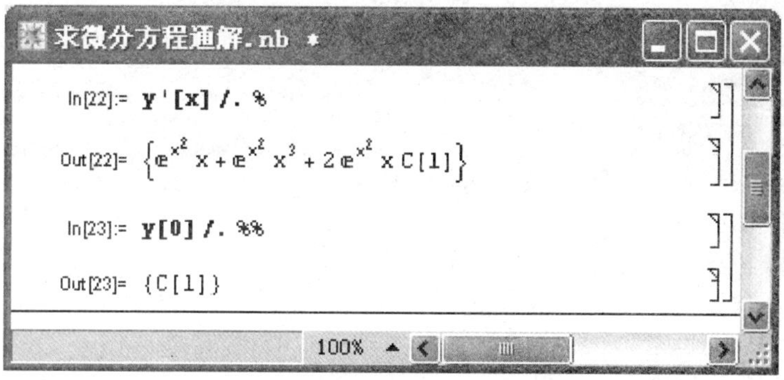

图 6－2

6.6.2　求微分方程的特解

当给定微分方程的一个初始条件时就可以确定一个待定系数.

例 2　求微分方程 $xy'+y=\sin x$ 满足初始条件 $y|_{x=\pi}=0$ 的特解.

解

具体命令如图 6－3 所示.

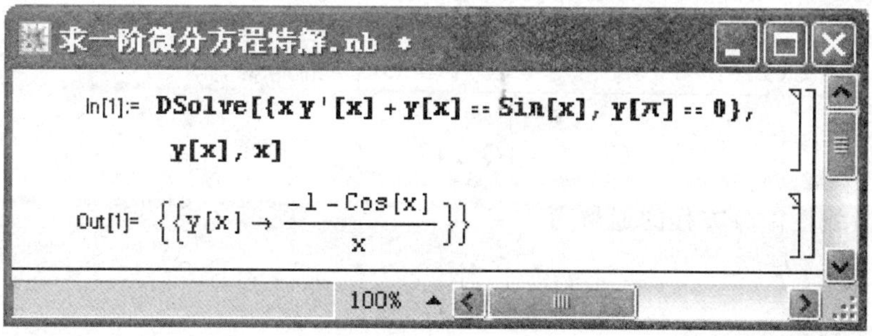

图 6－3

例 3　求微分方程 $y''+3y'+2y=0$ 满足条件$y'|_{x=0}=1$，$y|_{x=0}=1$ 的特解.

解

具体命令如图 6-4 所示.

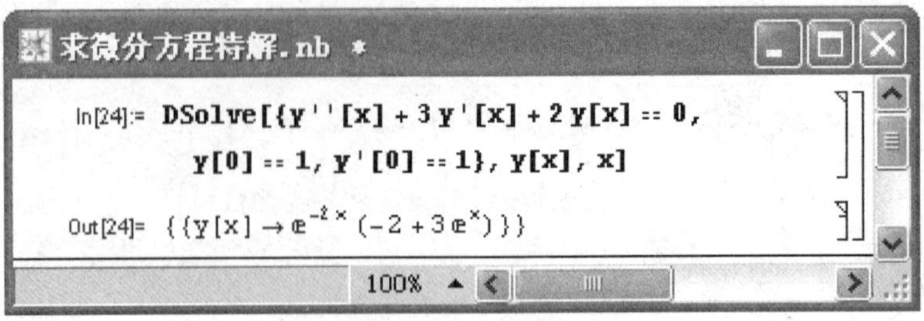

图 6-4

本章小结

一、主要内容

1. 微分方程的概念、阶、解、通解、特解

2. 可分离变量的微分方程

$$\frac{\mathrm{d}y}{\mathrm{d}x}=f(x)g(y)$$

解法

(1)分离变量$\frac{\mathrm{d}y}{g(y)}=f(x)\mathrm{d}x$;

(2)两边积分$\int\frac{\mathrm{d}y}{g(y)}=\int f(x)\mathrm{d}x+C$.

3. 一阶线性微分方程

$$\frac{\mathrm{d}y}{\mathrm{d}x}+P(x)y=Q(x)$$

解法一　常数变易法

(1)求出$\frac{\mathrm{d}y}{\mathrm{d}x}+P(x)y=0$的通解$y=C\mathrm{e}^{-\int P(x)\mathrm{d}x}$;

(2)令$y=C(x)\mathrm{e}^{-\int P(x)\mathrm{d}x}$为$\frac{\mathrm{d}y}{\mathrm{d}x}+P(x)y=Q(x)$的通解,得

$$C(x)=\int Q(x)\mathrm{e}^{\int P(x)\mathrm{d}x}\mathrm{d}x+C$$

(3)一阶线性微分方程的通解为

$$y=\mathrm{e}^{-\int P(x)\mathrm{d}x}\left[\int Q(x)\mathrm{e}^{\int P(x)\mathrm{d}x}\mathrm{d}x+C\right]$$

解法二　公式法

直接利用一阶线性微分方程的通解公式$y=\mathrm{e}^{-\int P(x)\mathrm{d}x}\left[\int Q(x)\mathrm{e}^{\int P(x)\mathrm{d}x}\mathrm{d}x+C\right]$.

4. 一阶微分方程的应用

利用一阶微分方程解决某些实际问题的一般步骤如下：

(1)根据实际问题所给的条件建立微分方程，这是问题的关键．应注意到题设中的关键词，如变化率、速率、切线的斜率等，这些实际上都是未知函数的变化率，即未知函数的一阶导数．

(2)识别微分方程的类型，求出通解．

(3)依据问题要求，求出满足初始条件的特解．

(4)依据问题的需要，用所得的解对实际问题做出解释．

5. 二阶常系数齐次微分方程

形如 $y''+py'+qy=0$ 的微分方程称为二阶常系数齐次微分方程．其通解形式与微分方程对应的特征方程的特征根的关系见表 6 - 3.

表 6 - 3

特征方程	特征方程的根	通解形式(C_1，C_2为任意常数)
$r^2+pr+q=0$	两个不等的实根 $r_1\neq r_2$	$y=C_1e^{r_1x}+C_2e^{r_2x}$
	两个相等的实根 $r_1=r_2=r$	$y=(C_1+C_2x)e^{rx}$
	一对共轭复根 $r_{1,2}=\alpha\pm\beta i$	$y=e^{\alpha x}(C_1\cos\beta x+C_2\sin\beta x)$

6. 二阶常系数非齐次微分方程

形如 $y''+py'+qy=f(x)(f(x)\neq 0)$的微分方程称为二阶常系数非齐次线性微分方程，通解 $y=Y+y^*$，其中 Y 为方程对应的齐次方程的通解，y^* 为方程的一个特解，其形式见表 6 - 4.

表 6 - 4

$f(x)$的形式	条　件	特解 y^* 形式
$f(x)=e^{\lambda x}P_m(x)$	λ 不是特征根	$y^*=Q_m(x)e^{\lambda x}$
	λ 是特征单根	$y^*=xQ_m(x)e^{\lambda x}$
	λ 是特征重根	$y^*=x^2Q_m(x)e^{\lambda x}$

二、本章应注意的问题

1. 对微分方程解的概念的理解

微分方程的通解中有时不能包含全部解，一般是由于变形使方程丢解，注意全部解与通解的区别，平时所求的解是通解．

求微分方程的通解要注意独立的任意常数的个数与微分方程的阶数相同，不能像求不定积分那样，最后加任意常数，而是在两边求出积分时加上适当形式的任意常数．

2. 说明

一阶微分方程类型较多，本书只介绍了可分离变量的微分方程和一阶线性微分方程．由于方程的类型不同，其解法也就不同，因此，识别方程的类型是解微分方程的关键.

复习题 6

1. 判别下列给定函数是否是所给微分方程的通解或特解.

(1) $y''-x^2-y^2=0$，$y=\frac{1}{x}$；

(2) $y''-2y'+y=0$，(a) $y=xe^x$；(b) $y=e^x$；

(3) $y'=-\frac{x}{y}$，$x^2+y^2=C$.

2. 求下列各微分方程的通解.

(1) $y'=\frac{\cos x}{3y^2+e^y}$；　(2) $x^2y'=(x-1)y$；

(3) $y'=e^{2x-y}$；　(4) $(e^{x+y}-e^x)dx+(e^{x+y}+e^y)dy=0$.

3. 求下列微分方程满足初始条件的特解.

(1) $\frac{dx}{y}+\frac{dy}{x}=0$，$y|_{x=3}=4$；　(2) $y'\sec x=y$，$y|_{x=0}=1$.

4. 求下列微分方程的通解或特解.

(1) $xy'+y=3$，$y|_{x=1}=0$；　(2) $y'-\frac{2}{x}y=x^2e^x$，$y|_{x=1}=0$；

(3) $y'-2xy=e^{x^2}\cos x$；　(4) $y'+\frac{y}{x}=\sin x$.

5. 某林区现有木材 10 万 m^3，如果在每一时刻木材的变化率与当时木材数成正比，假设 10 年内该林区能有木材 20 万 m^3，试确定木材数 P 与时间 t 的关系.

6. 某商品的需求量 Q 对价格 p 的弹性为 $-p\ln 3$. 已知该商品的最大需求量为 1 200（即当 $p=0$ 时，$Q=1\ 200$），求需求量 Q 对价格 p 的函数关系.

7. 在某池塘内养鱼，该池塘最多能养鱼 1 000 尾．在时刻 t，鱼数 y 是时间 t 的函数 $y=y(t)$，其变化率与鱼数 y 及 $1\ 000-y$ 的乘积成正比．已知在池塘内养鱼 100 尾，3 个月后池塘内有鱼 250 尾，求放养 t 月后池塘内鱼数 $y(t)$ 的公式.

8. 求下列微分方程的通解或特解.

(1) $y''-9y=0$；　(2) $y''-2y'=0$；

(3) $y''+6y'+10y=0$；　(4) $y''-3y'-10y=0$；

(5) $y''-6y'+9y=0$，$y'|_{x=0}=2$，$y|_{x=0}=0$；

(6) $y''+3y'+2y=0$，$y'|_{x=0}=1$，$y|_{x=0}=1$.

9. 求下列微分方程的通解.

(1) $y''+6y'+9y=5xe^{-3x}$；　(2) $y''+3y'-4y=5e^x$；

(3) $y''+9y'=x-4$；　(4) $4y''+4y'+y=e^{\frac{x}{2}}$.

第7章

行列式与矩阵

7.1 行列式的基本概念

二阶行列式与三阶行列式

7.1.1 二阶行列式与三阶行列式

在中学数学里，已经学会了用消元法解二元一次方程组和三元一次方程组．当 $a_{11}a_{22}-a_{12}a_{21}\neq 0$ 时，用消元法可求得二元一次方程组

$$\begin{cases}a_{11}x_1+a_{12}x_2=b_1\\ a_{21}x_1+a_{22}x_2=b_2\end{cases}\tag{7.1}$$

的唯一一组解为

$$\begin{cases}x_1=\dfrac{b_1a_{22}-b_2a_{12}}{a_{11}a_{22}-a_{12}a_{21}}\\ x_2=\dfrac{b_2a_{11}-b_1a_{21}}{a_{11}a_{22}-a_{12}a_{21}}\end{cases}\tag{7.2}$$

仔细观察解的表达式(7.2)，发现 x_1 与 x_2 的表达式中，分子与分母均是两个数的乘积减去两个数的乘积，按照这一特点，将算式 $a_{11}a_{22}-a_{12}a_{21}$ 简记成 $\begin{vmatrix}a_{11} & a_{12}\\ a_{21} & a_{22}\end{vmatrix}$，即

$$\begin{vmatrix}a_{11} & a_{12}\\ a_{21} & a_{22}\end{vmatrix}=a_{11}a_{22}-a_{12}a_{21}\tag{7.3}$$

并称算式 $\begin{vmatrix}a_{11} & a_{12}\\ a_{21} & a_{22}\end{vmatrix}$ 为**二阶行列式**，每个横排称为行列式的**行**，每个竖排称为行列式的**列**．其中 $a_{ij}(i=1，2；j=1，2)$ 称为行列式的**元素**，a_{ij} 的第一个下标 i 表示它位于行列式的第 i 行，第二个下标 j 表示它位于行列式的第 j 列，即 a_{ij} 是位于行列式第 i 行与第 j 列交叉处的一个元素．通常又称式(7.3)等号右边的式子 $a_{11}a_{22}-a_{12}a_{21}$ 为二阶行列式 $\begin{vmatrix}a_{11} & a_{12}\\ a_{21} & a_{22}\end{vmatrix}$ 的**展开式**．它是两项代数和：一项是从左上角到右下角的对角线(称为**行列式的主对角线**)上的两元素的乘积，取正号；另一项是从右上角到左下角的对角线(称为**行列式的次对角线**)上的两元素的乘积，取负号．

若分别记

$$D=\begin{vmatrix} a_{11} & a_{12} \\ a_{21} & a_{22} \end{vmatrix}=a_{11}a_{22}-a_{12}a_{21} \tag{7.4}$$

$$D_1=\begin{vmatrix} b_1 & a_{12} \\ b_2 & a_{22} \end{vmatrix}=b_1a_{22}-b_2a_{12} \tag{7.5}$$

$$D_2=\begin{vmatrix} a_{11} & b_1 \\ a_{21} & b_2 \end{vmatrix}=b_2a_{11}-b_1a_{21} \tag{7.6}$$

则方程组(7.1)的解的表达式(7.2)可简记为

$$\begin{cases} x_1=\dfrac{D_1}{D} \\ x_2=\dfrac{D_2}{D} \end{cases}$$

其中：D 是由方程组(7.1)中未知数 x_1 和 x_2 的系数按其原有相对位置排成的一个二阶行列式，称为方程组(7.1)的系数行列式；行列式 D_1 是由常数列替换系数行列式 D 中的第一列(第一未知量的系数列)所得到的行列式，称为方程组(7.1)的第一替代行列式；行列式 D_2 是由常数列替换系数行列式 D 中的第二列(第二未知量的系数列)所得到的行列式，称为方程组(7.1)的第二替代行列式.

例 1　计算行列式$\begin{vmatrix} 1 & 3 \\ -1 & 2 \end{vmatrix}$.

解

$$\begin{vmatrix} 1 & 3 \\ -1 & 2 \end{vmatrix}=1\times2-3\times(-1)=5$$

例 2　解二元一次方程组$\begin{cases} 2x+4y=1, \\ x+3y=2. \end{cases}$

解

因为系数行列式 $D=\begin{vmatrix} 2 & 4 \\ 1 & 3 \end{vmatrix}=2\times3-4\times1=2\neq0$，所以方程组有解，且 $D_1=\begin{vmatrix} 1 & 4 \\ 2 & 3 \end{vmatrix}=-5$，$D_2=\begin{vmatrix} 2 & 1 \\ 1 & 2 \end{vmatrix}=3$，故方程组的解为

$$\begin{cases} x_1=\dfrac{D_1}{D}=\dfrac{-5}{2} \\ x_2=\dfrac{D_2}{D}=\dfrac{3}{2} \end{cases}$$

类似地，对于三元一次方程组

$$\begin{cases} a_{11}x_1+a_{12}x_2+a_{13}x_3=b_1 \\ a_{21}x_1+a_{22}x_2+a_{23}x_3=b_2 \\ a_{31}x_1+a_{32}x_2+a_{33}x_3=b_3 \end{cases} \tag{7.7}$$

为简单地表示它的解，引进三阶行列式的概念.

称算式 $\begin{vmatrix} a_{11} & a_{12} & a_{13} \\ a_{21} & a_{22} & a_{23} \\ a_{31} & a_{32} & a_{33} \end{vmatrix}$ 为三阶行列式，其展开式为

$$\begin{vmatrix} a_{11} & a_{12} & a_{13} \\ a_{21} & a_{22} & a_{23} \\ a_{31} & a_{32} & a_{33} \end{vmatrix} = a_{11}a_{22}a_{33} + a_{12}a_{23}a_{31} + a_{13}a_{21}a_{32} - a_{11}a_{23}a_{32} - a_{12}a_{21}a_{33} - a_{13}a_{22}a_{31} \tag{7.8}$$

三阶行列式表示的代数和，可以用画线(图 7 - 1)的方法记忆．其中各实线联结的三个元素的乘积是代数和中的正项，各虚线联结的三个元素的乘积是代数和中的负项.

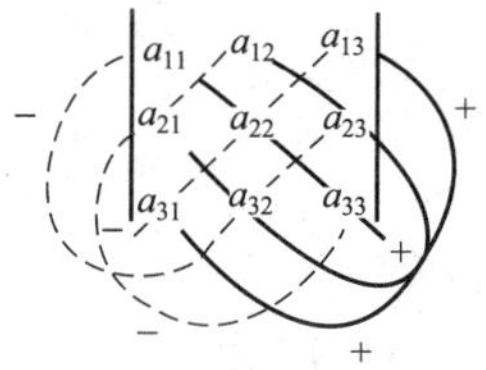

图 7 - 1

例 3　计算行列式 $\begin{vmatrix} 1 & -1 & 3 \\ 2 & 4 & 1 \\ -2 & 2 & 3 \end{vmatrix}$.

解　$\begin{vmatrix} 1 & -1 & 3 \\ 2 & 4 & 1 \\ -2 & 2 & 3 \end{vmatrix}$

$= 1\times4\times3 + (-1)\times1\times(-2) + 3\times2\times2 - 3\times4\times(-2) - (-1)\times2\times3 - 1\times1\times2$

$= 54$

用消元法解三元线性方程组(7.7)可以得到与二元线性方程组类似的结论：当它的系数行列式

$$D = \begin{vmatrix} a_{11} & a_{12} & a_{13} \\ a_{21} & a_{22} & a_{23} \\ a_{31} & a_{32} & a_{33} \end{vmatrix} \neq 0$$

时，方程组有唯一的解，其解可以表示为

$$\begin{cases} x_1 = \dfrac{D_1}{D} \\ x_2 = \dfrac{D_2}{D} \\ x_3 = \dfrac{D_3}{D} \end{cases}$$

其中

$$D_1=\begin{vmatrix} b_1 & a_{12} & a_{13} \\ b_2 & a_{22} & a_{23} \\ b_3 & a_{32} & a_{33} \end{vmatrix},\ D_2=\begin{vmatrix} a_{11} & b_1 & a_{13} \\ a_{21} & b_2 & a_{23} \\ a_{31} & b_3 & a_{33} \end{vmatrix},\ D_3=\begin{vmatrix} a_{11} & a_{12} & b_1 \\ a_{21} & a_{22} & b_2 \\ a_{31} & a_{32} & b_3 \end{vmatrix}$$

分别为方程组(7.7)的第一、二、三替代行列式.

为方便起见，对三阶行列式的展开式(7.8)，将其表示为

$$\begin{aligned}\begin{vmatrix} a_{11} & a_{12} & a_{13} \\ a_{21} & a_{22} & a_{23} \\ a_{31} & a_{32} & a_{33} \end{vmatrix} &= a_{11}a_{22}a_{33}+a_{12}a_{23}a_{31}+a_{13}a_{21}a_{32}-a_{11}a_{23}a_{32}-a_{12}a_{21}a_{33}-a_{13}a_{22}a_{31} \\ &= a_{11}(a_{22}a_{33}-a_{23}a_{32})-a_{12}(a_{21}a_{33}-a_{23}a_{31})+a_{13}(a_{21}a_{32}-a_{22}a_{31}) \\ &= (-1)^{1+1}a_{11}\begin{vmatrix} a_{22} & a_{23} \\ a_{32} & a_{33} \end{vmatrix}+(-1)^{1+2}a_{12}\begin{vmatrix} a_{21} & a_{23} \\ a_{31} & a_{33} \end{vmatrix}+ \\ &\quad (-1)^{1+3}a_{13}\begin{vmatrix} a_{21} & a_{22} \\ a_{31} & a_{32} \end{vmatrix}\end{aligned}$$

观察上式中三个二阶行列式与其前面所乘的数 $a_{1j}(j=1,2,3)$的位置关系，我们会发现，每个二阶行列式正好是在原三阶行列式中，去掉元素 $a_{1j}(j=1,2,3)$所在的第一行和第 $j(j=1,2,3)$列所有的元素之后，剩下元素按其原有的相对位置排成的二阶行列式，称其为元素 a_{1j} 的**余子式**，记作 M_{1j}. 进一步，定义$(-1)^{1+j}M_{1j}$为元素 a_{1j} 的**代数余子式**，记为 A_{1j}，则三阶行列式可简记为

$$\begin{vmatrix} a_{11} & a_{12} & a_{13} \\ a_{21} & a_{22} & a_{23} \\ a_{31} & a_{32} & a_{33} \end{vmatrix}=a_{11}A_{11}+a_{12}A_{12}+a_{13}A_{13}$$

余子式与代数余子式

例 4 写出三阶行列式$\begin{vmatrix} -2 & -4 & 6 \\ 3 & 6 & 5 \\ 1 & 4 & -1 \end{vmatrix}$中元素 a_{12} 和 a_{32} 的余子式和代数余子式的值.

解

$$M_{12}=\begin{vmatrix} 3 & 5 \\ 1 & -1 \end{vmatrix}=-8,\ A_{12}=(-1)^{1+2}M_{12}=8$$

$$M_{32}=\begin{vmatrix} -2 & 6 \\ 3 & 5 \end{vmatrix}=-28,\ A_{32}=(-1)^{3+2}M_{32}=28$$

例 5 计算三阶行列式$\begin{vmatrix} -2 & -4 & 1 \\ 3 & 0 & 3 \\ 5 & 4 & -2 \end{vmatrix}$.

解

$$\begin{vmatrix} -2 & -4 & 1 \\ 3 & 0 & 3 \\ 5 & 4 & -2 \end{vmatrix}=(-2)\cdot(-1)^{1+1}\begin{vmatrix} 0 & 3 \\ 4 & -2 \end{vmatrix}+(-4)\cdot(-1)^{1+2}\begin{vmatrix} 3 & 3 \\ 5 & -2 \end{vmatrix}+$$

$$1\cdot(-1)^{1+3}\begin{vmatrix}3 & 0\\5 & 4\end{vmatrix}$$

$$=24-84+12=-48$$

n 阶行列式

7.1.2　n 阶行列式

由二阶行列式与三阶行列式的关系，定义 n 阶行列式.

定义 1　将 n^2 个数 $a_{ij}(i,j=1,2,\cdots,n)$ 排成 n 行 n 列(横的称行，竖的称列)，并在左、右两边各加一竖线的算式

$$\begin{vmatrix}a_{11} & a_{12} & \cdots & a_{1n}\\a_{21} & a_{22} & \cdots & a_{2n}\\\vdots & \vdots & & \vdots\\a_{n1} & a_{n2} & \cdots & a_{nn}\end{vmatrix}$$

称为 **n 阶行列式**，一般记为 D_n，简记为 D. 行列式的计算规则如下：

(1)当 $n=1$ 时，$D_1=|a_{11}|=a_{11}$；

(2)当 $n=2$ 时，$D_2=\begin{vmatrix}a_{11} & a_{12}\\a_{21} & a_{22}\end{vmatrix}=a_{11}a_{22}-a_{12}a_{21}$；

(3)当 $n>2$ 时，$D_n=a_{11}A_{11}+a_{12}A_{12}+\cdots+a_{1n}A_{1n}=\sum\limits_{j=1}^{n}a_{1j}A_{1j}$.

其中：a_{1j} 为 D_n 中第 1 行第 j 列的元素，A_{1j} 是元素 a_{1j} 在 D_n 中的代数余子式.

由定义 1 可以看出，一个 n 阶行列式代表一个数值，并且这个数值等于该行列式中第 1 行所有元素与其对应的代数余子式的乘积之和．常将按该定义计算行列式的方法简称为 **n 阶行列式按第 1 行展开**.

行列式也可以按其他行(列)展开.

定理 1　行列式等于它的任何一行(列)各元素与其对应的代数余子式乘积之和.

$$D=a_{i1}A_{i1}+a_{i2}A_{i2}+\cdots+a_{in}A_{in}\ (i=1,2,\cdots,n);$$

$$D=a_{1j}A_{1j}+a_{2j}A_{2j}+\cdots+a_{nj}A_{nj}\ (j=1,2,\cdots,n).$$

例 6　计算行列式 $D=\begin{vmatrix}a_{11} & 0 & 0 & 0\\a_{21} & a_{22} & 0 & 0\\a_{31} & a_{32} & a_{33} & 0\\a_{41} & a_{42} & a_{43} & a_{44}\end{vmatrix}$.

解

按第一行展开

$$D=a_{11}\begin{vmatrix}a_{22} & 0 & 0\\a_{32} & a_{33} & 0\\a_{42} & a_{43} & a_{44}\end{vmatrix}=a_{11}a_{22}\begin{vmatrix}a_{33} & 0\\a_{43} & a_{44}\end{vmatrix}=a_{11}a_{22}a_{33}a_{44}$$

一般地，称主对角线(从左上角到右下角的对角线)的上(下)方元素全为零的行列式为下(上)三角行列式.

由此可得，下三角行列式的值等于主对角线上元素的乘积，即

$$D=\begin{vmatrix} a_{11} & 0 & 0 & \cdots & 0 \\ a_{21} & a_{22} & 0 & \cdots & 0 \\ a_{31} & a_{32} & a_{33} & \cdots & 0 \\ \vdots & \vdots & \vdots & & \vdots \\ a_{n1} & a_{n2} & a_{n3} & \cdots & a_{nn} \end{vmatrix}=a_{11}a_{22}a_{33}\cdots a_{nn}$$

同理可得上三角行列式，即

$$D=\begin{vmatrix} a_{11} & a_{12} & a_{13} & \cdots & a_{1n} \\ 0 & a_{22} & a_{23} & \cdots & a_{2n} \\ 0 & 0 & a_{33} & \cdots & a_{3n} \\ \vdots & \vdots & \vdots & & \vdots \\ 0 & 0 & 0 & \cdots & a_{nn} \end{vmatrix}=a_{11}a_{22}a_{33}\cdots a_{nn}$$

特殊情况：

$$D=\begin{vmatrix} a_{11} & 0 & 0 & \cdots & 0 \\ 0 & a_{22} & 0 & \cdots & 0 \\ 0 & 0 & a_{33} & \cdots & 0 \\ \vdots & \vdots & \vdots & & \vdots \\ 0 & 0 & 0 & \cdots & a_{nn} \end{vmatrix}=a_{11}a_{22}a_{33}\cdots a_{nn}$$

这种主对角线以外的元素全为零的行列式称为**对角行列式**.

三角行列式与对角行列式的值，均等于主对角线上元素的乘积.

习 题 7.1

1. 计算下列行列式.

(1) $\begin{vmatrix} 1 & -2 \\ 3 & 4 \end{vmatrix}$；(2) $\begin{vmatrix} \cos x & -\sin x \\ \sin x & \cos x \end{vmatrix}$；(3) $\begin{vmatrix} 2 & 3 & 4 \\ 5 & -2 & 1 \\ 1 & 2 & 3 \end{vmatrix}$；(4) $\begin{vmatrix} 1 & 2 & 3 & 4 \\ 0 & 2 & 3 & 4 \\ 0 & 0 & 3 & 4 \\ 0 & 0 & 0 & 4 \end{vmatrix}$.

2. 写出行列式中元素 a_{32} 的余子式及代数余子式的值.

$$\begin{vmatrix} 3 & 1 & -2 & 4 \\ 0 & 8 & 5 & 4 \\ 9 & -3 & 6 & -1 \\ 2 & 3 & 0 & 1 \end{vmatrix}$$

7.2　行列式的性质

行列式的性质

7.2.1　行列式的性质

当 n 比较大时，用按行(列)展开的方法计算行列式的值比较麻烦，为了简化 n 阶行列式的计算，可利用 n 阶行列式的性质．在介绍行列式性质之前，先给出 n 阶行列式转置行列式的概念．如果把 n 阶行列式

$$D=\begin{vmatrix} a_{11} & a_{12} & \cdots & a_{1n} \\ a_{21} & a_{22} & \cdots & a_{2n} \\ \vdots & \vdots & & \vdots \\ a_{n1} & a_{n2} & \cdots & a_{nn} \end{vmatrix}$$

中的行与列互换，得到的行列式为

$$D^{\mathrm{T}}=\begin{vmatrix} a_{11} & a_{22} & \cdots & a_{n1} \\ a_{12} & a_{22} & \cdots & a_{n2} \\ \vdots & \vdots & & \vdots \\ a_{1n} & a_{2n} & \cdots & a_{nn} \end{vmatrix}$$

称行列式 D^{T} 为 D 的转置行列式.

性质 1　行列式与它的转置行列式相等，即 $D=D^{\mathrm{T}}$.

例如：二阶行列式

$$D_2=\begin{vmatrix} a_{11} & a_{12} \\ a_{21} & a_{22} \end{vmatrix}=a_{11}a_{22}-a_{12}a_{21}$$

$$D_2^{\mathrm{T}}=\begin{vmatrix} a_{11} & a_{21} \\ a_{12} & a_{22} \end{vmatrix}=a_{11}a_{22}-a_{21}a_{12}=D_2$$

此性质说明：在行列式中行与列的地位是对称的．凡是对行成立的性质对列也成立.

性质 2　互换行列式的两行(列)，行列式变号.

例如：$\begin{vmatrix} 3 & 0 & -5 \\ 1 & 7 & -5 \\ 2 & -1 & 0 \end{vmatrix} \xlongequal{r_1 \longleftarrow r_2} -\begin{vmatrix} 1 & 7 & -5 \\ 3 & 0 & -5 \\ 2 & -1 & 0 \end{vmatrix}$.

交换第 i，j 两行，记作 $r_i \leftrightarrow r_j$；交换第 i，j 两列，记作 $c_i \leftrightarrow c_j$.

推论 1　如果行列式有两行(列)对应元素相同，则此行列式为零.

例如：$\begin{vmatrix} 1 & 1 & -5 \\ 1 & 1 & -5 \\ 2 & -1 & 0 \end{vmatrix}$ 的第 1 行和第 2 行相同，两行互换后，仍是行列式 D，但由性质 2，互换后应为 $-D$，从而有 $D=-D$，即 $D=0$.

性质 3 用数 k 乘行列式，等于用数 k 乘以行列式中某一行(列).

例如：$2\begin{vmatrix}1 & 0 & -5\\3 & 0 & -5\\2 & -1 & 0\end{vmatrix}\xlongequal{2r_1}\begin{vmatrix}2 & 0 & -10\\3 & 0 & -5\\2 & -1 & 0\end{vmatrix}$.

数 k 乘 i 行，记作 kr_i；用数 k 乘以 i 列，记作 kc_i.

推论 2 行列式某一行(列)的所有元素的公因子可以提到行列式符号的外面.

例如：$\begin{vmatrix}2a & 2b & 2c\\d & e & f\\g & h & k\end{vmatrix}=2\begin{vmatrix}a & b & c\\d & e & f\\g & h & k\end{vmatrix}$.

性质 4 如果行列式中有一行(列)的全部元素都是零，则此行列式为零.

性质 5 行列式中有两行(列)对应元素成比例，则此行列式等于零.

例如：$\begin{vmatrix}1 & 1 & 1\\2 & 2 & 2\\2 & -1 & 0\end{vmatrix}=2\begin{vmatrix}1 & 1 & 1\\1 & 1 & 1\\2 & -1 & 0\end{vmatrix}=2\times 0=0$.

性质 6 行列式中某一行(列)都可写成两数之和，则此行列式可写成两对应的行列式之和.

例如：$\begin{vmatrix}a+1 & 2 & 3\\b+2 & -1 & 4\\c+3 & 2 & 7\end{vmatrix}=\begin{vmatrix}a & 2 & 3\\b & -1 & 4\\c & 2 & 7\end{vmatrix}+\begin{vmatrix}1 & 2 & 3\\2 & -1 & 4\\3 & 2 & 7\end{vmatrix}$.

性质 7 将行列式中某一行(列)的所有元素乘以数 k 后，再加到另一行(列)对应的元素上，行列式的值不变.

例如：$\begin{vmatrix}1 & -1 & 1\\2 & 0 & 3\\4 & 2 & -2\end{vmatrix}\xlongequal{r_2+(-2)r_1}\begin{vmatrix}1 & -1 & 1\\0 & 2 & 1\\4 & 2 & -2\end{vmatrix}$.

将第 i 行乘以数 k 再加到第 j 行上，记作 r_j+kr_i；将第 i 列乘以数 k 再加到第 j 列上，记作 c_j+kc_i. 一般将行的变换写在等号上方，列的变换写在等号下方.

7.2.2 行列式的计算

可以根据行列式的定义“按第一行展开”或根据定理 1“按零元素较多的那一行(列)展开”计算行列式的值．但最常用的方法是利用行列式的性质，把行列式化为上(下)三角形行列式，从而得知该行列式的值就是主对角线上元素的乘积.

行列式的计算

例 1 计算 $D=\begin{vmatrix}-2 & 1 & 3 & 1\\1 & 0 & -1 & 2\\1 & 3 & 4 & -2\\0 & 1 & 0 & -1\end{vmatrix}$.

解

$$D \xlongequal{c_4+c_2} \begin{vmatrix} -2 & 1 & 3 & 2 \\ 1 & 0 & -1 & 2 \\ 1 & 3 & 4 & 1 \\ 0 & 1 & 0 & 0 \end{vmatrix} = 1\cdot(-1)^{4+2}\begin{vmatrix} -2 & 3 & 2 \\ 1 & -1 & 2 \\ 1 & 4 & 1 \end{vmatrix}$$

$$\xlongequal{r_1\leftrightarrow r_2} -\begin{vmatrix} 1 & -1 & 2 \\ -2 & 3 & 2 \\ 1 & 4 & 1 \end{vmatrix} \xlongequal[r_3+(-1)r_1]{r_2+2r_1} -\begin{vmatrix} 1 & -1 & 2 \\ 0 & 1 & 6 \\ 0 & 5 & -1 \end{vmatrix}$$

$$\xlongequal{r_3+(-5)r_2} -\begin{vmatrix} 1 & -1 & 2 \\ 0 & 1 & 6 \\ 0 & 0 & -31 \end{vmatrix} = 31$$

例 2　计算 $\begin{vmatrix} 3 & 1 & 1 & 1 \\ 1 & 3 & 1 & 1 \\ 1 & 1 & 3 & 1 \\ 1 & 1 & 1 & 3 \end{vmatrix}$.

解

这个行列式的特点是各列 4 个数之和都是 6，将 2，3，4 行同时加到第 1 行，提出公因子 6，再设法化为上三角行列式.

$$\begin{vmatrix} 3 & 1 & 1 & 1 \\ 1 & 3 & 1 & 1 \\ 1 & 1 & 3 & 1 \\ 1 & 1 & 1 & 3 \end{vmatrix} \xlongequal[\substack{r_1+r_3 \\ r_1+r_2}]{r_1+r_4} \begin{vmatrix} 6 & 6 & 6 & 6 \\ 1 & 3 & 1 & 1 \\ 1 & 1 & 3 & 1 \\ 1 & 1 & 1 & 3 \end{vmatrix} = 6\begin{vmatrix} 1 & 1 & 1 & 1 \\ 1 & 3 & 1 & 1 \\ 1 & 1 & 3 & 1 \\ 1 & 1 & 1 & 3 \end{vmatrix} \xlongequal[\substack{r_3+(-1)r_1 \\ r_4+(-1)r_1}]{r_2+(-1)r_1} 6\begin{vmatrix} 1 & 1 & 1 & 1 \\ 0 & 2 & 0 & 0 \\ 0 & 0 & 2 & 0 \\ 0 & 0 & 0 & 2 \end{vmatrix}$$

$$= 6\times 1\times 2\times 2\times 2 = 48$$

习　题　7.2

1. 判断对错：

(1)若一个行列式中某行上的元素全为零，则该行列式的值一定为零．　　(　　)

(2)一个 n 阶行列式的每一个元素都扩大到原来的 10 倍，则该行列式的值也扩大到原来的 10 倍．　　(　　)

(3)交换行列式的任意两行(列)，行列式值不变．　　(　　)

(4) $\begin{vmatrix} ka & kb \\ kc & kd \end{vmatrix} = k\begin{vmatrix} a & b \\ c & d \end{vmatrix}$.　　(　　)

(5)行列式中如果有两行(列)元素对应成比例，则此行列式值为零．　　(　　)

2. 若 $\begin{vmatrix} -x & 1 & 0 \\ 1 & -x & 0 \\ 1 & 2 & 3-x \end{vmatrix} = 0$，求 x.

3. 计算：

(1) $\begin{vmatrix} 1 & 2 & 0 & 1 \\ 0 & 3 & 10 & 0 \\ 0 & 3 & 5 & 18 \\ 5 & 10 & 15 & 4 \end{vmatrix}$;　　(2) $\begin{vmatrix} 3 & 1 & -1 & 2 \\ -5 & 1 & 3 & -4 \\ 2 & 0 & 1 & -1 \\ 1 & -5 & 3 & -3 \end{vmatrix}$.

7.3 矩阵的基本概念

矩阵的基本概念

矩阵是由英国数学家凯莱于 1855 年作为一个独立概念引入数学的，它不仅用来解线性方程组，在经济数学中也有广泛的应用，另外在决策论、运筹学等领域也起着重要的作用.

7.3.1 矩阵的概念

先看下面几个例子.

例 1　某厂一、二、三车间都生产甲、乙两种产品，上半年的产量(单位：件)见表 7 - 1.

表 7 - 1　　件

产品 \ 车间 / 产量	一	二	三
甲	1 025	980	500
乙	700	1 000	2 000

为研究方便起见，把表 7 - 1 用矩形数表简明地表示出来：

$$\begin{matrix} & \text{一车间} & \text{二车间} & \text{三车间} \\ \begin{matrix}\text{甲产品}\\ \text{乙产品}\end{matrix} & \multicolumn{3}{l}{\begin{pmatrix} 1\,025 & 980 & 500 \\ 700 & 1\,000 & 2\,000 \end{pmatrix}} \end{matrix}$$

例 2　假若要将某种物资从 5 个产地运往 4 个销地，设 a_{ij} 表示由产地 $A_i(i=1,2,3,4,5)$ 运往销地 $B_j(j=1,2,3,4)$ 的数量，调运方案见表 7 - 2.

表 7 - 2

调运量 \ 销地 / 产地	B_1	B_2	B_3	B_4
A_1	a_{11}	a_{12}	a_{13}	a_{14}
A_2	a_{21}	a_{22}	a_{23}	a_{24}
A_3	a_{31}	a_{32}	a_{33}	a_{34}
A_4	a_{41}	a_{42}	a_{43}	a_{44}
A_5	a_{51}	a_{52}	a_{53}	a_{54}

也可以用矩形数表简明地表示出来：

$$\begin{pmatrix} a_{11} & a_{12} & a_{13} & a_{14} \\ a_{21} & a_{22} & a_{23} & a_{24} \\ a_{31} & a_{32} & a_{33} & a_{34} \\ a_{41} & a_{42} & a_{43} & a_{44} \\ a_{51} & a_{52} & a_{53} & a_{54} \end{pmatrix}$$

定义 1　由 $m\times n$ 个元素 $a_{ij}(i=1,2,\cdots,m;j=1,2,\cdots,n)$ 组成一个 m 行 n 列，并括以圆括弧(或方括弧)的矩形数表，称为 **m 行 n 列矩阵**，简称 **$m\times n$ 矩阵**．记作

$$\begin{pmatrix} a_{11} & a_{12} & \cdots & a_{1n} \\ a_{21} & a_{22} & \cdots & a_{2n} \\ \vdots & \vdots & & \vdots \\ a_{m1} & a_{m2} & \cdots & a_{mn} \end{pmatrix}$$

矩阵通常用大写英文字母 $\boldsymbol{A}$，$\boldsymbol{B}$，$\boldsymbol{C}$，…来表示，通常用小写英文字母表示矩阵中的元素．上述矩阵也可记作 $\boldsymbol{A}_{m\times n}$ 或 $(a_{ij})_{m\times n}$ 以表明行数 m 与列数 n，其中 a_{ij} 称为矩阵 $\boldsymbol{A}$ 的**第 i 行第 j 列的元素**，简称元.

当矩阵 $\boldsymbol{A}$ 的行数与列数相等时，即 $m=n$ 时，称 $\boldsymbol{A}$ 为 **n 阶方阵**，记为 $\boldsymbol{A}_n$.

通常把由方阵 $\boldsymbol{A}$ 的元素按原来的次序所构成的行列式，叫做**方阵 $\boldsymbol{A}$ 的行列式**，记作 $\det\boldsymbol{A}$，也可记作 $|\boldsymbol{A}|$.

$$方阵\ \boldsymbol{A}=\begin{pmatrix} a_{11} & a_{12} & \cdots & a_{1n} \\ a_{21} & a_{22} & \cdots & a_{2n} \\ \vdots & \vdots & & \vdots \\ a_{n1} & a_{n2} & \cdots & a_{nn} \end{pmatrix}，\boldsymbol{A}\ 的行列式\ \det\boldsymbol{A}=\begin{vmatrix} a_{11} & a_{12} & \cdots & a_{1n} \\ a_{21} & a_{22} & \cdots & a_{2n} \\ \vdots & \vdots & & \vdots \\ a_{n1} & a_{n2} & \cdots & a_{nn} \end{vmatrix}.$$

注意　只有方阵才有对应的行列式．方阵的行列式是方阵元素的一个算式，是一个确定的值，它完全不同于方阵本身，由于它们在外观上有相似之处，使得方阵的一些名词，如元素、行、列、主对角线等都被沿用到行列式的讨论中来.

定义 2　对于两个矩阵 $\boldsymbol{A}=(a_{ij})_{m\times n}$ 和 $\boldsymbol{B}=(b_{ij})_{s\times t}$，若 $m=s$，$n=t$，则称 $\boldsymbol{A}$ 与 $\boldsymbol{B}$ 是**同型矩阵**.

例如，$\boldsymbol{A}=\begin{pmatrix} 1 & 2 & 0 & -8 \\ 6 & -6 & 1 & 7 \end{pmatrix}$，$\boldsymbol{B}=\begin{pmatrix} -2 & 0 & 9 & 5 \\ 2 & -1 & 1 & 4 \end{pmatrix}$ 是同型矩阵.

定义 3　设 $\boldsymbol{A}=(a_{ij})$ 和 $\boldsymbol{B}=(b_{ij})$ 是同型矩阵，且 $a_{ij}=b_{ij}(i=1,2,\cdots,m;j=1,2,\cdots,n)$，则称矩阵 $\boldsymbol{A}$ 与矩阵 $\boldsymbol{B}$ **相等**，记作 $\boldsymbol{A}=\boldsymbol{B}$.

例 3　设矩阵 $\boldsymbol{A}=\begin{pmatrix} a & -1 & 3 \\ 0 & b & -4 \\ -5 & 8 & 7 \end{pmatrix}$，$\boldsymbol{B}=\begin{pmatrix} -2 & -1 & c \\ 0 & 1 & -4 \\ d & 8 & 7 \end{pmatrix}$，且 $\boldsymbol{A}=\boldsymbol{B}$，求 a,b,c,d.

解

根据定义 3，由 $\boldsymbol{A}=\boldsymbol{B}$，即

$$\begin{pmatrix} a & -1 & 3 \\ 0 & b & -4 \\ -5 & 8 & 7 \end{pmatrix} = \begin{pmatrix} -2 & -1 & c \\ 0 & 1 & -4 \\ d & 8 & 7 \end{pmatrix}$$

得 $a=-2$，$b=1$，$c=3$，$d=-5$.

7.3.2 几种特殊形式的矩阵

含 m 行与 n 列的矩阵，仅是矩阵的一般形式．在以后的讨论中，还会经常用到一些特殊的矩阵，下面分别给出它们的名称.

(1)当 $m=1$ 时，即只有一行的矩阵 $(a_{11} \quad a_{12} \quad \cdots \quad a_{1n})$ 称为行矩阵.

(2)当 $n=1$ 时，即只有一列的矩阵 $\begin{pmatrix} a_{11} \\ a_{21} \\ \vdots \\ a_{m1} \end{pmatrix}$ 称为列矩阵.

(3)元素都是零的矩阵，称为零矩阵，记作 $\boldsymbol{O}_{m\times n}$ 或 $\boldsymbol{O}$.

例如，$\boldsymbol{O}_{2\times 2}=\begin{pmatrix} 0 & 0 \\ 0 & 0 \end{pmatrix}$，$\boldsymbol{O}_{2\times 5}=\begin{pmatrix} 0 & 0 & 0 & 0 & 0 \\ 0 & 0 & 0 & 0 & 0 \end{pmatrix}$ 分别是二阶零矩阵和 2×5 零矩阵.

(4)主对角线下方的元素为零的方阵，叫做上三角矩阵，即

$$\begin{pmatrix} a_{11} & a_{12} & \cdots & a_{1n} \\ 0 & a_{22} & \cdots & a_{2n} \\ \vdots & \vdots & & \vdots \\ 0 & 0 & \cdots & a_{nn} \end{pmatrix}$$

(5)主对角线上方的元素为零的方阵，叫做下三角矩阵，即

$$\begin{pmatrix} a_{11} & 0 & \cdots & 0 \\ a_{21} & a_{22} & \cdots & 0 \\ \vdots & \vdots & & \vdots \\ a_{m1} & a_{m2} & \cdots & a_{mn} \end{pmatrix}$$

(6)除主对角线上元素外其余元素都为零的方阵称为对角矩阵，即

$$\begin{pmatrix} a_{11} & 0 & \cdots & 0 \\ 0 & a_{22} & \cdots & 0 \\ \vdots & \vdots & & \vdots \\ 0 & 0 & \cdots & a_{nn} \end{pmatrix}$$

(7)主对角线上的每一个元素均为 1 的对角矩阵，称为单位矩阵，记作 $\boldsymbol{E}$，即

$$\boldsymbol{E}=\begin{pmatrix} 1 & 0 & \cdots & 0 \\ 0 & 1 & \cdots & 0 \\ \vdots & \vdots & & \vdots \\ 0 & 0 & \cdots & 1 \end{pmatrix}$$

习　题　7.3

1. 判断对错：

(1)任何矩阵都有行列式.　（　　）

(2)$\begin{pmatrix}1&1\\1&1\end{pmatrix}$与$\begin{pmatrix}1&1&1\\1&1&1\\1&1&1\end{pmatrix}$是同型矩阵.　（　　）

(3)零矩阵一定是方阵.　（　　）

(4)$\begin{pmatrix}1&1&1\\1&1&1\\1&1&1\end{pmatrix}$是三阶单位矩阵.　（　　）

2. 指出下列矩阵哪些是零矩阵、单位矩阵、行矩阵、列矩阵、三角矩阵、方阵.

(1)$\begin{pmatrix}0\\0\\0\\0\end{pmatrix}$；　(2)$(1\quad 0)$；　(3)$\begin{pmatrix}1&0&0\\0&1&0\end{pmatrix}$；　(4)$\begin{pmatrix}1&0&0\\0&1&0\\0&0&1\end{pmatrix}$；　(5)$\begin{pmatrix}1&0\\0&1\end{pmatrix}$.

3. 已知 $\boldsymbol{A}=\begin{pmatrix}4b-2a&3a-c\\b-3d&a-b\end{pmatrix}$，如果 $\boldsymbol{A}=\boldsymbol{E}$，求 a，b，c，d 的值.

7.4　矩阵的基本运算

7.4.1　矩阵的加法

矩阵的加减、数与矩阵的乘法

用矩阵表示有关实际问题不仅形式简洁，更重要的是可以对矩阵定义具有实际意义的各种运算.

例 1　设将某物资(单位：t)从四个产地运往两个销地的两次调运方案分别用矩阵 $\boldsymbol{A}$ 和矩阵 $\boldsymbol{B}$ 表示为

$$\boldsymbol{A}=\begin{pmatrix}6&5\\4&1\\2&3\\8&5\end{pmatrix},\ \boldsymbol{B}=\begin{pmatrix}5&3\\4&0\\1&7\\8&6\end{pmatrix}$$

那么，从各产地运往各销地的两次调运的总调运方案是矩阵 $\boldsymbol{A}$ 和矩阵 $\boldsymbol{B}$ 的和．即

$$\boldsymbol{A}+\boldsymbol{B}=\begin{pmatrix}6&5\\4&1\\2&3\\8&5\end{pmatrix}+\begin{pmatrix}5&3\\4&0\\1&7\\8&6\end{pmatrix}=\begin{pmatrix}6+5&5+3\\4+4&1+0\\2+1&3+7\\8+8&5+6\end{pmatrix}=\begin{pmatrix}11&8\\8&1\\3&10\\16&11\end{pmatrix}$$

定义 1 设有两个 $m\times n$ 矩阵 $\boldsymbol{A}=(a_{ij})_{m\times n}$、$\boldsymbol{B}=(b_{ij})_{m\times n}$，那么矩阵 $\boldsymbol{A}$ 和 $\boldsymbol{B}$ 的和记作 $\boldsymbol{A}+\boldsymbol{B}$，规定为

$$\boldsymbol{A}+\boldsymbol{B}=\begin{pmatrix} a_{11}+b_{11} & a_{12}+b_{12} & \cdots & a_{1n}+b_{1n} \\ a_{21}+b_{21} & a_{22}+b_{22} & \cdots & a_{2n}+b_{2n} \\ \vdots & \vdots & & \vdots \\ a_{m1}+b_{m1} & a_{m2}+b_{m2} & \cdots & a_{mn}+b_{mn} \end{pmatrix}$$

应该注意，只有当两个矩阵是同型矩阵时才能进行加法运算.

矩阵加法满足下列运算规律：

(1)$\boldsymbol{A}+\boldsymbol{B}=\boldsymbol{B}+\boldsymbol{A}$；

(2)$(\boldsymbol{A}+\boldsymbol{B})+\boldsymbol{C}=\boldsymbol{A}+(\boldsymbol{B}+\boldsymbol{C})$；

(3)$\boldsymbol{A}+\boldsymbol{O}=\boldsymbol{A}$，

其中：$\boldsymbol{A}$，$\boldsymbol{B}$，$\boldsymbol{C}$，$\boldsymbol{O}$ 都是 $m\times n$ 矩阵.

设矩阵 $\boldsymbol{A}=(a_{ij})$，记

$$-\boldsymbol{A}=(-a_{ij})$$

$-\boldsymbol{A}$ 称为矩阵 $\boldsymbol{A}$ 的负矩阵，显然有

$$\boldsymbol{A}+(-\boldsymbol{A})=\boldsymbol{O}$$

并规定矩阵的减法为

$$\boldsymbol{A}-\boldsymbol{B}=\boldsymbol{A}+(-\boldsymbol{B})$$

例 2 设某厂生产的甲、乙、丙、丁四种产品，上个月的销售收入及生产成本(单位：万元)分别用矩阵 $\boldsymbol{A}$ 和矩阵 $\boldsymbol{B}$ 表示为

$$\boldsymbol{A}=(35\quad 24\quad 30\quad 18),\ \boldsymbol{B}=(30\quad 19\quad 24\quad 13)$$

那么，该厂上个月生产这四种产品的利润(单位：万元)是矩阵 $\boldsymbol{A}$ 和矩阵 $\boldsymbol{B}$ 的差，即

$$\begin{aligned}\boldsymbol{A}-\boldsymbol{B}&=(35\quad 24\quad 30\quad 18)-(30\quad 19\quad 24\quad 13)\\&=(35-30\quad 24-19\quad 30-24\quad 18-13)\\&=(5\quad 5\quad 6\quad 5)\end{aligned}$$

7.4.2 数与矩阵的乘法

定义 2 数 λ 与矩阵 $\boldsymbol{A}$ 的乘积记作 $\lambda\boldsymbol{A}$ 或 $\boldsymbol{A}\lambda$，规定

$$\lambda\boldsymbol{A}=\boldsymbol{A}\lambda=\begin{pmatrix} \lambda a_{11} & \lambda a_{12} & \cdots & \lambda a_{1n} \\ \lambda a_{21} & \lambda a_{22} & \cdots & \lambda a_{2n} \\ \vdots & \vdots & & \vdots \\ \lambda a_{m1} & \lambda a_{m2} & \cdots & \lambda a_{mn} \end{pmatrix}$$

例 3 设某两个地区与另外四个地区之间的里程(单位：km)可用矩阵表示为

$$\boldsymbol{A}=\begin{pmatrix} 25 & 30 & 35 & 45 \\ 20 & 40 & 28 & 36 \end{pmatrix}$$

如果每吨货物每千米运价 3 元，则上述地区之间每吨货物的运费(单位：元/t)应是数

3 与矩阵 $\boldsymbol{A}$ 的乘积，即

$$3\boldsymbol{A}=3\begin{pmatrix}25&30&35&45\\20&40&28&36\end{pmatrix}=\begin{pmatrix}3\times25&3\times30&3\times35&3\times45\\3\times20&3\times40&3\times28&3\times36\end{pmatrix}=\begin{pmatrix}75&90&105&135\\60&120&84&108\end{pmatrix}$$

容易验证，数乘矩阵满足下列运算规律(设 $\boldsymbol{A}$、$\boldsymbol{B}$ 为 $m\times n$ 矩阵，λ、μ 为数)：

(1) $(\lambda\mu)\boldsymbol{A}=\lambda(\mu\boldsymbol{A})$；

(2) $(\lambda+\mu)\boldsymbol{A}=\lambda\boldsymbol{A}+\mu\boldsymbol{A}$；

(3) $\lambda(\boldsymbol{A}+\boldsymbol{B})=\lambda\boldsymbol{A}+\lambda\boldsymbol{B}$.

例 4　设矩阵 $\boldsymbol{A}=\begin{pmatrix}4&3&7\\6&1&5\end{pmatrix}$，$\boldsymbol{B}=\begin{pmatrix}4&-1&5\\-2&9&7\end{pmatrix}$，

(1)计算 $2\boldsymbol{A}+3\boldsymbol{B}$；

(2)如果 $3\boldsymbol{A}-2\boldsymbol{X}=\boldsymbol{B}$，求 $\boldsymbol{X}$.

解

(1) $$2\boldsymbol{A}+3\boldsymbol{B}=2\begin{pmatrix}4&3&7\\6&1&5\end{pmatrix}+3\begin{pmatrix}4&-1&5\\-2&9&7\end{pmatrix}=\begin{pmatrix}8+12&6-3&14+15\\12-6&2+27&10+21\end{pmatrix}=\begin{pmatrix}20&3&29\\6&29&31\end{pmatrix}$$

(2) $$\boldsymbol{X}=\frac{1}{2}(3\boldsymbol{A}-\boldsymbol{B})=\frac{1}{2}\left[3\begin{pmatrix}4&3&7\\6&1&5\end{pmatrix}-\begin{pmatrix}4&-1&5\\-2&9&7\end{pmatrix}\right]=\frac{1}{2}\begin{pmatrix}8&10&16\\20&-6&8\end{pmatrix}=\begin{pmatrix}4&5&8\\10&-3&4\end{pmatrix}$$

7.4.3　矩阵的乘法

矩阵的乘法

例 5　某乡有三个村，今年农作物产量见表 7-3.

表 7-3　农作物产量表

t

村名＼产量＼作物	小麦	玉米	大豆	棉花
一村	600	800	400	30
二村	550	700	500	20
三村	500	600	600	40

农作物运输价格及收购价格见表 7-4.

表 7-4 农作物运输价格及收购价格 元/t

项目 价格 作物	运输价格	收购价格
小麦	12	1 200
玉米	10	1 000
大豆	11	1 500
棉花	90	8 000

由上述产量表与价格表，容易得到表 7-5.

表 7-5 运输费用与收购费用一览表 元

费用类别 费用 村名	运输费用	收购费用
一村	22 300	2 360 000
二村	20 900	2 270 000
三村	22 200	2 420 000

将表 7-3 写为产量矩阵 **A**，表 7-4 写为价格矩阵 **B**，表 7-5 写为费用矩阵 **C**，则表 7-5 对应费用矩阵 **C** 就是矩阵 **A** 与矩阵 **B** 的乘积：

$$\boldsymbol{C}=\boldsymbol{AB}=\begin{pmatrix}600 & 800 & 400 & 30\\ 550 & 700 & 500 & 20\\ 500 & 600 & 600 & 40\end{pmatrix}\begin{pmatrix}12 & 1\ 200\\ 10 & 1\ 000\\ 11 & 1\ 500\\ 90 & 8\ 000\end{pmatrix}=$$

$$\begin{pmatrix}600\times12+800\times10+400\times11+30\times90 & 600\times1\ 200+800\times1\ 000+400\times1\ 500+30\times8\ 000\\ 550\times12+700\times10+500\times11+20\times90 & 550\times1\ 200+700\times1\ 000+500\times1\ 500+20\times8\ 000\\ 500\times12+600\times10+600\times11+40\times90 & 500\times1\ 200+600\times1\ 000+600\times1\ 500+40\times8\ 000\end{pmatrix}=$$

$$\begin{pmatrix}22\ 300 & 2\ 360\ 000\\ 20\ 900 & 2\ 270\ 000\\ 22\ 200 & 2\ 420\ 000\end{pmatrix}\begin{matrix}\text{一村}\\ \text{二村}\\ \text{三村}\end{matrix}$$

定义 3 设 $\boldsymbol{A}=(a_{ij})_{m\times s}$ 是一个 m 行 s 列矩阵，$\boldsymbol{B}=(b_{jk})_{s\times n}$ 是一个 s 行 n 列矩阵，则矩阵 **A** 与矩阵 **B** 的乘积 **AB** 是一个 m 行 n 列矩阵 $\boldsymbol{C}=(c_{ik})_{m\times n}$，其中

$$c_{ik}=a_{i1}b_{1k}+a_{i2}b_{2k}+\cdots+a_{is}b_{sk}$$

$$=\sum_{j=1}^{s}a_{ij}b_{jk}(i=1,2,\cdots,m;k=1,2,\cdots,n)$$

并把此乘积记作

$$\boldsymbol{C}=\boldsymbol{AB}$$

进行矩阵乘法时应当注意：

(1)只有当第一个矩阵 **A** 的列数等于第二个矩阵 **B** 行数时，两个矩阵才能相乘；这

是矩阵 $\boldsymbol{A}$ 与矩阵 $\boldsymbol{B}$ 可作乘法运算的条件；

(2)乘积矩阵 $\boldsymbol{C}$ 的第 i 行第 j 列元素 c_{ij} 等于 $\boldsymbol{A}$ 的第 i 行与 $\boldsymbol{B}$ 的第 j 列的对应元素的乘积之和．这是矩阵 $\boldsymbol{A}$ 与矩阵 $\boldsymbol{B}$ 进行乘法运算的方法；

(3)乘积矩阵 $\boldsymbol{C}$ 的行数等于矩阵 $\boldsymbol{A}$ 的行数，列数等于矩阵 $\boldsymbol{B}$ 的列数；这是矩阵 $\boldsymbol{A}$ 与矩阵 $\boldsymbol{B}$ 相乘的结果.

例 6　设甲、乙两厂均生产型号为Ⅰ，Ⅱ，Ⅲ的三种机床，其年产量(单位：台)可用矩阵 $\boldsymbol{A}$ 表示为

$$\begin{matrix} & \text{Ⅰ} & \text{Ⅱ} & \text{Ⅲ} & \\ \boldsymbol{A}= & \Big(200 & 250 & 180 \Big. & 甲 \\ & \Big. 160 & 240 & 270 \Big) & 乙 \end{matrix}$$

生产这三种机床每台的利润(单位：万元/台)可用矩阵 $\boldsymbol{B}$ 表示为

$$\boldsymbol{B}=\begin{pmatrix} 0.2 \\ 0.5 \\ 0.7 \end{pmatrix}$$

则甲、乙两厂的年利润(单位：万元)应是矩阵 $\boldsymbol{A}$ 和矩阵 $\boldsymbol{B}$ 的积，即

$$\begin{aligned} \boldsymbol{AB} &= \begin{pmatrix} 200 & 250 & 180 \\ 160 & 240 & 270 \end{pmatrix} \begin{pmatrix} 0.2 \\ 0.5 \\ 0.7 \end{pmatrix} = \begin{pmatrix} 200\times0.2+250\times0.5+180\times0.7 \\ 160\times0.2+240\times0.5+270\times0.7 \end{pmatrix} \\ &= \begin{pmatrix} 291 \\ 341 \end{pmatrix} \begin{matrix} 甲 \\ 乙 \end{matrix} \end{aligned}$$

例 7　设矩阵

$$\boldsymbol{A}=(1 \quad 2 \quad 3), \qquad \boldsymbol{B}=\begin{pmatrix} 1 \\ 2 \\ 3 \end{pmatrix}$$

计算 $\boldsymbol{AB}$，$\boldsymbol{BA}$.

解

$$\boldsymbol{AB}=(1 \quad 2 \quad 3)\begin{pmatrix} 1 \\ 2 \\ 3 \end{pmatrix}=1\times1+2\times2+3\times3=14$$

$$\boldsymbol{BA}=\begin{pmatrix} 1 \\ 2 \\ 3 \end{pmatrix}(1 \quad 2 \quad 3)=\begin{pmatrix} 1 & 2 & 3 \\ 2 & 4 & 6 \\ 3 & 6 & 9 \end{pmatrix}$$

例 8　设矩阵 $\boldsymbol{A}=\begin{pmatrix} -2 & 4 \\ 1 & -2 \end{pmatrix}$，$\boldsymbol{B}=\begin{pmatrix} 2 & 4 \\ -3 & -6 \end{pmatrix}$，$\boldsymbol{C}=\begin{pmatrix} -2 & 0 \\ -5 & -8 \end{pmatrix}$，计算 $\boldsymbol{AB}$，$\boldsymbol{BA}$，$\boldsymbol{AC}$.

解

$$\boldsymbol{AB}=\begin{pmatrix} -2 & 4 \\ 1 & -2 \end{pmatrix}\begin{pmatrix} 2 & 4 \\ -3 & -6 \end{pmatrix}=\begin{pmatrix} -16 & -32 \\ 8 & 16 \end{pmatrix}$$

$$BA=\begin{pmatrix}2 & 4\\ -3 & -6\end{pmatrix}\begin{pmatrix}-2 & 4\\ 1 & -2\end{pmatrix}=\begin{pmatrix}0 & 0\\ 0 & 0\end{pmatrix}$$

$$AC=\begin{pmatrix}-2 & 4\\ 1 & -2\end{pmatrix}\begin{pmatrix}-2 & 0\\ -5 & -8\end{pmatrix}=\begin{pmatrix}-16 & -32\\ 8 & 16\end{pmatrix}$$

(1)矩阵乘法不满足交换律.

例 7 和例 8 的计算结果表明，在一般情况下，矩阵的乘法不可以交换，即 $\boldsymbol{AB}\neq\boldsymbol{BA}$. 这是因为 $\boldsymbol{AB}$ 有意义时，$\boldsymbol{BA}$ 未必有意义．此外，即使 $\boldsymbol{AB}$ 与 $\boldsymbol{BA}$ 都有意义，两者也未必相等．因此，矩阵相乘时有左乘右乘的区别，通常将 $\boldsymbol{AB}$ 称为 $\boldsymbol{A}$ 左乘 $\boldsymbol{B}$，或称为 $\boldsymbol{B}$ 右乘 $\boldsymbol{A}$.

(2)矩阵乘法不满足消去律.

例 8 中虽然 $\boldsymbol{AB}=\boldsymbol{AC}$，且 $\boldsymbol{A}\neq\boldsymbol{O}$，但不能在等式两边消去 $\boldsymbol{A}$，得 $\boldsymbol{B}=\boldsymbol{C}$，事实上，$\boldsymbol{B}\neq\boldsymbol{C}$.

(3)两个非零矩阵的乘积可能是零矩阵.

例 8 中 $\boldsymbol{B}\neq\boldsymbol{O}$，$\boldsymbol{A}\neq\boldsymbol{O}$，但 $\boldsymbol{BA}=\boldsymbol{O}$.

矩阵乘法满足以下运算律：

(1) $(\boldsymbol{AB})\boldsymbol{C}=\boldsymbol{A}(\boldsymbol{BC})$；

(2) $\boldsymbol{A}(\boldsymbol{B}+\boldsymbol{C})=\boldsymbol{AB}+\boldsymbol{AC}$；

(3) $(\boldsymbol{B}+\boldsymbol{C})\boldsymbol{A}=\boldsymbol{BA}+\boldsymbol{CA}$；

(4) $k(\boldsymbol{AB})=(k\boldsymbol{A})\boldsymbol{B}=\boldsymbol{A}(k\boldsymbol{B})$；

(5) $\boldsymbol{A}_{m\times n}\boldsymbol{E}=\boldsymbol{A}$($\boldsymbol{E}$ 为 n 阶单位矩阵)；

(6) $\boldsymbol{E}\boldsymbol{A}_{m\times n}=\boldsymbol{A}$($\boldsymbol{E}$ 为 m 阶单位矩阵).

由(5)(6)可见，单位矩阵在矩阵乘法中的作用类似数 1.

在矩阵乘法的基础上，可以定义矩阵的幂．设 $\boldsymbol{A}$ 是一个 n 阶方阵，用 $\boldsymbol{A}^k$ $(k\in\mathbf{N})$ 表示 k 个 $\boldsymbol{A}$ 的连乘积，称为 $\boldsymbol{A}$ 的 k 次幂，矩阵的幂的运算规则如下：

$$\boldsymbol{A}^k\boldsymbol{A}^l=\boldsymbol{A}^{k+l}，(\boldsymbol{A}^k)^l=\boldsymbol{A}^{kl}\quad (k，l\in\mathbf{N})$$

然而，由于矩阵的乘法不满足交换律，所以一般来说

$$(\boldsymbol{AB})^k\neq\boldsymbol{A}^k\boldsymbol{B}^k$$

矩阵的转置与方阵的行列式

7.4.4 矩阵的转置

定义 4 把矩阵 $\boldsymbol{A}$ 的行列互换就得到一个新的矩阵，称为矩阵 $\boldsymbol{A}$ 的转置矩阵，记作 $\boldsymbol{A}^{\mathrm{T}}$. 例如矩阵

$$\boldsymbol{A}=\begin{pmatrix}1 & 2 & 0\\ 3 & -1 & 1\end{pmatrix}$$

的转置矩阵为

$$\boldsymbol{A}^{\mathrm{T}}=\begin{pmatrix}1 & 3\\ 2 & -1\\ 0 & 1\end{pmatrix}$$

矩阵的转置也是一种运算，满足以下运算规律：

(1) $(\boldsymbol{A}^{\mathrm{T}})^{\mathrm{T}}=\boldsymbol{A}$；

(2) $(\boldsymbol{A}+\boldsymbol{B})^{\mathrm{T}}=\boldsymbol{A}^{\mathrm{T}}+\boldsymbol{B}^{\mathrm{T}}$；

(3) $(k\boldsymbol{A})^{\mathrm{T}}=k\boldsymbol{A}^{\mathrm{T}}$；

(4) $(\boldsymbol{AB})^{\mathrm{T}}=\boldsymbol{B}^{\mathrm{T}}\boldsymbol{A}^{\mathrm{T}}$.

例 9　已知

$$\boldsymbol{A}=\begin{pmatrix}2 & 0 & -1\\ 1 & 3 & 2\end{pmatrix},\quad \boldsymbol{B}=\begin{pmatrix}1 & 7 & -1\\ 4 & 2 & 3\\ 2 & 0 & 1\end{pmatrix}$$

求 $(\boldsymbol{AB})^{\mathrm{T}}$.

解法一

因为

$$\boldsymbol{AB}=\begin{pmatrix}2 & 0 & -1\\ 1 & 3 & 2\end{pmatrix}\begin{pmatrix}1 & 7 & -1\\ 4 & 2 & 3\\ 2 & 0 & 1\end{pmatrix}=\begin{pmatrix}0 & 14 & -3\\ 17 & 13 & 10\end{pmatrix}$$

所以

$$(\boldsymbol{AB})^{\mathrm{T}}=\begin{pmatrix}0 & 17\\ 14 & 13\\ -3 & 10\end{pmatrix}$$

解法二

$$(\boldsymbol{AB})^{\mathrm{T}}=\boldsymbol{B}^{\mathrm{T}}\boldsymbol{A}^{\mathrm{T}}=\begin{pmatrix}1 & 4 & 2\\ 7 & 2 & 0\\ -1 & 3 & 1\end{pmatrix}\begin{pmatrix}2 & 1\\ 0 & 3\\ -1 & 2\end{pmatrix}=\begin{pmatrix}0 & 17\\ 14 & 13\\ -3 & 10\end{pmatrix}$$

7.4.5　方阵的行列式

定义 5　如果 $\boldsymbol{A}$ 是一个已知的 n 阶方阵，以 $\boldsymbol{A}$ 的元素按原次序所构成的行列式，称为 $\boldsymbol{A}$ 的行列式，记作 $\det\boldsymbol{A}$.

定理　设 $\boldsymbol{A}$ 和 $\boldsymbol{B}$ 是两个 n 阶方阵，则 $\det(\boldsymbol{AB})=\det\boldsymbol{A}\cdot\det\boldsymbol{B}$.

上述定理表明 $\boldsymbol{A}$ 和 $\boldsymbol{B}$ 两个 n 阶方阵的乘积的行列式等于两个方阵对应的行列式之积.

由此可见，对于 n 阶方阵 $\boldsymbol{A}$，$\boldsymbol{B}$，一般来说，$\boldsymbol{AB}\neq\boldsymbol{BA}$，但总有 $\det(\boldsymbol{AB})=\det\boldsymbol{A}\cdot\det\boldsymbol{B}$.

例 10　已知

$$\boldsymbol{A}=\begin{pmatrix}2 & 4\\ 0 & 5\end{pmatrix},\quad \boldsymbol{B}=\begin{pmatrix}1 & 0\\ 2 & -2\end{pmatrix}$$

求 $\det(\boldsymbol{AB})$，$\det\boldsymbol{A}$，$\det\boldsymbol{B}$.

解

$$\det\boldsymbol{A}=\begin{vmatrix}2 & 4\\ 0 & 5\end{vmatrix}=10,\quad \det\boldsymbol{B}=\begin{vmatrix}1 & 0\\ 2 & -2\end{vmatrix}=-2$$

因为 $\boldsymbol{AB}=\begin{pmatrix}2&4\\0&5\end{pmatrix}\begin{pmatrix}1&0\\2&-2\end{pmatrix}=\begin{pmatrix}10&-8\\10&-10\end{pmatrix}$，所以

$$\det(\boldsymbol{AB})=\begin{vmatrix}10&-8\\10&-10\end{vmatrix}=-20$$

也可由上述定理得

$$\det(\boldsymbol{AB})=\det\boldsymbol{A}\cdot\det\boldsymbol{B}=10\times(-2)=-20$$

习 题 7.4

1. 填空题.

(1)设 $\boldsymbol{A}=(a_{ij})_{3\times 6}$，$\boldsymbol{B}=(b_{ij})_{m\times n}$.

① 当 $m=$____，$n=$____ 时，$\boldsymbol{A}+\boldsymbol{B}$ 有意义，$\boldsymbol{A}+\boldsymbol{B}$ 是____ 行____ 列矩阵；

② 当 $m=$____，$n=$____ 时，$\boldsymbol{AB}$ 有意义，$\boldsymbol{AB}$ 是____ 行____ 列矩阵；

③ 当 $m=$____，$n=$____ 时，$\boldsymbol{BA}$ 有意义，$\boldsymbol{BA}$ 是____ 行____ 列矩阵；

④ 当 $m=$____，$n=$____ 时，$\boldsymbol{B}^{\mathrm{T}}\boldsymbol{A}$ 有意义，$\boldsymbol{B}^{\mathrm{T}}\boldsymbol{A}$ 是____ 行____ 列矩阵.

(2) $\begin{pmatrix}3&2&-1\\1&0&4\\-2&-3&5\end{pmatrix}+\begin{pmatrix}6&-3&-1\\-1&-1&2\\5&4&1\end{pmatrix}=$__________.

(3) $2\begin{pmatrix}1&2\\0&1\end{pmatrix}+3\begin{pmatrix}2&-2\\0&3\end{pmatrix}=$__________.

(4)若 $\boldsymbol{A}=\begin{pmatrix}-1&8&-3\\2&5&-6\end{pmatrix}$，则 $-\boldsymbol{A}=$__________.

(5)若 $\boldsymbol{A}=\begin{pmatrix}-1&3&6\\4&-2&5\end{pmatrix}$，则 $\boldsymbol{A}^{\mathrm{T}}=$__________.

(6)若 $(\boldsymbol{AB})^{\mathrm{T}}=\begin{pmatrix}3&5\\-2&4\\6&-1\end{pmatrix}$，则 $\boldsymbol{B}^{\mathrm{T}}\boldsymbol{A}^{\mathrm{T}}=$__________.

2. 设 $\boldsymbol{A}=\begin{pmatrix}2&2&2&2\\3&3&3&3\\4&4&4&4\end{pmatrix}$，$\boldsymbol{B}=\begin{pmatrix}1&0&1&0\\0&0&-2&1\\0&-1&0&-1\end{pmatrix}$.

求：(1) $3\boldsymbol{A}-\boldsymbol{B}$；

(2)若 $\boldsymbol{X}$ 满足 $\boldsymbol{A}+\boldsymbol{X}=\boldsymbol{B}$，求 $\boldsymbol{X}$；

(3)若 $\boldsymbol{Y}$ 满足 $(2\boldsymbol{A}-\boldsymbol{Y})+(2\boldsymbol{B}-2\boldsymbol{Y})=\boldsymbol{O}$，求 $\boldsymbol{Y}$.

3. 设 $\boldsymbol{A}=\begin{pmatrix}3&-1\\1&3\\-1&2\end{pmatrix}$，$\boldsymbol{B}=\begin{pmatrix}0&1&0\\1&0&2\end{pmatrix}$，求 $\boldsymbol{AB}$ 和 $\boldsymbol{BA}$.

7.5 矩阵的初等行变换

7.5.1 阶梯形矩阵及简化阶梯形矩阵

阶梯形矩阵及简化阶梯形矩阵

定义 1 具有下列三个特征的非零矩阵称为阶梯形矩阵：

(1)若有零行(元全为零的行)，一定在矩阵的最下方；

(2)自第二行起，每行的首非零元都在其上一行首非零元的右侧；

(3)非零行的首非零元所在列中，该元下方的元都为零.

例如，下列矩阵都是阶梯形矩阵：

$$\begin{pmatrix} 1 & -2 & -3 \\ 0 & 4 & -1 \\ 0 & 0 & 1 \end{pmatrix},\quad \begin{pmatrix} 4 & 0 & 0 & 0 \\ 0 & 2 & 0 & 0 \\ 0 & 0 & 6 & -4 \end{pmatrix},\quad \begin{pmatrix} 0 & 1 & 2 & 3 \\ 0 & 0 & -1 & 5 \\ 0 & 0 & 0 & \frac{1}{2} \\ 0 & 0 & 0 & 0 \end{pmatrix}$$

定义 2 若阶梯形矩阵还满足下列两个条件，则称为简化阶梯形矩阵：

(1)各非零行的首非零元均为 1；

(2)各非零行的首非零元所在列的其他元全为零.

例如，下列矩阵都是简化阶梯形矩阵：

$$\begin{pmatrix} 1 & 2 & 0 & 0 & 0 \\ 0 & 0 & 1 & 0 & 2 \\ 0 & 0 & 0 & 1 & 3 \\ 0 & 0 & 0 & 0 & 0 \end{pmatrix},\quad \begin{pmatrix} 1 & 0 & 0 \\ 0 & 1 & 0 \\ 0 & 0 & 1 \end{pmatrix}$$

7.5.2 矩阵的初等行变换

矩阵的初等行变换

定义 3 矩阵的下列变换称为矩阵的初等行变换：

(1)交换矩阵的第 i 行与第 j 行的位置，记作 $r_i \leftrightarrow r_j$；

(2)用非零数 k 乘矩阵第 i 行，记作 kr_i；

(3)把矩阵第 i 行的 k 倍加到第 j 行上，记作 $r_j + kr_i$.

并称①为互换变换，②为倍乘变换，③为倍加变换.

在定义 3 中，若把对矩阵施行的三种“行”变换改为“列”变换，就能得到对矩阵的三种列变换，并将其称为矩阵的初等列变换．矩阵的初等行变换和初等列变换统称为初等变换．本书只讨论矩阵的初等行变换．矩阵 $\boldsymbol{A}$ 经过初等行变换后变为 $\boldsymbol{B}$，用 $\boldsymbol{A} \to \boldsymbol{B}$ 表示.

例 1 设矩阵 $\boldsymbol{A}=\begin{pmatrix} 4 & -5 & 1 \\ 2 & 5 & 4 \\ -1 & 3 & -2 \\ 6 & 8 & -4 \end{pmatrix}$. 对矩阵 $\boldsymbol{A}$ 施行如下初等行变换：

(1)交换 $\boldsymbol{A}$ 的第 2 行与第 4 行；

(2)用数 2 乘 $\boldsymbol{A}$ 的第 3 行；

(3)将 $\boldsymbol{A}$ 的第 1 行的(−2)倍加到第 3 行上.

解

$$(1)\boldsymbol{A}=\begin{pmatrix} 4 & -5 & 1 \\ 2 & 5 & 4 \\ -1 & 3 & -2 \\ 6 & 8 & -4 \end{pmatrix}\xrightarrow{r_2\leftrightarrow r_4}\begin{pmatrix} 4 & -5 & 1 \\ 6 & 8 & -4 \\ -1 & 3 & -2 \\ 2 & 5 & 4 \end{pmatrix}$$

$$(2)\boldsymbol{A}=\begin{pmatrix} 4 & -5 & 1 \\ 2 & 5 & 4 \\ -1 & 3 & -2 \\ 6 & 8 & -4 \end{pmatrix}\xrightarrow{2r_3}\begin{pmatrix} 4 & -5 & 1 \\ 2 & 5 & 4 \\ 2\times(-1) & 2\times3 & 2\times(-2) \\ 6 & 8 & -4 \end{pmatrix}=\begin{pmatrix} 4 & -5 & 1 \\ 2 & 5 & 4 \\ -2 & 6 & -4 \\ 6 & 8 & -4 \end{pmatrix}$$

$$(3)\boldsymbol{A}=\begin{pmatrix} 4 & -5 & 1 \\ 2 & 5 & 4 \\ -1 & 3 & -2 \\ 6 & 8 & -4 \end{pmatrix}$$

$$\xrightarrow{r_3+(-2r_1)}\begin{pmatrix} 4 & -5 & 1 \\ 2 & 5 & 4 \\ -2\times4+(-1) & -2\times(-5)+3 & -2\times1+(-2) \\ 6 & 8 & -4 \end{pmatrix}$$

$$=\begin{pmatrix} 4 & -5 & 1 \\ 2 & 5 & 4 \\ -9 & 13 & -4 \\ 6 & 8 & -4 \end{pmatrix}$$

任何一个矩阵经过有限次初等行变换，总能化成阶梯形矩阵，进而再经过有限次初等行变换化成简化阶梯形矩阵．将矩阵 $\boldsymbol{A}$ 化为简化阶梯形矩阵的一般程序如下.

(1)将矩阵 $\boldsymbol{A}$ 化为阶梯形矩阵：

首先将第 1 行的第一个元(假设不是 1)化为 1，然后将其下方元全化为 0；再将第 2 行从左至右首非零元的下方元全化为 0；直至把矩阵化为阶梯形矩阵.

(2)将阶梯形矩阵化为简化阶梯形矩阵：

从非零行最后一行起，将该非零行首非零元化为 1，并将其上方的元全化为 0；再将倒数第 2 个非零行的首非零元化为 1，并将其上方的元全化为 0；直至把矩阵化为简化阶梯形矩阵.

例 2　用初等行变换将矩阵 $\boldsymbol{A}=\begin{pmatrix}-2 & 1 & 1\\ 1 & -2 & 1\\ 1 & 1 & -2\end{pmatrix}$ 化为阶梯形矩阵.

解

$$\boldsymbol{A}=\begin{pmatrix}-2 & 1 & 1\\ 1 & -2 & 1\\ 1 & 1 & -2\end{pmatrix}\xrightarrow{r_1\leftrightarrow r_3}\begin{pmatrix}1 & 1 & -2\\ 1 & -2 & 1\\ -2 & 1 & 1\end{pmatrix}\xrightarrow[r_3+2r_1]{r_2-r_1}\begin{pmatrix}1 & 1 & -2\\ 0 & -3 & 3\\ 0 & 3 & -3\end{pmatrix}$$

$$\xrightarrow{r_3+r_2}\begin{pmatrix}1 & 1 & -2\\ 0 & -3 & 3\\ 0 & 0 & 0\end{pmatrix}$$

例 3　设 $\boldsymbol{A}=\begin{pmatrix}1 & -1 & 5 & -1 & 0\\ 1 & 1 & -2 & 3 & 2\\ 3 & -1 & 8 & 1 & 2\\ 1 & 3 & -9 & 7 & 8\end{pmatrix}$，用初等行变换将 $\boldsymbol{A}$ 化为简化阶梯形矩阵.

解

$$\boldsymbol{A}=\begin{pmatrix}1 & -1 & 5 & -1 & 0\\ 1 & 1 & -2 & 3 & 2\\ 3 & -1 & 8 & 1 & 2\\ 1 & 3 & -9 & 7 & 8\end{pmatrix}\xrightarrow[\substack{r_3-3r_1\\ r_4-r_1}]{r_2-r_1}\begin{pmatrix}1 & -1 & 5 & -1 & 0\\ 0 & 2 & -7 & 4 & 2\\ 0 & 2 & -7 & 4 & 2\\ 0 & 4 & -14 & 8 & 8\end{pmatrix}$$

$$\xrightarrow[r_4-2r_2]{r_3-r_2}\begin{pmatrix}1 & -1 & 5 & -1 & 0\\ 0 & 2 & -7 & 4 & 2\\ 0 & 0 & 0 & 0 & 0\\ 0 & 0 & 0 & 0 & 4\end{pmatrix}\xrightarrow{r_3\leftrightarrow r_4}\begin{pmatrix}1 & -1 & 5 & -1 & 0\\ 0 & 2 & -7 & 4 & 2\\ 0 & 0 & 0 & 0 & 4\\ 0 & 0 & 0 & 0 & 0\end{pmatrix}$$

该矩阵已是阶梯形矩阵．下面将其化为简化阶梯形矩阵.

$$\boldsymbol{A}\rightarrow\begin{pmatrix}1 & -1 & 5 & -1 & 0\\ 0 & 2 & -7 & 4 & 2\\ 0 & 0 & 0 & 0 & 4\\ 0 & 0 & 0 & 0 & 0\end{pmatrix}\xrightarrow{\frac{1}{4}r_3}\begin{pmatrix}1 & -1 & 5 & -1 & 0\\ 0 & 2 & -7 & 4 & 2\\ 0 & 0 & 0 & 0 & 1\\ 0 & 0 & 0 & 0 & 0\end{pmatrix}$$

$$\xrightarrow{r_2+(-2)r_3}\begin{pmatrix}1 & -1 & 5 & -1 & 0\\ 0 & 2 & -7 & 4 & 0\\ 0 & 0 & 0 & 0 & 1\\ 0 & 0 & 0 & 0 & 0\end{pmatrix}\xrightarrow{\frac{1}{2}r_2}\begin{pmatrix}1 & -1 & 5 & -1 & 0\\ 0 & 1 & -\frac{7}{2} & 2 & 0\\ 0 & 0 & 0 & 0 & 1\\ 0 & 0 & 0 & 0 & 0\end{pmatrix}$$

$$\xrightarrow{r_1+r_2}\begin{pmatrix}1 & 0 & \frac{3}{2} & 1 & 0\\ 0 & 1 & -\frac{7}{2} & 2 & 0\\ 0 & 0 & 0 & 0 & 1\\ 0 & 0 & 0 & 0 & 0\end{pmatrix}$$

在此需指出，矩阵 $\boldsymbol{A}$ 的阶梯形矩阵不唯一，而其简化阶梯形矩阵却是唯一的.

应用初等行变换把矩阵化为阶梯形矩阵和简化阶梯形矩阵，在下面讨论矩阵的秩、逆矩阵和线性方程组时有重要作用.

7.5.3 单位矩阵的初等变换与初等阵

单位矩阵的初等变换与初等阵

定义 4 由单位矩阵经过一次初等变换得到的矩阵称为**初等矩阵**，简称**初等阵**

三种初等变换对应着三种初等矩阵.

对单位矩阵

$$\boldsymbol{E}=\begin{pmatrix}1&0&\cdots&0\\0&1&\cdots&0\\\vdots&\vdots&&\vdots\\0&0&\cdots&1\end{pmatrix}$$

施以三种初等行变换所得的初等矩阵分别用 $\boldsymbol{E}_m(i,j)$，$\boldsymbol{E}_m(k(i))$，$\boldsymbol{E}_m((j)+k(i))$表示.

例如，三阶单位矩阵 $\boldsymbol{E}_3$：

(1)交换 $\boldsymbol{E}_3$ 的第一二行：$\begin{pmatrix}1&0&0\\0&1&0\\0&0&1\end{pmatrix}\xrightarrow{r_1\leftrightarrow r_2}\begin{pmatrix}0&1&0\\1&0&0\\0&0&1\end{pmatrix}=\boldsymbol{E}_3(1,2)$.

(2)用非零常数 k 乘以 $\boldsymbol{E}_3$ 的第三行：$\begin{pmatrix}1&0&0\\0&1&0\\0&0&1\end{pmatrix}\xrightarrow{kr_3}\begin{pmatrix}1&0&0\\0&1&0\\0&0&k\end{pmatrix}=\boldsymbol{E}_3(k(3))$.

(3)用常数 k 乘以 $\boldsymbol{E}_3$ 的第一行各元素加到第二行对应元素上：

$$\begin{pmatrix}1&0&0\\0&1&0\\0&0&1\end{pmatrix}\xrightarrow{r_2+kr_1}\begin{pmatrix}1&0&0\\k&1&0\\0&0&1\end{pmatrix}=\boldsymbol{E}_3((2)+k(1))$$

定理 1 对 $\boldsymbol{A}$ 施以一次初等行变换，就相当于在 A 的左边乘上一个相应的初等矩阵，即

若 $\boldsymbol{A}\xrightarrow{r_i\leftrightarrow r_j}\boldsymbol{A}_1$，则 $\boldsymbol{A}_1=\boldsymbol{E}(i,j)\boldsymbol{A}$，反之亦然；

若 $\boldsymbol{A}\xrightarrow{kr_i}\boldsymbol{A}_2$，则 $\boldsymbol{A}_2=\boldsymbol{E}(k(i))\boldsymbol{A}$，反之亦然；

若 $\boldsymbol{A}\xrightarrow{kr_i+r_j}\boldsymbol{A}_3$，则 $\boldsymbol{A}_3=\boldsymbol{E}((j)+k(i))\boldsymbol{A}$，反之亦然.

例 $\boldsymbol{A}=\begin{pmatrix}1&2&2\\2&4&-1\\0&3&1\end{pmatrix}\xrightarrow{r_1\leftrightarrow r_2}\begin{pmatrix}2&4&-1\\1&2&2\\0&3&1\end{pmatrix}=\boldsymbol{A}_1$

$$\boldsymbol{E}(1,2)\boldsymbol{A}=\begin{pmatrix}0&1&0\\1&0&0\\0&0&1\end{pmatrix}\begin{pmatrix}1&2&2\\2&4&-1\\0&3&1\end{pmatrix}=\begin{pmatrix}2&4&-1\\1&2&2\\0&3&1\end{pmatrix}=\boldsymbol{A}_1$$

习　题　7.5

1. 用初等行变换将下列矩阵化为阶梯形矩阵.

(1)$\boldsymbol{A}=\begin{pmatrix}1 & 0 & 1\\ 1 & -1 & 0\\ 0 & 1 & 2\end{pmatrix}$；(2)$\boldsymbol{A}=\begin{pmatrix}0 & 2 & -1\\ 1 & 1 & 2\\ -1 & -1 & -1\end{pmatrix}$；(3)$\boldsymbol{A}=\begin{pmatrix}2 & 1 & 2 & 3\\ 4 & 1 & 3 & 5\\ 2 & 0 & 1 & 2\end{pmatrix}$.

2. 用初等行变换将下列矩阵化为简化阶梯形矩阵.

(1)$\boldsymbol{A}=\begin{pmatrix}\frac{1}{2} & \frac{2}{3}\\ \frac{2}{3} & \frac{8}{9}\end{pmatrix}$；　(2)$\boldsymbol{A}=\begin{pmatrix}1 & 0 & 1\\ 2 & 1 & 0\\ -3 & 2 & -5\end{pmatrix}$；　(3)$\boldsymbol{A}=\begin{pmatrix}1 & 3\\ -1 & -3\\ 2 & 1\end{pmatrix}$.

7.6　矩阵的秩与逆矩阵

7.6.1　矩阵的秩

矩阵的秩

在研究矩阵的有关问题中，矩阵的秩是一个重要概念.

定义 1　矩阵 $\boldsymbol{A}$ 经过初等行变换化为阶梯形矩阵，阶梯形矩阵的非零行的行数称为矩阵 $\boldsymbol{A}$ 的秩，记作秩($\boldsymbol{A}$)或 $r(\boldsymbol{A})$.

例如，矩阵$\begin{pmatrix}1 & 6\\ 0 & 0\end{pmatrix}$的秩是 1；$\begin{pmatrix}2 & 1 & -5 & 3\\ 0 & 0 & 0 & 4\\ 0 & 0 & 0 & 0\end{pmatrix}$的秩是 2.

任何矩阵都可以通过初等行变换化为阶梯形矩阵，虽然矩阵的阶梯形矩阵不唯一，但其非零行的行数是唯一的；因此，要求矩阵的秩，只需通过初等行变换把矩阵化成阶梯形矩阵，这个阶梯形矩阵中非零行的行数就是原矩阵的秩，这也是求矩阵秩的一般方法.

例 1　求矩阵 $\boldsymbol{A}$ 的秩：

$$\boldsymbol{A}=\begin{pmatrix}-8 & 8 & 2 & -3 & 1\\ 2 & -2 & 2 & 12 & 6\\ -1 & 1 & 1 & 3 & 2\end{pmatrix}$$

解

$$\boldsymbol{A}\xrightarrow{r_1\leftrightarrow r_3}\begin{pmatrix}-1 & 1 & 1 & 3 & 2\\ 2 & -2 & 2 & 12 & 6\\ -8 & 8 & 2 & -3 & 1\end{pmatrix}\xrightarrow[r_3+(-8)r_1]{r_2+2r_1}\begin{pmatrix}-1 & 1 & 1 & 3 & 2\\ 0 & 0 & 4 & 18 & 10\\ 0 & 0 & -6 & -27 & -15\end{pmatrix}$$

$$\xrightarrow{r_3+\frac{3}{2}r_2}\begin{pmatrix}-1 & 1 & 1 & 3 & 2\\ 0 & 0 & 4 & 18 & 10\\ 0 & 0 & 0 & 0 & 0\end{pmatrix}$$

故 $r(\boldsymbol{A})=2$.

逆矩阵的概念和性质

7.6.2 逆矩阵的概念和性质

1. 逆矩阵的概念

前面已经看到，矩阵运算与数的运算相类似，有加减乘三种基本运算，那么矩阵有没有类似数的除法运算呢？我们说，矩阵没有除法运算，但可以通过逆矩阵，用矩阵的乘法运算代替除法运算.

若已知矩阵 $\boldsymbol{A}$ 和矩阵 $\boldsymbol{B}$，如何求出矩阵 $\boldsymbol{X}$，使 $\boldsymbol{AX}=\boldsymbol{B}$ 呢？

这里 $\boldsymbol{AX}=\boldsymbol{B}$ 在形式上和一元一次方程 $ay=b$ 相似，而当 $a\neq 0$ 时，则将 $ay=b$ 的两端乘以 a 的倒数 a^{-1}，就可以求得它的解 $y=a^{-1}b$. 为求解 $\boldsymbol{AX}=\boldsymbol{B}$，对照着 a 及其倒数 a^{-1} 的关系式 $aa^{-1}=a^{-1}a=1$，引进逆矩阵的概念.

定义 2　设 $\boldsymbol{A}$ 是 n 阶方阵，若存在 n 阶方阵 $\boldsymbol{B}$，使得

$$\boldsymbol{AB}=\boldsymbol{BA}=\boldsymbol{E}$$

则称矩阵 $\boldsymbol{A}$ 是可逆的，并称 $\boldsymbol{B}$ 是 $\boldsymbol{A}$ 的逆矩阵，记作 $\boldsymbol{B}=\boldsymbol{A}^{-1}$.

定理 1　若矩阵 $\boldsymbol{A}$ 是可逆的，则其逆矩阵由 $\boldsymbol{A}$ 唯一确定.

$\boldsymbol{A}$ 的逆矩阵由 $\boldsymbol{A}$ 唯一确定，于是可记 $\boldsymbol{A}$ 的逆矩阵为 $\boldsymbol{A}^{-1}$，即有 $\boldsymbol{AA}^{-1}=\boldsymbol{A}^{-1}\boldsymbol{A}=\boldsymbol{E}$，所以，若 $\boldsymbol{A}$ 是可逆的，则在式 $\boldsymbol{AX}=\boldsymbol{B}$ 两端左乘 $\boldsymbol{A}^{-1}$，再利用 $\boldsymbol{A}^{-1}\boldsymbol{A}=\boldsymbol{E}$，就可以得出 $\boldsymbol{AX}=\boldsymbol{B}$ 的解为

$$\boldsymbol{A}^{-1}\boldsymbol{AX}=\boldsymbol{A}^{-1}\boldsymbol{B}\Rightarrow\boldsymbol{X}=\boldsymbol{A}^{-1}\boldsymbol{B}$$

例 2　设 $\boldsymbol{A}=\begin{pmatrix}2 & 1\\ 1 & 1\end{pmatrix}$，$\boldsymbol{B}=\begin{pmatrix}1 & -1\\ -1 & 2\end{pmatrix}$，验证 $\boldsymbol{B}$ 是否为 $\boldsymbol{A}$ 的逆矩阵.

解

因为

$$\boldsymbol{AB}=\begin{pmatrix}2 & 1\\ 1 & 1\end{pmatrix}\begin{pmatrix}1 & -1\\ -1 & 2\end{pmatrix}=\begin{pmatrix}1 & 0\\ 0 & 1\end{pmatrix}$$

$$\boldsymbol{BA}=\begin{pmatrix}1 & -1\\ -1 & 2\end{pmatrix}\begin{pmatrix}2 & 1\\ 1 & 1\end{pmatrix}=\begin{pmatrix}1 & 0\\ 0 & 1\end{pmatrix}$$

即有 $\boldsymbol{AB}=\boldsymbol{BA}=\boldsymbol{E}$，故 $\boldsymbol{B}$ 是 $\boldsymbol{A}$ 的逆矩阵.

定理 2　n 阶方阵 $\boldsymbol{A}$ 可逆的充分必要条件是 $r(\boldsymbol{A})=n$.

对 n 阶方阵 $\boldsymbol{A}$，若 $r(\boldsymbol{A})=n$，则称 $\boldsymbol{A}$ 为满秩矩阵或非奇异矩阵.

例如：$\begin{pmatrix}4 & 2 & 2\\ 0 & 3 & 1\\ 0 & 0 & 4\end{pmatrix}$，$\begin{pmatrix}1 & 0 & 0 & 0\\ 3 & 2 & 2 & 3\\ 1 & 4 & 5 & 6\\ 5 & 7 & 8 & 9\end{pmatrix}$.

定理 3　任何一个满秩矩阵都能通过有限次初等行变换化为单位矩阵.

推论　满秩矩阵 $\boldsymbol{A}$ 的逆矩阵 $\boldsymbol{A}^{-1}$ 可以表示成有限个初等矩阵的乘积.

证

由定理 3 知，满秩矩阵 $\boldsymbol{A}$ 总可以经过有限次的初等行变换化为单位矩阵 $\boldsymbol{E}$，即存在初等矩阵 $\boldsymbol{P}_1$，$\boldsymbol{P}_2$，…，$\boldsymbol{P}_m$，使得

$$(\boldsymbol{P}_m\boldsymbol{P}_{m-1}\cdots\boldsymbol{P}_2\boldsymbol{P}_1)\boldsymbol{A}=\boldsymbol{E} \tag{7.9}$$

两边右乘 $\boldsymbol{A}^{-1}$，得

$$(\boldsymbol{P}_m\boldsymbol{P}_{m-1}\cdots\boldsymbol{P}_2\boldsymbol{P}_1)\boldsymbol{A}\boldsymbol{A}^{-1}=\boldsymbol{E}\boldsymbol{A}^{-1} \tag{7.10}$$

$$(\boldsymbol{P}_m\boldsymbol{P}_{m-1}\cdots\boldsymbol{P}_2\boldsymbol{P}_1)\boldsymbol{E}=\boldsymbol{A}^{-1} \tag{7.11}$$

即

$$\boldsymbol{A}^{-1}=\boldsymbol{P}_m\boldsymbol{P}_{m-1}\cdots\boldsymbol{P}_2\boldsymbol{P}_1 \tag{7.12}$$

2. 逆矩阵的性质

性质 1　可逆矩阵 $\boldsymbol{A}$ 的逆矩阵 $\boldsymbol{A}^{-1}$ 也是可逆矩阵，且

$$(\boldsymbol{A}^{-1})^{-1}=\boldsymbol{A}$$

性质 2　非零数 k 与可逆矩阵 $\boldsymbol{A}$ 的乘积 $k\boldsymbol{A}$ 也可逆，且

$$(k\boldsymbol{A})^{-1}=\frac{1}{k}\boldsymbol{A}^{-1}$$

性质 3　两个同阶可逆矩阵的乘积是可逆矩阵，且

$$(\boldsymbol{A}\boldsymbol{B})^{-1}=\boldsymbol{B}^{-1}\boldsymbol{A}^{-1}$$

性质 4　可逆矩阵的转置矩阵是可逆矩阵，且

$$(\boldsymbol{A}^{\mathrm{T}})^{-1}=(\boldsymbol{A}^{-1})^{\mathrm{T}}$$

3. 逆矩阵的求法

逆矩阵的求法

一般地，用定义求逆矩阵是不方便的．下面介绍用初等行变换的方法求逆矩阵

对 n 阶矩阵 $\boldsymbol{A}_n=(a_{ij})$，用 $\boldsymbol{A}_n$ 和 n 阶单位矩阵作如下的 $n\times 2n$ 矩阵：

$$\begin{pmatrix} a_{11} & a_{12} & \cdots & a_{1n} & \vdots & 1 & 0 & \cdots & 0 \\ a_{21} & a_{22} & \cdots & a_{2n} & \vdots & 0 & 1 & \cdots & 0 \\ \vdots & \vdots & & \vdots & \vdots & \vdots & \vdots & & \vdots \\ a_{n1} & a_{n2} & \cdots & a_{nn} & \vdots & 0 & 0 & \cdots & 1 \end{pmatrix}$$

记作$(\boldsymbol{A}，\boldsymbol{E})$，即在矩阵 $\boldsymbol{A}$ 的右侧添上与它同阶的单位矩阵 $\boldsymbol{E}$，然后对矩阵$(\boldsymbol{A}，\boldsymbol{E})$作初等行变换，把左侧的矩阵 $\boldsymbol{A}$ 化为 $\boldsymbol{E}$，这时右侧就是 $\boldsymbol{A}$ 的逆矩阵 $\boldsymbol{A}^{-1}$.

即

$$(\boldsymbol{A},\ \boldsymbol{E})\xrightarrow{\text{初等行变换}}(\boldsymbol{E},\ \boldsymbol{A}^{-1})$$

例 3　求 $\boldsymbol{A}=\begin{pmatrix} 1 & -1 & 2 \\ 0 & 1 & -1 \\ 2 & 1 & 0 \end{pmatrix}$ 的逆矩阵.

解

作 3×6 矩阵$(\boldsymbol{A}，\boldsymbol{E})$，并对其施以初等行变换

$$(\boldsymbol{A},\ \boldsymbol{E})=\begin{pmatrix}1 & -1 & 2 & \vdots & 1 & 0 & 0\\0 & 1 & -1 & \vdots & 0 & 1 & 0\\2 & 1 & 0 & \vdots & 0 & 0 & 1\end{pmatrix}\xrightarrow{r_3+(-2)r_1}\begin{pmatrix}1 & -1 & 2 & \vdots & 1 & 0 & 0\\0 & 1 & -1 & \vdots & 0 & 1 & 0\\0 & 3 & -4 & \vdots & -2 & 0 & 1\end{pmatrix}$$

$$\xrightarrow{r_3+(-3)r_2}\begin{pmatrix}1 & -1 & 2 & \vdots & 1 & 0 & 0\\0 & 1 & -1 & \vdots & 0 & 1 & 0\\0 & 0 & -1 & \vdots & -2 & -3 & 1\end{pmatrix}$$

$$\xrightarrow[r_2+(-1)r_3]{r_1+2r_3}\begin{pmatrix}1 & -1 & 0 & \vdots & -3 & -6 & 2\\0 & 1 & 0 & \vdots & 2 & 4 & -1\\0 & 0 & -1 & \vdots & -2 & -3 & 1\end{pmatrix}$$

$$\xrightarrow[(-1)r_3]{r_1+r_2}\begin{pmatrix}1 & 0 & 0 & \vdots & -1 & -2 & 1\\0 & 1 & 0 & \vdots & 2 & 4 & -1\\0 & 0 & 1 & \vdots & 2 & 3 & -1\end{pmatrix}=(\boldsymbol{E},\ \boldsymbol{A}^{-1})$$

$$\boldsymbol{A}^{-1}=\begin{pmatrix}-1 & -2 & 1\\2 & 4 & -1\\2 & 3 & -1\end{pmatrix}$$

应用初等行变换求逆矩阵时，不需要判断矩阵 $\boldsymbol{A}$ 是否可逆，只需要对$(\boldsymbol{A},\ \boldsymbol{E})$施行初等行变换．若 $\boldsymbol{A}$ 不能化为 $\boldsymbol{E}$，即可得出 $\boldsymbol{A}$ 不可逆.

例如：$\boldsymbol{A}=\begin{pmatrix}1 & 2 & 3\\4 & 5 & 6\\7 & 8 & 9\end{pmatrix}$

$$(\boldsymbol{A},\ \boldsymbol{E})=\begin{pmatrix}1 & 2 & 3 & \vdots & 1 & 0 & 0\\4 & 5 & 6 & \vdots & 0 & 1 & 0\\7 & 8 & 9 & \vdots & 0 & 0 & 1\end{pmatrix}$$

$$\xrightarrow[r_3+(-7)r_1]{r_2+(-4)r_1}\begin{pmatrix}1 & 2 & 3 & \vdots & 1 & 0 & 0\\0 & -3 & -6 & \vdots & -4 & 1 & 0\\0 & -6 & -12 & \vdots & -7 & 0 & 1\end{pmatrix}$$

$$\xrightarrow{r_3+(-2)r_2}\begin{pmatrix}1 & 2 & 3 & \vdots & 1 & 0 & 0\\0 & -3 & -6 & \vdots & -4 & 1 & 0\\0 & 0 & 0 & \vdots & 1 & -2 & 1\end{pmatrix}$$

至此，左边方阵中最后一行元素全部为零，所以 $\boldsymbol{A}$ 不可逆，即 $\boldsymbol{A}^{-1}$不存在.

例 4　求解矩阵方程$\begin{pmatrix}2 & 1\\1 & 1\end{pmatrix}\boldsymbol{X}=\begin{pmatrix}0 & -1\\2 & 0\end{pmatrix}$.

解

设$\boldsymbol{A}=\begin{pmatrix}2 & 1\\1 & 1\end{pmatrix}$，$\boldsymbol{B}=\begin{pmatrix}0 & -1\\2 & 0\end{pmatrix}$.

先求 $\boldsymbol{A}$ 的逆矩阵，作 2×4 矩阵$(\boldsymbol{A},\ \boldsymbol{E})$，

$$(\boldsymbol{A},\ \boldsymbol{E})=\begin{pmatrix}2 & 1 & \vdots & 1 & 0\\1 & 1 & \vdots & 0 & 1\end{pmatrix}\to\begin{pmatrix}1 & 1 & \vdots & 0 & 1\\2 & 1 & \vdots & 1 & 0\end{pmatrix}$$

$$\rightarrow\begin{pmatrix}1 & 1 & \vdots & 0 & 1\\0 & -1 & \vdots & 1 & -2\end{pmatrix}\rightarrow\begin{pmatrix}1 & 0 & \vdots & 1 & -1\\0 & 1 & \vdots & -1 & 2\end{pmatrix}$$

$$\boldsymbol{A}^{-1}=\begin{pmatrix}1 & -1\\-1 & 2\end{pmatrix}$$

把 $\boldsymbol{AX}=\boldsymbol{B}$ 两端左乘 $\boldsymbol{A}^{-1}$ 得

$$\boldsymbol{X}=\boldsymbol{A}^{-1}\boldsymbol{B}$$

于是

$$\boldsymbol{X}=\begin{pmatrix}1 & -1\\-1 & 2\end{pmatrix}\begin{pmatrix}0 & -1\\2 & 0\end{pmatrix}=\begin{pmatrix}-2 & -1\\4 & 1\end{pmatrix}$$

习　题　7.6

1. 求下列矩阵的秩.

(1)$\boldsymbol{A}=\begin{pmatrix}1 & 2\\0 & 0\end{pmatrix}$；　(2)$\boldsymbol{B}=\begin{pmatrix}1 & -2\\3 & 4\end{pmatrix}$；　(3)$\boldsymbol{C}=\begin{bmatrix}1 & 2 & 3\\2 & 4 & 6\\3 & 6 & 8\end{bmatrix}$；

(4)$\boldsymbol{D}=\begin{bmatrix}1 & 1 & 1 & 1\\2 & 2 & 2 & 3\\3 & 3 & 3 & 4\end{bmatrix}$.

2. 设 $\boldsymbol{AB}=\boldsymbol{AC}$，问在什么条件下 $\boldsymbol{B}=\boldsymbol{C}$?

3. 判断下列各式是否成立.

(1)$k\neq0$，$(k\boldsymbol{A})^{-1}=k\boldsymbol{A}^{-1}$；

(2)若 $\boldsymbol{A}$，$\boldsymbol{B}$ 为同阶可逆矩阵，则$(\boldsymbol{AB})^{-1}=\boldsymbol{A}^{-1}\boldsymbol{B}^{-1}$；

(3)若 $\boldsymbol{A}$ 可逆，则$(\boldsymbol{A}^{-1})^{\mathrm{T}}=(\boldsymbol{A}^{\mathrm{T}})^{-1}$.

4. 求下列逆矩阵.

(1)$\begin{pmatrix}5 & 4\\-2 & -1\end{pmatrix}$；(2)$\begin{bmatrix}4 & 0 & 0 & 0\\0 & 3 & 0 & 0\\0 & 0 & 2 & 0\\0 & 0 & 0 & 1\end{bmatrix}$；(3)$\begin{bmatrix}2 & 0 & 1\\1 & -2 & -1\\-1 & 3 & 2\end{bmatrix}$.

5. 解矩阵方程

$$\begin{pmatrix}1 & 1\\2 & 1\end{pmatrix}\boldsymbol{X}=\begin{pmatrix}3\\5\end{pmatrix}$$

7.7 数学建模案例：生产成本和销售收入问题

数学建模案例：
生产成本和
销售收入问题

7.7.1 问题提出

宏伟机械厂生产甲、乙、丙三种产品，其中 2011 年和 2012 年销售量见表 7-6，这三种产品的成本和销售价格见表 7-7，请你帮助该厂核实 2011 年和 2012 年这两年的总成本和总销售收入分别是多少？

表 7-6 产品销售量 台

销售量 \ 产品	甲	乙	丙
2011 年	1 000	4 000	3 000
2012 年	700	3 550	4 000

表 7-7 产品成本和销售价格 万元

产品 \ 价格	成本	销售价格
甲	3	3.5
乙	4	4.4
丙	6	6.8

7.7.2 问题分析

首先将上述两张表格用矩阵表示：表 7-6 用矩阵 $\boldsymbol{A}$ 表示，表 7-7 用矩阵 $\boldsymbol{B}$ 表示，即

$$\boldsymbol{A}=\begin{pmatrix}1\,000 & 4\,000 & 3\,000\\ 700 & 3\,550 & 4\,000\end{pmatrix},\ \boldsymbol{B}=\begin{pmatrix}3 & 3.5\\ 4 & 4.4\\ 6 & 6.8\end{pmatrix}$$

每年的总成本为这三种产品的成本和，而每种产品的成本为单位成本与销售量的乘积，即

2011 年总成本＝2011 年甲产品总成本＋2011 年乙产品总成本＋
2011 年丙产品总成本
＝甲的单位成本×销售量＋乙的单位成本×销售量＋
丙的单位成本×销售量

$$=3\times 1\,000+4\times 4\,000+6\times 3\,000$$

同理，2012 年总成本 $=3\times 700+4\times 3\,550+6\times 4\,000$.

我们能看出 2011 年的总成本恰好是矩阵 $\boldsymbol{A}$ 的第一行的元素分别乘以矩阵 $\boldsymbol{B}$ 的第一列对应元素的和；2012 年的总成本恰好是矩阵 $\boldsymbol{A}$ 的第二行的元素分别乘以矩阵 $\boldsymbol{B}$ 的第一列对应元素的和.

我们还知道每年的销售收入为这三种产品的销售额的和，而每种产品的销售额为单位销售价格与销售量的乘积，即

2011 年的总销售收入＝2011 年甲产品总销售收入＋2011 年乙产品总销售收入＋2011 年丙产品总销售收入
＝甲的销售单价×销售量＋乙的销售单价×销售量＋丙的销售单价×销售量

$$=3.5\times 1\,000+4.4\times 4\,000+6.8\times 3\,000$$

同理，2012 年总销售收入 $=3.5\times 700+4.4\times 3\,550+6.8\times 4\,000$.

我们也能看出 2011 年的总销售收入恰好是矩阵 $\boldsymbol{A}$ 的第一行的元素乘以矩阵 $\boldsymbol{B}$ 的第二列对应元素的和；2012 年总销售收入恰好是矩阵 $\boldsymbol{A}$ 的第二行的元素乘以矩阵 $\boldsymbol{B}$ 的第二列对应元素的和.

7.7.3　模型建立

根据上述分析，可以把 2011 年和 2012 年的总成本作为第一列，总销售收入作为第二列，组成 2×2 的矩阵 $\boldsymbol{C}$，即

$$\boldsymbol{C}=\begin{pmatrix}2011\text{ 年总成本} & 2011\text{ 年总销售收入}\\ 2012\text{ 年总成本} & 2012\text{ 年总销售收入}\end{pmatrix}$$

故 $\boldsymbol{C}=\boldsymbol{AB}$，即

$$\boldsymbol{C}=\begin{pmatrix}1\,000 & 4\,000 & 3\,000\\ 700 & 3\,550 & 4\,000\end{pmatrix}\begin{pmatrix}3 & 3.5\\ 4 & 4.4\\ 6 & 6.8\end{pmatrix}$$

7.7.4　模型求解

运用矩阵乘法公式

$$\boldsymbol{C}=\begin{pmatrix}1\,000 & 4\,000 & 3\,000\\ 700 & 3\,550 & 4\,000\end{pmatrix}\begin{pmatrix}3 & 3.5\\ 4 & 4.4\\ 6 & 6.8\end{pmatrix}$$

$$=\begin{pmatrix}3\times 1\,000+4\times 4\,000+6\times 3\,000 & 3.5\times 1\,000+4.4\times 4\,000+6.8\times 3\,000\\ 3\times 700+4\times 3\,550+6\times 4\,000 & 3.5\times 700+4.4\times 3\,550+6.8\times 4\,000\end{pmatrix}$$

$$=\begin{pmatrix}37\,000 & 41\,500\\ 40\,300 & 45\,270\end{pmatrix}$$

核实结果为 2011 年总成本为 37 000 万元，总销售收入为 41 500 万元，2012 年总成本为 40 300 万元，总销售收入为 45 270 万元，不难算出这两年的利润，2011 年利润为 4 500 万元，2012 年利润为 4 970 万元.

7.8 数学实验：用 Mathematica 求解行列式、矩阵

7.8.1 矩阵的输入与输出

1. 按表的格式输入矩阵和向量

$\{a_1, a_2, \cdots, a_n\}$ 表示一个向量

$\{\{a_{11}, a_{12}, \cdots, a_{1n}\}, \cdots, \{a_{m1}, a_{m2}, \cdots, a_{mn}\}\}$ 表示一个 m 行 n 列的矩阵

2. 由模板输入矩阵

基本输入模板中有输入 2 阶方阵的模板，单击该模板输入一个空白的 2 阶方阵，按"Ctrl＋,"使矩阵增加一列，按"Ctrl＋Enter"使矩阵增加一行.

3. 由菜单输入矩阵

如果输入行、列数较多的矩阵，可以打开主菜单的 Input 项，其中 Create Table/Matrix/Palette 可用于建立一个矩阵，单击该项出现一个的对话框. 选择 Make：Matrix，再输入行数和列数，单击 OK 按钮，于是一个空白矩阵被输入到工作区窗口.

不管输入的形式是否为矩阵，必须使用 MatrixForm 才能使输出结果为矩阵形式.

7.8.2 矩阵的运算

A±**B** 矩阵的和、差

A.B **A** 与 **B** 的乘积

c**A** 矩阵 **A** 中每个元素都乘上常量 c

Inverse[**A**] 求逆矩阵，自动判断是否可逆

Transpose[**M**] 将矩阵 **M** 转置

Det[**A**] 求方阵 **A** 的行列式

MatrixRank[**M**] 给出矩阵 **M** 的秩

Table[表达式,$\{i,m\}$,$\{j,n\}$] 构造一个 $m\times n$ 阶矩阵，其中的元素由表达式在 $(i,j)=(1,1)$，…，(m,n) 时的值组成

例 1 求矩阵 $A=\begin{pmatrix}-2 & 1 & 3 & 1\\ 1 & 0 & -1 & 2\\ 1 & 3 & 4 & -2\\ 0 & 1 & 0 & -1\end{pmatrix}$ 的逆矩阵并计算 A 的行列式.

解

具体命令如图 7－2 所示.

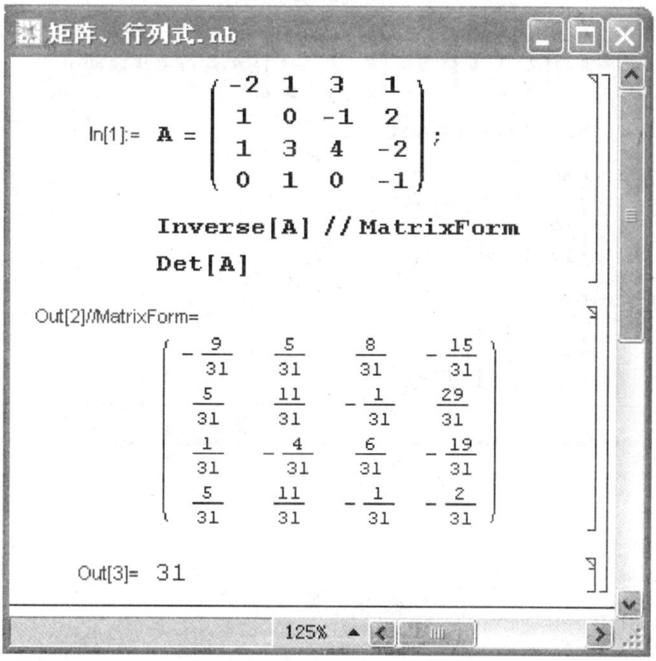

图 7－2

例 2 矩阵 $A=\begin{pmatrix}4 & 3 & 7\\ 6 & 1 & 5\end{pmatrix}$，$B=\begin{pmatrix}4 & -1 & 5\\ -2 & 9 & 7\end{pmatrix}$，求矩阵 A 的秩，$A+B$.

解

具体命令如图 7－3 所示.

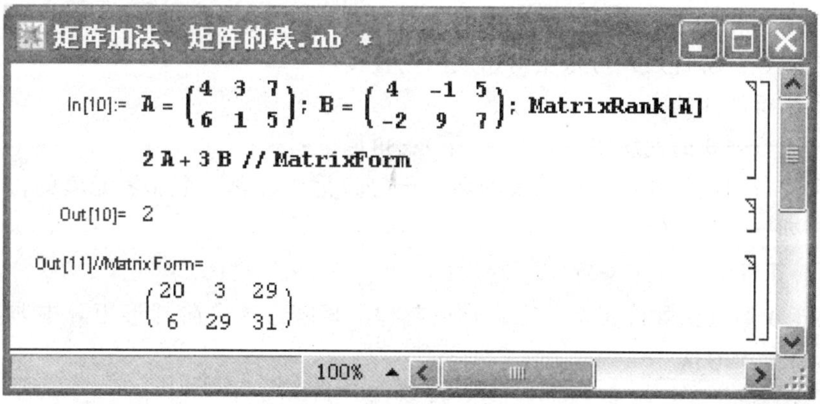

图 7－3

例 3　矩阵 $\boldsymbol{A}=\begin{pmatrix}1&2&3\\2&4&6\\3&6&8\end{pmatrix}$，$\boldsymbol{B}=\begin{pmatrix}1&-1&2\\0&1&-1\\2&1&0\end{pmatrix}$，求 $\boldsymbol{AB}$，$\boldsymbol{BA}$.

解

具体命令如图 7－4 所示.

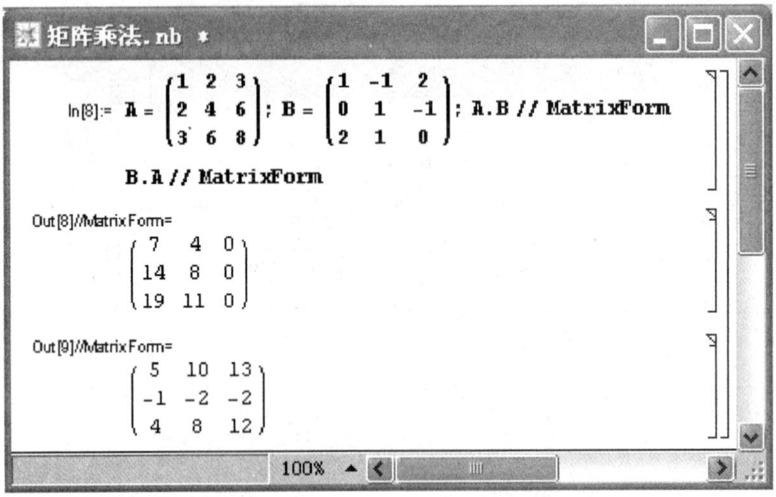

图 7－4

本章小结

一、主要内容

本章主要介绍了行列式和矩阵两个数学工具. 重点内容是行列式的性质及计算、矩阵的乘法、逆矩阵概念及性质、初等行变换、用初等行变换求矩阵的秩、用初等行变换求逆矩阵.

1. 计算行列式的方法

(1)二阶、三阶行列式可根据对角线法则直接计算；

(2)利用行列式的定义；

(3)利用行列式的性质将其化为上(下)三角形行列式；

(4)利用行列式的性质将行列式的某一行(列)化为仅含一个非零元素的行(列)，然后按该行(列)展开.

2. 用初等行变换求矩阵的秩

将矩阵 $\boldsymbol{A}$ 通过初等行变换，把它化成阶梯形矩阵，这个阶梯形矩阵中非零行的行数就是原矩阵 $\boldsymbol{A}$ 的秩.

3. 用初等行变换求逆矩阵

$(\boldsymbol{A},\ \boldsymbol{E})\xrightarrow{\text{初等行变换}}(\boldsymbol{E},\ \boldsymbol{A}^{-1})$. 即在矩阵 $\boldsymbol{A}$ 的右边同时添上与它同阶的单位矩阵 $\boldsymbol{E}$，

然后对矩阵$(\boldsymbol{A},\boldsymbol{E})$作初等行变换，把左侧的矩阵$\boldsymbol{A}$化为$\boldsymbol{E}$，这时右侧的矩阵就是$\boldsymbol{A}$的逆矩阵$\boldsymbol{A}^{-1}$.

二、应注意的问题

(1)计算行列式的方法比较灵活，应根据行列式的特点选取适当的计算方法.

(2)明确只有方阵才有行列式、逆矩阵.

(3)注意行列式和矩阵两者的区别：行列式是一个数值，而矩阵只是一个数表.

(4)矩阵的初等行变换是本章的重点，也是下一章的基础，需熟练掌握.

复习题7

1. 计算下列行列式.

(1)$\begin{vmatrix} 1 & 4 \\ -2 & 6 \end{vmatrix}$；(2)$\begin{vmatrix} 1 & -3 & 7 \\ 2 & 4 & -3 \\ -3 & 7 & 2 \end{vmatrix}$；(3)$\begin{vmatrix} 1 & 5 & 1 \\ 5 & 1 & 5 \\ 5 & 5 & 1 \end{vmatrix}$；(4)$\begin{vmatrix} 1 & 0 & 1 & 0 \\ 0 & 1 & 0 & 1 \\ 0 & 0 & 1 & 1 \\ 4 & 5 & 5 & 4 \end{vmatrix}$.

2. 若$\begin{vmatrix} 1 & 2 & 5 \\ 1 & 3 & -2 \\ 2 & 5 & a \end{vmatrix}=0$，求$a$.

3. 若$\boldsymbol{A}=\begin{pmatrix} 1 & 2 \\ -1 & 3 \end{pmatrix}$，$\boldsymbol{B}=\begin{pmatrix} 1 & 3 \\ 2 & 4 \end{pmatrix}$，

求$3\boldsymbol{A}+\boldsymbol{B}$，$\boldsymbol{B}-\boldsymbol{A}$，$\boldsymbol{A}^{\mathrm{T}}\boldsymbol{B}$，$\boldsymbol{A}^2$，$|\boldsymbol{A}-\boldsymbol{B}|$.

4. 计算.

$$(-1\ \ 1\ \ 0)\begin{pmatrix} 2 & 0 & 1 \\ 0 & 4 & 2 \\ 1 & 1 & 0 \end{pmatrix}\begin{pmatrix} 1 & 0 \\ 0 & 3 \\ 2 & 2 \end{pmatrix}.$$

5. 求下列矩阵的秩.

$$\boldsymbol{A}=\begin{pmatrix} 1 & -1 & 2 & 1 & 0 \\ 2 & -2 & 4 & -2 & 0 \\ 3 & 0 & 6 & -1 & 1 \\ 0 & 3 & 0 & 0 & 1 \end{pmatrix};\quad \boldsymbol{B}=\begin{pmatrix} 1 & 1 & 1 & 1 \\ 2 & 1 & 2 & 1 \\ 1 & 2 & 1 & 2 \\ 4 & 3 & 4 & 3 \end{pmatrix};\quad \boldsymbol{C}=\begin{pmatrix} 2 & 1 & 1 & 2 \\ 1 & 2 & 2 & 1 \\ 1 & 2 & 1 & 2 \\ 2 & 2 & 1 & 1 \end{pmatrix}.$$

6. 求下列矩阵的逆矩阵.

(1)$\boldsymbol{A}=\begin{pmatrix} 1 & 1 & 1 \\ 2 & 2 & 1 \\ 3 & 2 & 1 \end{pmatrix}$；　　(2)$\boldsymbol{B}=\begin{pmatrix} 1 & 0 \\ 3 & 1 \end{pmatrix}$；

(3)$\boldsymbol{C}=\begin{pmatrix} 3 & 2 \\ 1 & -1 \end{pmatrix}$；　　(4)$\boldsymbol{D}=\begin{pmatrix} 1 & 0 & 2 \\ 2 & 1 & 0 \\ 3 & 0 & 1 \end{pmatrix}$.

7. 解下列矩阵方程.

(1)$\boldsymbol{X}\begin{pmatrix}2 & 1 & -1\\2 & 1 & 0\\1 & -1 & 1\end{pmatrix}=\begin{pmatrix}1 & 4 & 1\\-1 & 3 & -2\end{pmatrix}$;

(2)$\boldsymbol{AX}=\boldsymbol{B}$，其中 $\boldsymbol{A}=\begin{pmatrix}2 & 1 & 2\\2 & 1 & 4\\3 & 2 & 1\end{pmatrix}$，$\boldsymbol{B}=\begin{pmatrix}3\\1\\7\end{pmatrix}$.

第 8 章

线性方程组与线性规划

自然科学、工程技术和经济管理中的许多问题经常可以归结为解一个线性方程组的问题．本章将讨论线性方程组解的判定和求法．另外，在实际应用中，尤其是在经济领域中，除了线性方程组模型外，还有线性规划模型．它们由多个线性不等式构成，如何建立这些模型，如何求解这些数学模型也是本章的主要内容.

8.1　线性方程组

数学建模是架于数学理论和实际问题之间的桥梁，是运用数学知识解决实际问题的重要手段和方法．用数学式子来描述实际问题就是建立数学模型，本节将通过一个实例建立线性方程组数学模型，并给出线性方程组的概念.

8.1.1　线性方程组的数学模型

线性方程组

1. 问题提出

某国一地区纳税法规定，地区税按奖金后的 5%计算，联邦税按支付地区税和奖金后的 50%来计算．奖金按支付地区税和联邦税的 10%计算．若某公司在奖前税前利润为 25 000 万元，问应发奖金，支付地区税和联邦税各多少元(精确到个位数)?

2. 问题解析

把奖金、地区税和联邦税分别用 x_1、x_2、x_3 表示：

(1)奖金按支付地区税和联邦税后利润的 10%计算，即

$$x_1=10\%(25\ 000-x_2-x_3)$$

(2)地区税按支付奖金后利润的 5%计算，即

$$x_2=5\%(25\ 000-x_1)$$

(3)联邦税按支付地区税和奖金后利润的 50%计算，即

$$x_3=50\%(25\ 000-x_1-x_2)$$

3. 建立数学模型

通过上面的分析，联立成一个三元一次方程组

$$\begin{cases}x_1=10\%(25\ 000-x_2-x_3)\\x_2=5\%(25\ 000-x_1)\\x_3=50\%(25\ 000-x_1-x_2)\end{cases}$$

化简得

$$\begin{cases} x_1+0.1x_2+0.1x_3=2\ 500 \\ 0.05x_1+x_2=1\ 250 \\ 0.5x_1+0.5x_2+x_3=12\ 500 \end{cases}$$

8.1.2 线性方程组的一般形式

由 n 个未知量 m 个方程组成的线性方程组

$$\begin{cases} a_{11}x_1+a_{12}x_2+\cdots+a_{1n}x_n=b_1 \\ a_{21}x_1+a_{22}x_2+\cdots+a_{2n}x_n=b_2 \\ \qquad\vdots \\ a_{m1}x_1+a_{m2}x_2+\cdots+a_{mn}x_n=b_m \end{cases} \tag{8.1}$$

其中：系数 $a_{ij}(i=1,2,\cdots,m;j=1,2,\cdots,n)$，常数 $b_i(i=1,2,\cdots,m)$都是已知数，$x_j(j=1,2,\cdots,n)$是未知量，当 $b_i(i=1,2,\cdots,m)$不全为零时，称方程组(8.1)为**非齐次线性方程组**；当 $b_i(i=1,2,\cdots,m)$全为零时，即

$$\begin{cases} a_{11}x_1+a_{12}x_2+\cdots+a_{1n}x_n=0 \\ a_{21}x_1+a_{22}x_2+\cdots+a_{2n}x_n=0 \\ \qquad\vdots \\ a_{m1}x_1+a_{m2}x_2+\cdots+a_{mn}x_n=0 \end{cases} \tag{8.2}$$

称方程组(8.2)为**齐次线性方程组**.

由未知量的系数构成的 $m\times n$ 矩阵称为**系数矩阵**，记作 $\boldsymbol{A}$，由未知量构成的矩阵称为**未知量矩阵**，记作 $\boldsymbol{X}$，由常数项构成的矩阵称为**常数矩阵**，记作 $\boldsymbol{B}$.

$$\boldsymbol{A}=\begin{pmatrix} a_{11} & a_{12} & \cdots & a_{1n} \\ a_{21} & a_{22} & \cdots & a_{2n} \\ \vdots & \vdots & & \vdots \\ a_{m1} & a_{m2} & \cdots & a_{mn} \end{pmatrix},\ \boldsymbol{X}=\begin{pmatrix} x_1 \\ x_2 \\ \vdots \\ x_n \end{pmatrix},\ \boldsymbol{B}=\begin{pmatrix} b_1 \\ b_2 \\ \vdots \\ b_m \end{pmatrix}$$

非齐次线性方程组的矩阵表示形式为

$$\boldsymbol{AX}=\boldsymbol{B}$$

齐次线性方程组的矩阵表示形式为

$$\boldsymbol{AX}=\boldsymbol{0}$$

把系数矩阵 $\boldsymbol{A}$ 的右侧添上常数项构成的矩阵称为非齐次线性方程组(8.1)的**增广矩阵**，记作 $\overline{\boldsymbol{A}}$，即

$$\overline{\boldsymbol{A}}=\begin{pmatrix} a_{11} & a_{12} & \cdots & a_{1n} & b_1 \\ a_{21} & a_{22} & \cdots & a_{2n} & b_2 \\ \vdots & \vdots & & \vdots & \vdots \\ a_{m1} & a_{m2} & \cdots & a_{mn} & b_m \end{pmatrix}$$

8.1.3　非齐次线性方程组

例 1　用消元法解线性方程组

$$\begin{cases}x_1+3x_2+x_3=5\\2x_1+x_2+x_3=2\\x_1+x_2+5x_3=-7\end{cases}$$

分析　我们已经知道，该方程组的系数矩阵 $\boldsymbol{A}$，未知量矩阵 $\boldsymbol{X}$，常数矩阵 $\boldsymbol{B}$ 和增广矩阵 $\overline{\boldsymbol{A}}$ 分别为

$$\boldsymbol{A}=\begin{pmatrix}1&3&1\\2&1&1\\1&1&5\end{pmatrix},\ \boldsymbol{X}=\begin{pmatrix}x_1\\x_2\\x_3\end{pmatrix},\ \boldsymbol{B}=\begin{pmatrix}5\\2\\-7\end{pmatrix},\ \overline{\boldsymbol{A}}=\begin{pmatrix}1&3&1&5\\2&1&1&2\\1&1&5&-7\end{pmatrix}$$

对方程组进行同解变形，实际上就是对方程组的系数和常数项进行变换，而这恰是对方程组的增广矩阵 $\overline{\boldsymbol{A}}$ 进行初等行变换.

解

消元法解方程组与增广矩阵 $\overline{\boldsymbol{A}}$ 的初等行变换对照观察.

用消元法解方程组

$$\begin{cases}x_1+3x_2+x_3=5 & ①\\2x_1+x_2+x_3=2 & ②\\x_1+x_2+5x_3=-7 & ③\end{cases}$$

$$\Big\downarrow \begin{matrix}-2\times①\text{加于}②\\-1\times①\text{加于}③\end{matrix}$$

$$\begin{cases}x_1+3x_2+x_3=5 & ①\\-5x_2-x_3=-8 & ④\\-2x_2+4x_3=-12 & ⑤\end{cases}$$

$$\Big\downarrow \begin{matrix}-\frac{1}{2}\times⑤\\④\text{与}⑤\text{交换}\end{matrix}$$

$$\begin{cases}x_1+3x_2+x_3=5 & ①\\x_2-2x_3=6 & ⑥\\-5x_2-x_3=-8 & ④\end{cases}$$

$$\Big\downarrow 5\times⑥\text{加于}④$$

$$\begin{cases}x_1+3x_2+x_3=5 & ①\\x_2-2x_3=6 & ⑥\\-11x_3=22 & ⑦\end{cases}$$

（以上是消元过程，得到阶梯形方程组，以下是回代过程）

对增广矩阵作初等行变换

$$\overline{\boldsymbol{A}}=\begin{pmatrix}1&3&1&5\\2&1&1&2\\1&1&5&-7\end{pmatrix}$$

$$\Big\downarrow \begin{matrix}r_2+(-2)r_1\\r_3+(-1)r_1\end{matrix}$$

$$\begin{pmatrix}1&3&1&5\\0&-5&-1&-8\\0&-2&4&-12\end{pmatrix}$$

$$\Big\downarrow \begin{matrix}-\frac{1}{2}r_3\\r_2\leftrightarrow r_3\end{matrix}$$

$$\begin{pmatrix}1&3&1&5\\0&1&-2&6\\0&-5&-1&-8\end{pmatrix}$$

$$\Big\downarrow r_3+5r_2$$

$$\begin{pmatrix}1&3&1&5\\0&1&-2&6\\0&0&-11&22\end{pmatrix}$$

（这是阶梯形矩阵）

$$\downarrow -\frac{1}{11}\times ⑦$$

$$\begin{cases} x_1+3x_2+\ x_3=5 & ① \\ \qquad x_2-2x_3=6 & ⑥ \\ \qquad\qquad x_3=-2 & ⑧ \end{cases}$$

$$\downarrow \begin{matrix} 2\times ⑧加于⑥ \\ -1\times ⑧加于① \end{matrix}$$

$$\begin{cases} x_1+3x_2 \qquad =7 & ⑨ \\ \qquad x_2 \qquad =2 & ⑩ \\ \qquad\qquad x_3=-2 & ⑧ \end{cases}$$

$$\downarrow -3\times ⑩加于⑨$$

$$\begin{cases} x_1 \qquad\qquad =1 \\ \qquad x_2 \qquad =2 \\ \qquad\qquad x_3=-2 \end{cases}$$

(得到方程组的解)

$$\downarrow -\frac{1}{11}\times r_3$$

$$\begin{pmatrix} 1 & 3 & 1 & 5 \\ 0 & 1 & -2 & 6 \\ 0 & 0 & 1 & -2 \end{pmatrix}$$

$$\downarrow \begin{matrix} r_2+2r_3 \\ r_1+(-1)r_3 \end{matrix}$$

$$\begin{pmatrix} 1 & 3 & 0 & 7 \\ 0 & 1 & 0 & 2 \\ 0 & 0 & 1 & -2 \end{pmatrix}$$

$$\downarrow r_1+(-3)r_2$$

$$\begin{pmatrix} 1 & 0 & 0 & 1 \\ 0 & 1 & 0 & 2 \\ 0 & 0 & 1 & -2 \end{pmatrix}$$

(这是简化阶梯形矩阵)

由以上计算可知如下结论.

消元法解线性方程组的解题过程：

(1)消元过程. 通过对方程组的系数和常数项进行算术运算，将其化为阶梯形方程组；

(2)回代过程. 由阶梯形方程组逐次求出各未知量的值.

对增广矩阵 $\bar{\mathbf{A}}$ 进行初等行变换的过程：

(1)用初等行变换将 $\bar{\mathbf{A}}$ 化为阶梯形矩阵；

(2)用初等行变换将阶梯形矩阵化为简化阶梯形矩阵；

(3)简化阶梯形矩阵对应的线性方程组即原方程组的解.

对照上述两种解方程组的方法，它们的实质是一样的，后者仅省掉了未知数的书写而已. 因此可以利用增广矩阵的初等行变换求得非齐次线性方程组的解.

例 2　解线性方程组

$$\begin{cases} x_1-2x_2+x_3=-2 \\ -2x_1+x_2+x_3=-2 \\ x_1+x_2-2x_3=4 \end{cases}$$

解

对增广矩阵作初等行变换

$$\bar{\mathbf{A}}=\begin{pmatrix} 1 & -2 & 1 & -2 \\ -2 & 1 & 1 & -2 \\ 1 & 1 & -2 & 4 \end{pmatrix} \xrightarrow[r_3+(-1)r_1]{r_2+2r_1} \begin{pmatrix} 1 & -2 & 1 & -2 \\ 0 & -3 & 3 & -6 \\ 0 & 3 & -3 & 6 \end{pmatrix}$$

$$\xrightarrow[-\frac{1}{3}r_2]{r_3+r_2}\begin{pmatrix}1&-2&1&-2\\0&1&-1&2\\0&0&0&0\end{pmatrix}\xrightarrow{r_1+2r_2}\begin{pmatrix}1&0&-1&2\\0&1&-1&2\\0&0&0&0\end{pmatrix}=\boldsymbol{B}$$

可得到矩阵 $\boldsymbol{B}$ 所对应的同解方程组(删去最后一个零行对应的方程，因为 $0=0$ 为多余方程)为

$$\begin{cases}x_1-x_3=2\\x_2-x_3=2\end{cases}\quad 即\begin{cases}x_1=2+x_3\\x_2=2+x_3\end{cases}$$

任给 x_3 一个值，就能确定出其他未知量的值，也就确定出方程组的一组解，这说明方程组有无穷多组解．我们称 x_3 为自由未知量．由于秩 $r(\bar{\mathbf{A}})=2$，未知量个数 $n=3$，含 $n-r(\bar{\mathbf{A}})=1$ 个自由未知量．若取 $x_3=C(C\in\mathbf{R})$，则原方程组的解为

$$\begin{cases}x_1=2+C\\x_2=2+C\quad(C 为任意常数)\\x_3=C\end{cases}$$

原方程组有无穷多组解，这种解的表达式称为方程组的一般解．

例 3 求解 8.1 节提出的数学模型：

$$\begin{cases}x_1+0.1x_2+0.1x_3=2\,500\\0.05x_1+x_2=1\,250\\0.5x_1+0.5x_2+x_3=12\,500\end{cases}$$

解

$$\bar{\mathbf{A}}=\begin{pmatrix}1&0.1&0.1&2\,500\\0.05&1&0&1\,250\\0.5&0.5&1&12\,500\end{pmatrix}$$

$$\xrightarrow[2r_3]{10r_1\\20r_2}\begin{pmatrix}10&1&1&25\,000\\1&20&0&25\,000\\1&1&2&25\,000\end{pmatrix}\xrightarrow{r_1\leftrightarrow r_3}\begin{pmatrix}1&1&2&25\,000\\1&20&0&25\,000\\10&1&1&25\,000\end{pmatrix}$$

$$\xrightarrow[r_3+(-10)r_1]{r_2+(-1)r_1}\begin{pmatrix}1&1&2&25\,000\\0&19&-2&0\\0&-9&-19&-225\,000\end{pmatrix}\xrightarrow[(-1)r_3]{\frac{1}{19}r_2}\begin{pmatrix}1&1&2&25\,000\\0&1&-0.105&0\\0&9&19&225\,000\end{pmatrix}$$

$$\xrightarrow[r_3+(-9)r_2]{r_1+(-1)r_2}\begin{pmatrix}1&0&2.105&25\,000\\0&1&-0.105&0\\0&0&19.947&225\,000\end{pmatrix}\xrightarrow{\frac{1}{19.947}r_3}\begin{pmatrix}1&0&2.105&25\,000\\0&1&-0.105&0\\0&0&1&11\,280\end{pmatrix}$$

$$\xrightarrow[r_2+(0.105)r_3]{r_1+(-2.105)r_3}\begin{pmatrix}1&0&0&1\,252.2\\0&1&0&1\,187.8\\0&0&1&11\,280\end{pmatrix}$$

$r(\bar{\mathbf{A}})=3=$ 未知量的个数，原方程组有唯一解．原方程的解为

$$\begin{cases}x_1=1\ 252.2\\x_2=1\ 187.8\\x_3=11\ 280\end{cases}$$

所以应发奖金 1 252.2 万元，支付地区税 1 187.8 万元，联邦税 11 280 万元.

例 4　解线性方程组

$$\begin{cases}x_1-x_2+3x_3-x_4=1\\2x_1-x_2-x_3+4x_4=2\\3x_1-2x_2+2x_3+3x_4=3\\x_1-4x_3+5x_4=-1\end{cases}$$

解

对方程组的增广矩阵 $\overline{\mathbf{A}}$ 作初等行变换

$$\overline{\mathbf{A}}=\begin{pmatrix}1&-1&3&-1&1\\2&-1&-1&4&2\\3&-2&2&3&3\\1&0&-4&5&-1\end{pmatrix}\xrightarrow[r_4+(-1)r_1]{\substack{r_2+(-2)r_1\\r_3+(-3)r_1}}\begin{pmatrix}1&-1&3&-1&1\\0&1&-7&6&0\\0&1&-7&6&0\\0&1&-7&6&-2\end{pmatrix}$$

$$\xrightarrow[r_4+(-1)r_2]{\substack{r_1+r_2\\r_3+(-1)r_2}}\begin{pmatrix}1&0&-4&5&1\\0&1&-7&6&0\\0&0&0&0&0\\0&0&0&0&-2\end{pmatrix}$$

与该矩阵对应的同解方程组为

$$\begin{cases}x_1-4x_3+5x_4=1\\x_2-7x_3+6x_4=0\\0=-2\end{cases}$$

最后一个方程是矛盾方程，显然方程组无解.

由上述例题可知，非齐次线性方程组的解分三种情况：可能有唯一解，也可能有无穷多组解，也可能无解.

8.1.4　齐次线性方程组

齐次线性方程组一定有解，由于常数矩阵为零矩阵，增广矩阵最后一列全为零，故 $r(\mathbf{A})=r(\overline{\mathbf{A}})$，因此可只对系数矩阵进行初等行变换求齐次线性方程组的解.

例 5　解齐次线性方程组

$$\begin{cases}x_1+2x_2+x_3+x_4=0\\2x_1+4x_2+x_3-2x_4=0\\x_3+4x_4=0\end{cases}$$

解

$$A=\begin{pmatrix}1&2&1&1\\2&4&1&-2\\0&0&1&4\end{pmatrix}\xrightarrow{r_2+(-2)r_1}\begin{pmatrix}1&2&1&1\\0&0&-1&-4\\0&0&1&4\end{pmatrix}\xrightarrow{r_3+r_2}\begin{pmatrix}1&2&1&1\\0&0&-1&-4\\0&0&0&0\end{pmatrix}$$

$$\xrightarrow{(-1)r_2}\begin{pmatrix}1&2&1&1\\0&0&1&4\\0&0&0&0\end{pmatrix}\xrightarrow{r_1+(-1)r_2}\begin{pmatrix}1&2&0&-3\\0&0&1&4\\0&0&0&0\end{pmatrix}=\boldsymbol{B}$$

于是得到 $\boldsymbol{B}$ 对应的同解方程组

$$\begin{cases}x_1+2x_2-3x_4=0\\x_3+4x_4=0\end{cases}$$

即

$$\begin{cases}x_1=-2x_2+3x_4\\x_3=-4x_4\end{cases}$$

由于秩 $r(\mathbf{A})=2$，未知量个数 $n=4$，含 $n-r(\mathbf{A})=4-2=2$ 个自由未知量 . x_2，x_4 为自由未知量，若取 $x_2=C_1$，$x_4=C_2$，得方程组的一般解为

$$\begin{cases}x_1=-2C_1+3C_2\\x_2=C_1\\x_3=-4C_2\\x_4=C_2\end{cases}\qquad (C_1,\ C_2\text{为任意常数})$$

习 题 8.1

1. 解下列非齐次线性方程组.

(1) $\begin{cases}x_1-x_2+x_3-x_4=1,\\-x_1+x_2+x_3-x_4=1,\\2x_1-2x_2-x_3+x_4=-1;\end{cases}$

(2) $\begin{cases}3x_1-5x_2+2x_3+4x_4=2,\\4x_1+x_2-x_3-x_4=3,\\2x_1+12x_2-6x_3-10x_4=1;\end{cases}$

(3) $\begin{cases}x_1+2x_2-3x_3=4,\\2x_1+3x_2-5x_3=7,\\4x_1+3x_2-9x_3=9,\\2x_1+5x_2-8x_3=8;\end{cases}$

(4) $\begin{cases}2x_1-x_2-x_3+x_4=2,\\x_1+x_2-2x_3+x_4=4,\\4x_1-6x_2+2x_3-2x_4=4,\\3x_1+6x_2-9x_3+7x_4=9.\end{cases}$

2. 解下列齐次线性方程组.

(1) $\begin{cases}x_1+x_2+x_3+x_4+x_5=0,\\3x_1+2x_2+x_3+x_4-2x_5=0,\\x_2+2x_3+2x_4+5x_5=0,\\5x_1+4x_2+3x_3+3x_4=0;\end{cases}$

(2) $\begin{cases}x_1+3x_2-7x_3-8x_4=0,\\2x_1+5x_2+4x_3+4x_4=0,\\-3x_1-7x_2-2x_3-3x_4=0,\\x_1+4x_2-12x_3-16x_4=0.\end{cases}$

8.2 线性方程组解的情况的判定

线性方程组解的情况判定

8.2.1 非齐次线性方程组解的判定

定理 1 非齐次线性方程组有解的充分必要条件是其系数矩阵 $\mathbf{A}$ 的秩与增广矩阵 $\bar{\mathbf{A}}$ 的秩相等，即 $r(\mathbf{A})=r(\bar{\mathbf{A}})$.

定理 2 设非齐次线性方程组 $r(\mathbf{A})=r(\bar{\mathbf{A}})=r$，则

(1)当 $r=n$(未知量个数)时，线性方程组有解且唯一；

(2)当 $r<n$(未知量个数)时，线性方程组有无穷多组解，这时自由未知量的个数是 $n-r$ 个.

8.1 节中所举例 1 即为 $r(\mathbf{A})=r(\bar{\mathbf{A}})=n$，方程组有唯一解；而例 2 则为 $r(\mathbf{A})=r(\bar{\mathbf{A}})<n$，方程组有无穷多组解；例 4 则为 $r(\mathbf{A})\neq r(\bar{\mathbf{A}})$，方程组无解.

例 1 当 λ 为何值时：

$$\begin{cases}\lambda x_1+x_2+x_3=\lambda-3\\ x_1+\lambda x_2+x_3=-2\\ x_1+x_2+\lambda x_3=-2\end{cases}$$

(1)无解；(2)有唯一解；(3)有无穷多解.

解

$$\bar{\mathbf{A}}=\begin{pmatrix}\lambda&1&1&\lambda-3\\1&\lambda&1&-2\\1&1&\lambda&-2\end{pmatrix}\xrightarrow{r_1\leftrightarrow r_3}\begin{pmatrix}1&1&\lambda&-2\\1&\lambda&1&-2\\\lambda&1&1&\lambda-3\end{pmatrix}$$

$$\xrightarrow[r_2-r_1]{r_3-\lambda r_1}\begin{pmatrix}1&1&\lambda&-2\\0&\lambda-1&1-\lambda&0\\0&1-\lambda&1-\lambda^2&3\lambda-3\end{pmatrix}\xrightarrow{r_3+r_2}\begin{pmatrix}1&1&\lambda&-2\\0&\lambda-1&1-\lambda&0\\0&0&2-\lambda-\lambda^2&3\lambda-3\end{pmatrix}$$

$$=\begin{pmatrix}1&1&\lambda&-2\\0&\lambda-1&1-\lambda&0\\0&0&-(\lambda+2)(\lambda-1)&3(\lambda-1)\end{pmatrix}$$

当 $\lambda=-2$ 时，$r(\mathbf{A})=2$，$r(\bar{\mathbf{A}})=3$，$r(\mathbf{A})\neq r(\bar{\mathbf{A}})$，所以原方程组无解；

当 $\lambda\neq-2$，且 $\lambda\neq1$ 时，$r(\mathbf{A})=r(\bar{\mathbf{A}})=3$，所以原方程组有唯一解；

当 $\lambda=1$ 时，$r(\mathbf{A})=r(\bar{\mathbf{A}})=1<3$，所以原方程组有无穷多组解.

8.2.2 齐次线性方程组解的判定

定理 3 齐次线性方程组恒有解，至少它有零解.

(1)如果 $r(\mathbf{A})=n$(未知量个数)，只有零解；

(2)如果 $r(\mathbf{A})<n$(未知量个数)，则有非零解.

推论　如果齐次线性方程组中方程的个数小于未知量的个数，则方程组有非零解.

例 2　判定下列齐次线性方程组是否有非零解.

$$\begin{cases} x_1+3x_2-7x_3-8x_4=0 \\ 2x_1+5x_2+4x_3+4x_4=0 \\ -3x_1-7x_2-2x_3-3x_4=0 \\ x_1+4x_2-12x_3-16x_4=0 \end{cases}$$

解

通过初等行变换化为阶梯形矩阵，求系数矩阵的秩.

$$\mathbf{A}=\begin{pmatrix} 1 & 3 & -7 & -8 \\ 2 & 5 & 4 & 4 \\ -3 & -7 & -2 & -3 \\ 1 & 4 & -12 & -16 \end{pmatrix} \xrightarrow[r_4+(-1)r_1]{\substack{r_2+(-2)r_1 \\ r_3+3r_1}} \begin{pmatrix} 1 & 3 & -7 & -8 \\ 0 & -1 & 18 & 20 \\ 0 & 2 & -23 & -27 \\ 0 & 1 & -5 & -8 \end{pmatrix}$$

$$\xrightarrow{\substack{r_3+2r_2 \\ r_4+r_2}} \begin{pmatrix} 1 & 3 & -7 & -8 \\ 0 & -1 & 18 & 20 \\ 0 & 0 & 13 & 13 \\ 0 & 0 & 13 & 12 \end{pmatrix} \xrightarrow{r_4+(-1)r_3} \begin{pmatrix} 1 & 3 & -7 & -8 \\ 0 & -1 & 18 & 20 \\ 0 & 0 & 13 & 13 \\ 0 & 0 & 0 & -1 \end{pmatrix}$$

由于 $r(\mathbf{A})=4=n$，所以原方程组只有零解.

习　题　8.2

1. 选择题.

(1)设 $\mathbf{A}$ 为 n 阶方阵，$r(\mathbf{A})=r$，方程组 $\mathbf{AX}=\mathbf{B}$ 有无穷多组解，则(　　).

A. $r=n$　　B. $r<n$　　C. $r>n$　　D. $r\leqslant n$

(2)设 $\mathbf{A}$ 为 n 阶方阵，$r(\mathbf{A})=r$，方程组 $\mathbf{AX}=\mathbf{0}$ 只有零解，则(　　).

A. $r=n$　　B. $r<n$　　C. $r>n$　　D. $r\leqslant n$

2. 方程组 $\mathbf{AX}=\mathbf{B}$ 的增广矩阵化成阶梯形后为

$$\bar{\mathbf{A}}\to\begin{pmatrix} 1 & 0 & 0 & 8 \\ 0 & 1 & -1 & 0 \\ 0 & 0 & 4-\lambda^2 & 2-\lambda \end{pmatrix}$$

当 λ 为何值时，(1)方程组无解；(2)唯一解；(3)有无穷多解.

3. 齐次线性方程组的增广矩阵经初等行变换后化为阶梯形矩阵

$$\bar{\mathbf{A}}\to\begin{pmatrix} 1 & 0 & 0 & 1 & 0 \\ 0 & 1 & 0 & -1 & 0 \\ 0 & 0 & 1 & 2 & 0 \\ 0 & 0 & 0 & a-1 & 0 \end{pmatrix}$$

问 a 为何值时仅有零解，何值时有无穷多组解？

4. 当 a 为何值时，方程组

$$\begin{cases} x_1+x_2-2x_3+3x_4=0 \\ 2x_1+x_2-6x_3+4x_4=-1 \\ 3x_1+2x_2+ax_3+7x_4=-1 \\ x_1-x_2-9x_3-x_4=7 \end{cases}$$

有无穷多组解，并求出通解.

5. 判断下列齐次线性方程组是否有非零解，并求解.

(1) $\begin{cases} 2x_1-x_2+3x_3=0, \\ 2x_1+x_2+x_3=0, \\ 4x_1+x_2+2x_3=0; \end{cases}$　　(2) $\begin{cases} x_1+2x_2+3x_3=0, \\ 2x_1+3x_2+x_3=0, \\ x_1+x_2-2x_3=0, \\ 3x_1+5x_2+4x_3=0. \end{cases}$

8.3 线性规划

线性规划

线性规划(LP)是理论上比较成熟，在实际中应用比较广泛的一个数学内容．它所探讨的问题是在有限资源形成的一系列约束条件下，如何对其进行合理分配，制订最优的实施方案．求解线性规划问题都要建立数学模型. 所谓数学模型就是把现实问题转化为抽象的数学表达式．它有助于认识问题的本质和寻找问题的解决途径.

线性规划研究的问题主要是两类：第一类是对于一项确定的任务，如何统筹安排，才能用最少的人力物力资源去完成；第二类是对于已有的人力物力资源，如何安排，才能使完成任务最多．在实际生活中，这类问题很多，如运输问题，生产的组织与计划问题，合理下料问题、配料问题、布局问题、时间和人员安排问题等．尽管问题各种各样，但它们却有相似的数学模型.

例 1(生产计划问题) 某工厂在计划期内要安排生产Ⅰ、Ⅱ两种产品，已知生产单位产品所需的设备台时，A、B 两种原材料的消耗以及每件产品可获得的利润见表 8-1，问应如何安排生产计划使该工厂获利最多？(只写出数学模型，不求解)

表 8-1

种类	Ⅰ	Ⅱ	资源限量
设备/台时	1	2	8
原材料 A/kg	4	0	16
原材料 B/kg	0	4	12
单位产品利润/万元	2	3	

解

设 x_1，x_2(称为决策变量)分别表示在计划期内产品Ⅰ、Ⅱ的产量．由于资源的限制，有：

$$\left.\begin{aligned}&\text{机器设备台时的限制条件：} && x_1+2x_2\leqslant 8\\&\text{原材料 } A \text{ 的限制条件：} && 4x_1\leqslant 16\\&\text{原材料 } B \text{ 的限制条件：} && 4x_2\leqslant 12\end{aligned}\right\}\text{(变量所满足的条件)}.$$

同时，产品Ⅰ、Ⅱ的产量不能是负数，所以有

$x_1\geqslant 0$，$x_2\geqslant 0$(称为变量的非负约束)

显然，在满足上述约束条件下的每一组变量的取值，均能构成可行方案，称为可行解．而工厂的目标是在所有资源的约束条件下，确定产量 x_1，x_2 以得到最大的利润，即使目标函数(利润)$z=2x_1+3x_2$ 取得最大值．综上所述，该生产计划安排问题可用以下数学模型表示：

$$\max\quad z=2x_1+3x_2\text{(目标函数)}$$

$$\text{s. t.}\begin{cases}x_1+2x_2\leqslant 8\\4x_1\leqslant 16\\4x_2\leqslant 12\\x_1\geqslant 0,\ x_2\geqslant 0\end{cases}\text{(约束条件)}$$

s. t. 是 subject to 的缩写，是该问题的约束条件.

例 2(营养配餐问题)　假定一个成年人每天需要从食物中获取 3 000 卡热量，80 g 蛋白质和 1 200 mg 钙．如果市场上只有 4 种食品可供选择，它们每千克所含热量和营养成分以及市场价格见表 8－2. 试建立在满足营养的前提下使购买食品费用最小的数学模型.

表 8－2

食品名称	热量/cal①	蛋白质/g	钙/mg	价格/元
猪肉	1 000	50	400	10
鸡蛋	800	60	200	6
大米	900	20	300	3
白菜	200	10	500	2

解

设 $x_j(j=1,2,3,4)$为第 j 种食品每天的购买量，则配餐问题数学模型为

$$\min\quad z=10x_1+6x_2+3x_3+2x_4$$

$$\text{s. t.}\begin{cases}1\ 000x_1+800x_2+900x_3+200x_4\geqslant 3\ 000\\50x_1+60x_2+20x_3+10x_4\geqslant 80\\400x_1+200x_2+300x_3+500x_4\geqslant 1\ 200\\x_j\geqslant 0(j=1,2,3,4)\end{cases}$$

化简得

$$\min\quad z=10x_1+6x_2+3x_3+2x_4$$

① 1cal＝4. 19J.

$$\text{s. t.}\begin{cases}10x_1+8x_2+9x_3+2x_4\geqslant 30\\5x_1+6x_2+2x_3+x_4\geqslant 8\\4x_1+2x_2+3x_3+5x_4\geqslant 12\\x_j\geqslant 0(j=1,2,3,4)\end{cases}$$

例 3(投资问题) 某公司有一批资金用于 4 个工程项目的投资，其投资各项目时所得的净收益见表 8-3.

表 8-3

工程项目	A	B	C	D
收益/%	15	10	8	12

由于某种原因，决定用于项目 A 的投资不大于其他各项投资之和，而用于项目 B 和 C 的投资要大于项目 D 的投资．试建立该公司收益最大的投资分配方案的数学模型.

解

设 x_1,x_2,x_3,x_4 分别代表用于项目 A，B，C，D 的投资百分数，则有

$$\max\quad z=0.15x_1+0.1x_2+0.08x_3+0.12x_4$$

$$\text{s. t.}\begin{cases}x_1-x_2-x_3-x_4\leqslant 0\\x_2+x_3-x_4\geqslant 0\\x_1+x_2+x_3+x_4=1\\x_j\geqslant 0(j=1,2,3,4)\end{cases}$$

例 4(下料问题) 如表 8-4 所列，车间有一批长度为 500 cm 的条材，要截成长度分别为 85 cm 和 70 cm 的两种毛坯，共有 6 种截取方案．已知需要 85 cm 的毛坯 3 000 根，70 cm 的毛坯 5 000 根．试建立使所用原材料数量最少的下料方案的数学模型.

表 8-4 下料问题的线性规划表

方案 / 毛坯数 / 规格	1	2	3	4	5	6	毛坯需要量/根
85 cm	5	4	3	2	1	0	3 000
70 cm	1	2	3	4	5	7	5 000
余料长度/cm	5	20	35	50	65	10	

解

设需按第 i 种方案截料 x_i 根($i=1,2,3,4,5,6$)，则上述问题可表示为

$$\min\quad z=x_1+x_2+x_3+x_4+x_5+x_6\text{(所用原材料根数最小)}$$

$$\text{s. t.}\begin{cases}5x_1+4x_2+3x_3+2x_4+x_5\geqslant 3\ 000\\x_1+2x_2+3x_3+4x_4+5x_5+7x_6\geqslant 5\ 000\\x_i\text{为非负整数}(i=1,2,3,4,5,6)\end{cases}$$

例 5(运输问题) 有两个煤场 A、B，每月分别进煤 60 t，100 t. 它们担负供应三

个居民区用煤任务，这三个居民区每月需用煤分别为 45 t，75 t，40 t. A 煤场离这三居民区距离分别为 10 km，5 km，6 km，B 煤场离这三居民区距离分别为 4 km，8 km，15 km. 试建立使运输量(t·km)最小的运输方案的数学模型.

解

各煤场的进煤量、居民区需求量及煤场与居民区的距离见表 8-5.

表 8-5　运输问题的线性规划表

居民区 / 煤场至居民区距离/km	Ⅰ	Ⅱ	Ⅲ	供应量/t
A	10	5	6	60
B	4	8	15	100
需求量/t	45	75	40	

设 x_{ij} 为第 i 个煤场运往第 j 个居民区的运煤量，则上述问题可表示为

$$\min \quad z=10x_{11}+5x_{12}+6x_{13}+4x_{21}+8x_{22}+15x_{23}$$

$$\text{s. t.}\begin{cases} x_{11}+x_{12}+x_{13}=60 \\ x_{21}+x_{22}+x_{23}=100 \\ x_{11}+x_{21}=45 \\ x_{12}+x_{22}=75 \\ x_{13}+x_{23}=40 \\ x_{ij}\geqslant 0(i=1,2;j=1,2,3) \end{cases} \quad \text{(供销平衡的运输问题)}$$

在本例中，由于煤场供应量正好等于居民区需求量，煤场的煤正好卖出，居民区的需求量也正好得到满足，所以各约束条件均为等式．把这样的运输问题称为供销平衡问题. 如果供应量大于需求量，比如说 A 煤场的进煤量为 70 t，B 煤场的进煤量为 120 t. 其他条件不变，则模型应变为

$$\min \quad z=10x_{11}+5x_{12}+6x_{13}+4x_{21}+8x_{22}+15x_{23}$$

$$\text{s. t.}\begin{cases} x_{11}+x_{12}+x_{13}\leqslant 70 \\ x_{21}+x_{22}+x_{23}\leqslant 120 \\ x_{11}+x_{21}=45 \\ x_{12}+x_{22}=75 \\ x_{13}+x_{23}=40 \\ x_{ij}\geqslant 0(i=1,2;j=1,2,3) \end{cases} \quad \text{(供销不平衡的运输问题)}$$

类似地，如果供应量小于需求量，也可写出其数学模型.

上述案例的数学模型，具有以下共同特征.

(1)每个问题的解决方案都可用一组决策变量 x_1，x_2，…，x_n(称为决策变量)的值来表示，其具体的值代表一个具体方案．通常可根据决策变量的实际意义，对变量的取值加以约束，如产量需大于零等.

(2)存在一组线性等式或不等式(称为约束条件).

(3)有一个用决策变量组成的线性函数(称为目标函数). 按问题的不同, 分别求目标函数的最大值或最小值.

满足以上三个条件的数学模型称为线性规划数学模型(简记为 LP), 其一般形式为

$$\max(\text{或} \min) \quad z=c_1x_1+c_2x_2+\cdots+c_nx_n$$

$$\text{s.t.}\begin{cases} a_{11}x_1+a_{12}x_2+\cdots+a_{1n}x_n \leqslant(=,\geqslant)b_1 \\ a_{21}x_1+a_{22}x_2+\cdots+a_{2n}x_n \leqslant(=,\geqslant)b_2 \\ \quad\vdots \\ a_{m1}x_1+a_{m2}x_2+\cdots+a_{mn}x_n \leqslant(=,\geqslant)b_m \\ x_1,\ x_2,\ \cdots,\ x_n \geqslant 0 \end{cases}$$

若令 $\boldsymbol{A}=\begin{pmatrix} a_{11} & a_{12} & \cdots & a_{1n} \\ a_{21} & a_{22} & \cdots & a_{2n} \\ \vdots & \vdots & & \vdots \\ a_{m1} & a_{m2} & \cdots & a_{mn} \end{pmatrix}$, $\boldsymbol{X}=\begin{pmatrix} x_1 \\ x_2 \\ \vdots \\ x_n \end{pmatrix}$, $\boldsymbol{b}=\begin{pmatrix} b_1 \\ b_2 \\ \vdots \\ b_m \end{pmatrix}$, $\boldsymbol{C}=\begin{pmatrix} c_1 \\ c_2 \\ \vdots \\ c_n \end{pmatrix}$, 则利用矩阵的知识, 可将该模型表示为

$$\max(\text{或} \min) \ z=\boldsymbol{C}^{\mathrm{T}}\boldsymbol{X}$$

$$\text{s.t.}\begin{cases} \boldsymbol{AX} \leqslant(=,\geqslant)\boldsymbol{b} \\ \boldsymbol{X} \geqslant \boldsymbol{0} \end{cases}$$

其中: $\boldsymbol{C}$ 称为价值矩阵, $\boldsymbol{X}$ 称为决策变量矩阵, $\boldsymbol{A}=(a_{ij})_{m\times n}$ 称为约束条件的系数矩阵, $\boldsymbol{b}$ 称为限定矩阵.

满足所有约束条件的决策变量的值称为 LP 问题的可行解, 使目标函数达到最优解的可行解称为最优解, 一个 LP 问题可能没有可行解, 也可能有有限个或无穷多个可行解. 同样一个 LP 问题可能没有最优解, 或只有一个最优解, 也可能有无穷多个最优解. 从制订生产计划的角度来看, 可行解就是一个生产安排的方案, 最优解就是一个最好的生产安排方案.

习 题 8.3

1. 某木器厂生产圆桌和衣柜两种产品, 现有两种木料, 第一种有 72 m^3, 第二种有 56 m^3, 假设生产每种产品都需用两种木料, 生产一张圆桌和一个衣柜用木料见表 8-6.

表 8-6 m^3

产品 \ 原料	第一种	第二种
圆桌	0.18	0.08
衣柜	0.09	0.28

每生产一张圆桌获利 6 元, 生产一个衣柜获利 10 元, 用线性规划的数学模型表示, 按现有条件生产多少圆桌和衣柜, 才能获利润最多.

2. 现有 15 m 长的钢管若干，生产某产品需 4 m，5 m，7 m 长钢管各为 100，150，120 根，问如何截取才能使原材料最省？写出线性规划数学模型.

3. 某公司有钢材、铝材、铜材分别为 1 200 t，800 t，650 t，拟调往物资紧缺的地区甲、乙、丙，已知甲、乙、丙对上述物资总需求分别为 900 t，800 t，1 000 t，各种物资在各地销售每吨获利(元)见表 8－7，问公司应如何安排调运计划才能获利最大？

表 8－7　　t

地区＼物资	钢　材	铝　材	铜　材
甲	260	300	400
乙	210	250	550
丙	180	400	350

8.4　数学建模案例：农场投资方案问题

8.4.1　问题提出

数学建模案例：农场投资方案问题

长江农场有 100 hm^2 土地及 40 000 元资金可用于发展生产. 农场劳动力情况为秋冬季 3 500 人日，春夏季 4 000 人日，如劳动力用不了时可外出打工，春夏季收入为 60 元/人日，秋冬季收入为 40 元/人日，该农场种植三种作物：大豆、玉米、小麦，并饲养奶牛和鸡，种植作物时不需要专门投资，而饲养动物时每头奶牛投资 1 000 元，每只鸡投资 3 元，养奶牛时每头需要补拨出 1.5 hm^2 土地种饲草，并占用人工劳动力，秋冬季为 100 人日，春夏季为 50 人日，年净收入为 4 000 元/每头奶牛，养鸡时不占用土地，需人工喂养，每只鸡秋冬季 0.09 人日，春夏季为 0.06 人日，年净收入为 20 元/每只鸡. 农场现有鸡舍允许最多养 3 000 只鸡，牛栏允许最多养 32 头奶牛. 三种作物每年需要的人工及收入情况见表 8－8.

表 8－8　三种作物每年所需人工及收入情况

作物种类	大豆	玉米	小麦
秋冬季需人日数/[人日·$(hm^2)^{-1}$]	20	35	10
春夏季需人日数/[人日·$(hm^2)^{-1}$]	50	45	40
年净收入/[元·$(hm^2)^{-1}$]	3 750	4 000	1 300

在土地不能闲置和现有资源不浪费的情况下，请你帮助决定该农场的经营方案，使年收入为最大.

8.4.2 模型假设和符号说明

(1)气候正常，没有发生自然灾害和人为破坏；

(2)人员没有变动；

(3)奶牛和鸡的投资不发生变化；

(4)目标函数 z：农场年收入；

(5)决策变量 x_i：

$i=1$，2，3，分别表示大豆、玉米、小麦的种植面积(hm^2)；

$i=4$，5，分别表示奶牛和鸡的饲养数；

$i=6$，7，分别表示秋冬季和春夏季多余的劳动力(人日)；

(6)大豆、玉米、小麦的种植面积取值为非负，奶牛和鸡的饲养数及劳动力取正整数，为了计算方便均设定为正整数.

8.4.3 问题分析

这是一个经营方案的优化问题，其目标是使农场年收入最大，在现有资金、投资环境和劳动力条件下，要做的决策是种植大豆、玉米和小麦各为多少，饲养奶牛和鸡的数量各为多少，根据现有资料分析如下.

1. 资金限制

长江农场有 40 000 元资金用于发展生产，每头奶牛投资 1 000 元，每只鸡投资 3 元，因此有

$$1\,000x_4+3x_5\leqslant 40\,000$$

2. 土地限制

农场有 100 hm^2 土地，如养奶牛每头需补拨 1.5 hm^2 土地种饲草，土地不能闲置，即

$$x_1+x_2+x_3+1.5x_4=100$$

3. 劳动力限制

农场劳动力在秋冬季有 3 500 人日，而种植大豆需 20 人日/hm^2，种植玉米需 35 人日/hm^2，种植小麦需 10 人日/hm^2，养奶牛时每头奶牛秋冬季占用人工为 100 人日，养鸡时每只鸡秋冬季需人工 0.09 人日，则

$$20x_1+35x_2+10x_3+100x_4+0.09x_5+x_6=3\,500$$

农场劳动力在春夏季有 4 000 人日，而种植大豆需 50 人日/hm^2，种植玉米需 45 人日/hm^2，种植小麦需 40 人日/hm^2，养奶牛时每头奶牛春夏季占用人工为 50 人日，养鸡时每只鸡春夏季需人工 0.06 人日，则

$$50x_1+45x_2+40x_3+50x_4+0.06x_5+x_7=4\,000$$

4. 牛栏的限制

牛栏允许最多养 32 头奶牛，即

$$x_4 \leqslant 32$$

5. 鸡舍的限制

$$x_5 \leqslant 3\ 000$$

6. 农场的所有收入

$$z=3\ 750x_1+4\ 000x_2+1\ 300x_3+4\ 000x_4+20x_5+40x_6+60x_7$$

8.4.4 模型建立

根据以上分析可建立线性规划模型：

$$\max \quad z=3\ 750x_1+4\ 000x_2+1\ 300x_3+4\ 000x_4+20x_5+40x_6+60x_7$$

$$\text{s. t.}\begin{cases}1\ 000x_4+3x_5\leqslant 40\ 000\\ x_1+x_2+x_3+1.5x_4=100\\ 20x_1+35x_2+10x_3+100x_4+0.09x_5+x_6=3\ 500\\ 50x_1+45x_2+40x_3+50x_4+0.06x_5+x_7=4\ 000\\ x_4\leqslant 32\\ x_5\leqslant 3\ 000\\ x_i\geqslant 0(i=1,2,3,4,5,6,7)\text{，取正整数}\end{cases}$$

8.4.5 模型求解

本模型为整数规划模型，可采用求解整数规划问题的分支定界法也可以用数学软件求解，对于整数规划问题 Mathematica 软件无法直接求解，采用 LINGO 软件计算更为简便.

在 LINGO13 版本下打开一个新文件，输入：

```
max=3750*x1+4000*x2+1300*x3+4000*x4+20*x5+40*x6+60*x7;
1000*x4+3*x5<=40000;
x1+x2+x3+1.5*x4=100;
20*x1+35*x2+10*x3+100*x4+0.09*x5+x6=3500;
50*x1+45*x2+40*x3+50*x4+0.06*x5+x7=4000;
x4<=32;
x5<=3000;
@gin(x1); @gin(x2); @gin(x3); @gin(x4); @gin(x5); @gin(x6); @gin(x7);
```

选择菜单中“Solve”命令，即可得到如下输出结果：

```
Objective value: 267000.0
Variable        Value          Reduced Cost
  X1            0.000000         -3750.000
  X2            28.00000         -4000.000
  X3            42.00000         -1300.000
```

X4	20.00000	-4000.000
X5	1000.000	-20.00000
X6	10.00000	-40.00000
X7	0.000000	-60.00000

这个整数规划的最优解为 $x_1=0$，$x_2=28$，$x_3=42$，$x_4=20$，$x_5=1\ 000$，$x_6=10$，$x_7=0$，最优值为 $z=267\ 000$ 元，即不种植大豆，种植玉米 28 hm^2，种植小麦 42 hm^2，饲养奶牛 20 头，养鸡 1 000 只，秋冬季有多余劳动力 10 人日可以外出打工，按照这样的经营方案，农场可获取最大收入，最大收入为 267 000 元.

8.5 数学实验：用 Mathematica 求解线性方程组、线性规划问题

8.5.1 解线性方程组

用于解线性方程组的命令有：

RowReduce[$\boldsymbol{M}$]	消元得到矩阵 $\boldsymbol{M}$ 的行最简形矩阵
NullSpace[$\boldsymbol{M}$]	求齐次线性方程组 $\boldsymbol{Mx}=\boldsymbol{0}$ 的一个基础解系
LinearSolve[$\boldsymbol{M}$，$\boldsymbol{b}$]	求线性方程组 $\boldsymbol{Mx}=\boldsymbol{b}$ 的一个特解

例 1 解线性方程组

$$\begin{cases} x_1+x_2+x_3+x_4+x_5=1 \\ 3x_1+2x_2+x_3+x_4-3x_5=0 \\ 5x_1+4x_2+3x_3+x_4-x_5=2 \end{cases}$$

解

具体命令如图 8－1 所示.

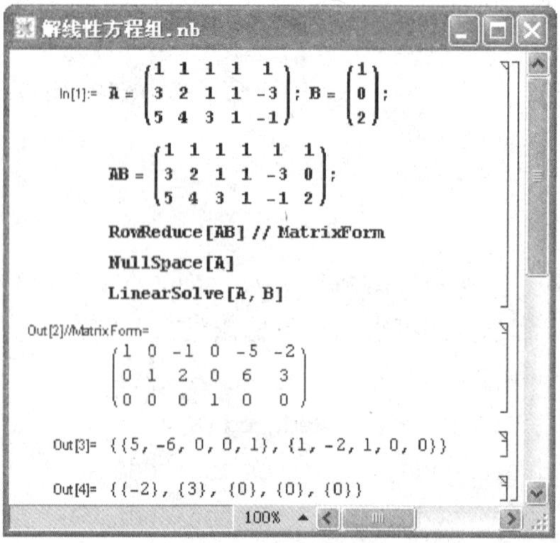

图 8－1

8.5.2　Maximize、Minimize 命令

在 Mathematica 中，Maximize 用来求函数的最大值，Minimize 用来求函数的最小值.

Maximize 的参数有两种输入格式：

Maximize[f,{x,y,…}]

Maximize[{f,cons},{x,y,…}]

第一种格式输出关于 x，y，…的函数 f 的最大值，第二种格式将输出 f 在约束条件 cons 限定下的最大值. cons 可以包含等式、不等式，多个约束条件间用","隔开，整个约束条件簇用一对"{}"括起来即可.

例 2　求解 8.3 例 1 中关于生产计划的 LP 问题：

$$\max \quad z=2x_1+3x_2$$

$$\text{s. t.}\begin{cases} x_1+2x_2\leqslant 8 \\ 4x_1\leqslant 16 \\ 4x_2\leqslant 12 \\ x_1\geqslant 0,\ x_2\geqslant 0 \end{cases}$$

解

具体命令如图 8-2 所示.

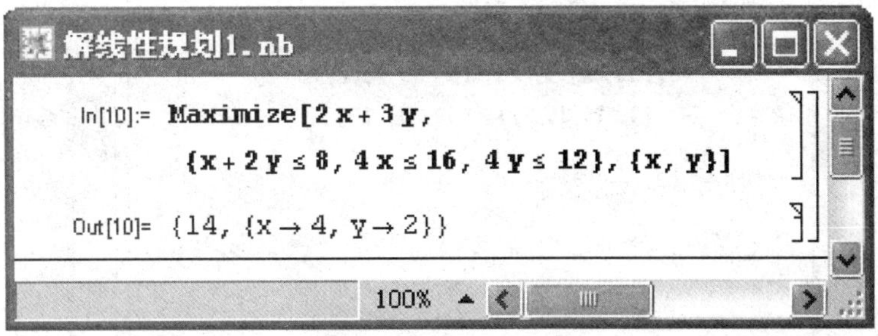

图 8-2

所以，工厂应选择生产第 I、II 产品的产量分别为 4 件和 2 件，工厂最多可获利 14 万元.

8.5.3　LinearProgramming 命令

当自变量和约束不等式较多时，需改用矩阵来输入数据，为此还有求解线性规划的命令 LinearProgramming.

1. LinearProgramming[$\boldsymbol{c}$,$\boldsymbol{A}$,$\boldsymbol{b}$]

求解模型 min　$\boldsymbol{cx}$，约束条件为 $\boldsymbol{Ax}\geqslant\boldsymbol{b}$，$\boldsymbol{x}\geqslant 0$，$\boldsymbol{c}$ 为 n 维行向量，$\boldsymbol{A}$ 为 $m\times n$ 矩阵，$\boldsymbol{b}$ 为 m 维列向量，$\boldsymbol{x}$ 为 n 维列向量.

2. LinearProgramming[$\boldsymbol{c}$,$\boldsymbol{A}$,{{b_1,s_1},{b_2,s_2},…}]

求解模型 min $\boldsymbol{cx}$，当 $s_i=1$ 时，表示第 i 个约束取≥，当 $s_i=-1$ 时，表示第 i 个约束取≤，当 $s_i=0$ 时，表示第 i 个约束取=.

3. LinearProgramming[$\boldsymbol{c}$,$\boldsymbol{A}$,$\boldsymbol{b}$,l]

求解模型 min $\boldsymbol{cx}$，约束条件为 $\boldsymbol{Ax}\geqslant\boldsymbol{b}$，$x\geqslant l$.

4. LinearProgramming[$\boldsymbol{c}$,$\boldsymbol{A}$,$\boldsymbol{b}$,{l_1,l_2,…}]

求解模型 min $\boldsymbol{cx}$，约束条件为 $\boldsymbol{Ax}\geqslant\boldsymbol{b}$，$x_i\geqslant l_i$.

5. LinearProgramming[$\boldsymbol{c}$,$\boldsymbol{A}$,$\boldsymbol{b}$,{{l_1,u_1},{l_2,u_2},…}]

求解模型 min $\boldsymbol{cx}$，约束条件为 $\boldsymbol{Ax}\geqslant\boldsymbol{b}$，$l_i\leqslant x_i\leqslant u_i$($l_i$和 u_i可以取$-\infty$和$+\infty$).

例 3　求解 8.3 例 2 中的营养配餐问题：

$$\min\quad z=10x_1+6x_2+3x_3+2x_4$$

$$\text{s.t.}\begin{cases}10x_1+8x_2+9x_3+2x_4\geqslant30\\5x_1+6x_2+2x_3+x_4\geqslant8\\4x_1+2x_2+3x_3+5x_4\geqslant12\\x_j\geqslant0(j=1,2,3,4)\end{cases}$$

解

具体命令如图 8－3 所示.

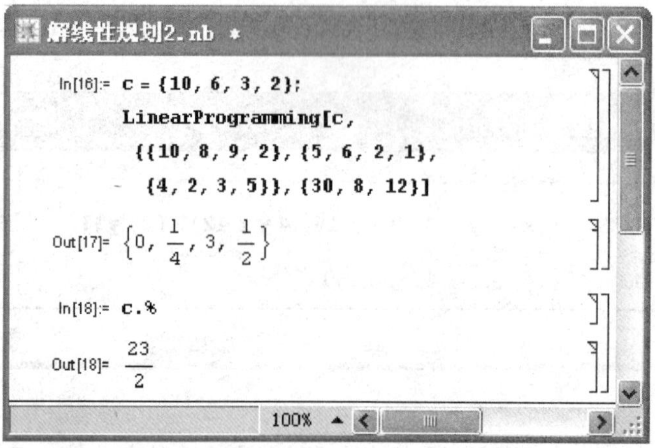

图 8－3

所以应购买$\frac{1}{4}$kg 鸡蛋，3 kg 大米，$\frac{1}{2}$kg 白菜才能既满足营养需求，又能使购买食品的费用最小.

例 4　求解 8.3 例 3 中的投资问题：

$$\max\quad z=0.15x_1+0.1x_2+0.08x_3+0.12x_4$$

$$\text{s.t.}\begin{cases}x_1-x_2-x_3-x_4\leqslant0\\x_2+x_3-x_4\geqslant0\\x_1+x_2+x_3+x_4=1\\x_j\geqslant0(j=1,2,3,4)\end{cases}$$

解

具体命令如图 8－4 所示.

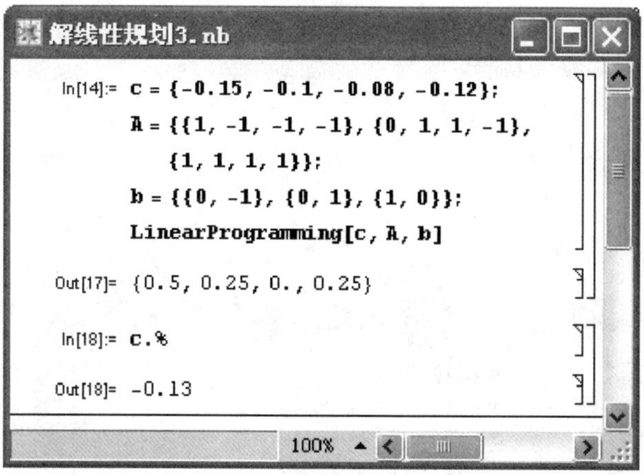

图 8－4

4 个项目的投资百分数分别为 50%，25%，0%，25%时可使该公司获得最大的利润，其最大收益可达到 13%.

例 5　求解 8.3 例 4 中的下料问题：

$$\min \quad z=x_1+x_2+x_3+x_4+x_5+x_6 \text{(所用原材料根数最小)}$$

$$\text{s. t.}\begin{cases}5x_1+4x_2+3x_3+2x_4+x_5\geqslant 3\,000\\ x_1+2x_2+3x_3+4x_4+5x_5+7x_6\geqslant 5\,000\\ x_i\text{为非负整数}(i=1,2,3,4,5,6)\end{cases}$$

解

具体命令如图 8－5 所示.

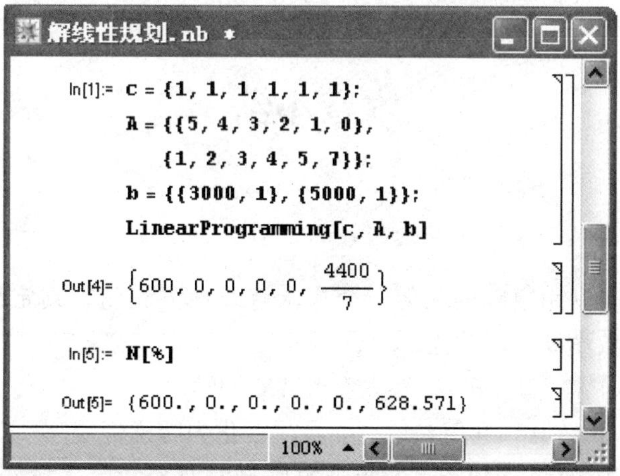

图 8－5

由于 x_i 需取整数，故应按第一种方案下料 600 根，按第六种方案下料 629 根.

例 6　求解 8.3 例 5 中的运输问题：

$$\min \quad z=10x_{11}+5x_{12}+6x_{13}+4x_{21}+8x_{22}+15x_{23}$$

$$
\text{s. t.}\begin{cases}
x_{11}+x_{12}+x_{13}=60\\
x_{21}+x_{22}+x_{23}=100\\
x_{11}+x_{21}=45\\
x_{12}+x_{22}=75\\
x_{13}+x_{23}=40\\
x_{ij}\geqslant 0(i=1,2;j=1,2,3)
\end{cases}
$$

（供销平衡的运输问题）

解

具体命令如图 8－6 所示.

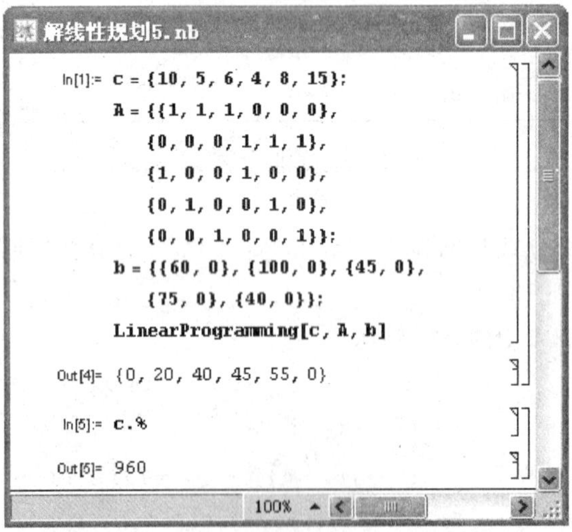

图 8－6

结果表明，A 煤场依次往三个居民区供煤 0 t、20 t、40 t，B 煤场依次往三个居民区供煤 45 t、55 t、0 t 时运输量最小，为 960 t · km.

本章小结

一、主要内容

本章主要介绍了利用矩阵的初等行变换求解线性方程组、判定线性方程组是否有解，以及线性规划数学模型的建立.

1. 利用消元法求解(非齐次)线性方程组 $\boldsymbol{AX}=\boldsymbol{B}$

(1)先建立增广矩阵 $\bar{\boldsymbol{A}}$，利用初等行变换将其化为阶梯形矩阵.

(2)根据增广矩阵的秩 $r(\bar{\boldsymbol{A}})$与系数矩阵的秩 $r(\boldsymbol{A})$是否相等，判定线性方程组是否有解. 如果 $r(\bar{\boldsymbol{A}})\neq r(\boldsymbol{A})$，则终止计算，线性方程组无解；如果 $r(\bar{\boldsymbol{A}})=r(\boldsymbol{A})$，则继续对上面的阶梯形矩阵施以初等行变换，化为简化阶梯形矩阵 $\boldsymbol{B}$.

(3)利用矩阵 $\boldsymbol{B}$ 对应的同解方程组求出原方程组的一般解.

说明：对于齐次线性方程组 $\boldsymbol{AX}=\boldsymbol{0}$ 的求解，只对系数矩阵 $\boldsymbol{A}$ 施以初等行变换即

可，具体步骤同上.

2. 判定线性方程组是否有解的方法

(1)非齐次线性方程组：

$$\begin{cases} r(\boldsymbol{A})=r(\bar{\boldsymbol{A}})=r\text{，有解}\begin{cases} r=n\text{(未知量个数)，有唯一解；} \\ r<n\text{(未知量个数)，有无穷多组解；} \end{cases} \\ r(\boldsymbol{A})\neq r(\bar{\boldsymbol{A}})\text{，无解}. \end{cases}$$

(2)齐次线性方程组：

$$\begin{cases} r(\boldsymbol{A})=n\text{(未知量个数)，仅有零解；} \\ r(\boldsymbol{A})<n\text{(未知量个数)，有非零解}. \end{cases}$$

3. 线性规划

我们只介绍了常见的几种线性规划问题，主要是学会建立线性规划数学模型的方法，把某些生产实际中的问题通过建立数学模型来解决，并利用数学软件求解线性规划问题.

二、应注意的问题

(1)利用矩阵的初等行变换求解线性方程组是一种行之有效的方法，在学习时要重点掌握.

(2)在进行初等行变换时，适当运用技巧，尽量保持整数运算.

(3)齐次线性方程组与非齐次线性方程组解的判定有相似之处，学习时应注意它们之间的联系与区别.

(4)利用线性规划解决实际问题的关键是根据实际问题中的已知条件，找出约束条件与目标函数，准确地建立线性规划数学模型.

复习题 8

1. 解下列非齐次线性方程组.

(1) $\begin{cases} x_1-x_2+x_3-x_4=0, \\ 2x_1-x_2+3x_3-2x_4=-1, \\ 3x_1-2x_2-x_3+2x_4=4; \end{cases}$

(2) $\begin{cases} x_1+x_2+x_3+x_4+x_5=2, \\ 2x_1+3x_2+x_3+x_4-3x_5=0, \\ x_1+2x_3+2x_4+6x_5=6, \\ 4x_1+5x_2+3x_3+3x_4-x_5=4. \end{cases}$

2. 解下列齐次线性方程组.

(1) $\begin{cases} x_1-x_2+5x_3-x_4=0, \\ x_1+x_2-2x_3+3x_4=0, \\ 3x_1-x_2+8x_3+x_4=0; \end{cases}$

(2) $\begin{cases} x_1+x_2+x_3+x_5=0, \\ 3x_1+2x_2+x_3+x_4-3x_5=0, \\ x_2+2x_3+2x_4=0, \\ 5x_1+4x_2+3x_3+4x_4-7x_5=0. \end{cases}$

3. 问 λ，μ 为何值时，方程组

$$\begin{cases}x_1+2x_2+3x_3=6\\x_1-x_2+6x_3=0\\3x_1-2x_2+\lambda x_3=\mu\end{cases}$$

(1)无解？(2)有唯一解？(3)有无穷多解？

4. 建立数学模型.

(1)现有 300 cm 长的钢管 500 根，需截成 70 cm 长的和 80 cm 长的两种规格，每套由 70 cm 三根，80 cm 两根组成．求出在配套的前提下，使余料最少的下料方案；

(2)某厂用甲、乙两种原料生产 A、B 两种产品，制造 A、B 每吨产品分别需要的原料数、可得利润及现有的原料数见表 8-8.

产品 / 原料	A	B	现有原料
甲/t	1	2	28
乙/t	4	1	42
每吨产品所得到利润/万元	7	5	

如何安排生产使利润最大？

习题参考答案

习　题　1.1

1. (1)不相同；　(2)不相同；　(3)不相同．

2. (1)$[0,3]$；　(2)$[-\infty,1]\cup[4,+\infty]$；

   (3)$(-2,-1)\cup(-1,3]$；　(4)$[-1,3]$.

3. 3，-1，$\dfrac{a-1}{a+1}$，$\dfrac{a+1}{a-1}$，$\dfrac{1-a}{1+a}$，$\dfrac{a^2-1}{a^2+1}$，$\dfrac{a}{a+2}$，$\dfrac{a+h-1}{a+h+1}$.

4. (1)偶函数；　(2)非奇非偶；　(3)奇函数．

5. (1)$y=u^3$，$u=2x-1$；　(2)$y=2^u$，$u=v^3$，$v=\sin x$；

   (3)$y=\lg u$，$u=\cos v$，$v=x^2-1$；　(4)$y=u^{\frac{1}{2}}$，$u=\ln v$，$v=\ln w$，$w=x^{\frac{1}{2}}$.

6. $\dfrac{x}{1+3x}$.　7. 0.

习　题　1.2

1. (1)$L(q)=-0.1q^2+3q-10$；　(2)$L(10)=10$ 万元，$\overline{L}(10)=1$ 万元．

2. $R(q)=20q$，$C(q)=2\ 000+15q$，$L(q)=5q-2\ 000$，$q=400$ 件．

3. $6\ 000p-5p^2-1\ 600\ 000$.

习　题　1.3

1. (1)收敛于 0；(2)收敛于 1；(3)收敛于 0；(4)收敛于 0；(5)发散；(6)发散．

2. (1)-9；　(2)0.

3. 0，2，不存在．

习　题　1.4

1. (1)无穷小；　(2)无穷大；　(3)无穷小；　(4)无穷大．

2. (1)0；　(2)0；　(3)0；　(4)0.

3. (1)$\dfrac{1}{2}$；　(2)$\sqrt{2}a$.

习 题 1.5

(1)-5；(2)4；(3)2；(4)-1；(5)0；(6)$\frac{3}{5}$；(7)-2；(8)4.

习 题 1.6

(1)3；(2)1；(3)1；(4)1；(5)e^{-2}；(6)e^3；(7)e^3；(8)e^{-2}.

习 题 1.7

1. (1)$x=-1$，第二类间断点；(2)$x=0$，第一类跳跃间断点；
   (3)$x=0$，第一类可去间断点.
2. 2.
3. (1)$\sqrt{6}$；(2)0；(3)0；(4)0.
4. 略.

复习题 1

1. (1)$[0,1)$；(2)$\left(-\frac{\pi}{2}+2k\pi,\frac{\pi}{2}+2k\pi\right)(k\in\mathbf{Z})$；
   (3)$(1,5]$；(4)$[0,1)$.
2. $\{x \mid 2k\pi\leqslant x\leqslant(2k+1)\pi(k\in\mathbf{Z})\}$.
3. (1)既非奇函数也非偶函数；(2)偶函数.
4. (1)$f(x)=x^2+x+3$；(2)$f[f(x)]=\frac{[(x+1)^2+4]^2}{64}$；
   (3)$\frac{x}{x+1}(x\neq-1)$，$\frac{1+x}{2+x}(x\neq-2)$，$x^4+2x^2+2(x\in\mathbf{R})$，$\frac{1}{x^2+2}(x\in\mathbf{R})$，$\frac{x^2+2x+2}{x^2+2x+1}(x\neq-1)$；
   (4)100，3.
5. (1)$y=\cos u$，$u=v^{-1}$，$v=x+1$；
   (2)$y=2^u$；$u=\sin v$，$v=x^3$；
   (3)$y=u^2$，$u=\lg v$，$v=\arccos\omega$，$\omega=x^5$；
   (4)$y=\sqrt{u}$，$u=\ln v$，$v=\tan\omega$；$\omega=x^2$.
6. (1)2；(2)0；(3)$+\infty$；(4)2；(5)$\sqrt{2}$；(6)-3；(7)0；(8)$\frac{1}{4}$；(9)e^4；
   (10)$\frac{1}{e^2}$；(11)e；(12)e；(13)e^2；(14)1；(15)$\frac{\pi}{4}$；(16)$\frac{1}{6}$；(17)8；(18)1.
7. 0.
8. 不存在.
9. (1)$f(x)$在$x=1$处连续；(2)$f(x)$在$x=0$处连续.
10. $k=2$.

11. (1)$x=\frac{\pi}{2}+k\pi(k\in\mathbf{Z})$，第二类间断点，$x=0$，第一类可去间断点；

(2)$x=0$，第一类跳跃间断点；

(3)$x=1$，第二类间断点，$x=2$，第一类可去间断点．

12. 略.

13. $R=\begin{cases}130q(0\leqslant q\leqslant 700)\\117q+9\,100(700<q\leqslant 1\,000)\end{cases}$.

14. $Q=-8p+6\,000$.

15. $C=2q+180$，每天的固定成本为 180 元，可变成本为 2 元．

习　题　2.1

1. (1)$\frac{1}{2\sqrt{x}}$；　(2)$-\frac{\sqrt{2}}{2}$.

2. $3x-y-2=0$，$x+3y-4=0$.

3. (1)$5x^4$；　(2)$\frac{1}{3}x^{-\frac{2}{3}}$；　(3)$-\frac{1}{3}x^{-\frac{4}{3}}$.

习　题　2.2

1. (1)$y'=3-\frac{1}{x^2}-6$；　(2)$y'=3^x\ln 3+\frac{1}{x\ln 2}$；

(3)$y'=3x^2\cos x-x^3\sin x$；　(4)$y'=e^x\ln x+\frac{e^x}{x}$；

(5)$y'=\frac{2}{(x+1)^2}$；　(6)$y'=\frac{(1-x^2)\tan x+x(1+x^2)\sec^2 x}{(1+x^2)^2}$.

2. (1)$y'=4(2x+1)$；　(2)$y'=3\ln^2 x\cdot\frac{1}{x}$；

(3)$y'=\frac{-x}{\sqrt{1-x^2}}$；　(4)$y'=e^{\sin^2 x}\cdot\sin 2x$；

(5)$y'=-\frac{1}{1+x^2}$；　(6)$y'=e^{x^2+x+1}(2x+1)$；

(7)$y'=-\frac{2\ln 2}{(1+x)^2}\cdot 2^{\frac{1-x}{1+x}}$；　(8)$y'=-\frac{2}{\sqrt{1-4x^2}}$；

(9)$y'=\frac{1}{\sqrt{1+x^2}}$.

3. (1)-1；　(2)$\frac{8}{(2+\pi)^2}$.

习　题　2.3

1. (1)$y'=\frac{y-x^2}{y^2-x}$；　(2)$y'=-\frac{y}{1+x+e^y}$；

(3)$y'=-\sqrt{\frac{y}{x}}$；　(4)$y'=\frac{e^y}{1-xe^y}$.

2. (1) $y'=x^{x^2+1}(2\ln x+1)$;

(2) $y'=\dfrac{(2x+3)\sqrt[4]{x-6}}{\sqrt[3]{x+1}}\left[\dfrac{2}{2x+3}+\dfrac{1}{4(x-6)}-\dfrac{1}{3(x+1)}\right]$.

习　题　2.4

(1) $y''=30x^4+12x$;　(2) $y''=2\cos x-x\sin x$;

(3) $y^{(n)}=a^x(\ln a)^n$.

习　题　2.5

1. (1) $dy=(\sin 2x+2x\cos 2x-\sin x)dx$;　(2) $dy=3\cot(3x)dx$;

(3) $dy=\dfrac{1}{a^2+x^2}dx$;　(4) $dy=-e^{-x}(\cos x+\sin x)dx$.

2. 30.301 m^3, 30 m^3.

3. (1) 2.005;　(2) 0.01.

复习题 2

1. $3f'(x_0)$.

2. $a=2$, $b=-1$.

3. 函数 $f(x)$ 在 $x=0$ 处可导.

4. $a=1$, $b=0$, $c=0$, $d=1$.

5. $x+2y-8=0$, $2x-y-1=0$.

6. $y=2$, $y=4x+5$.

7. (1) $2-\dfrac{4}{x^2}+\ln x$;　(2) $\sec^2 x-\dfrac{1}{2}\csc^2 x$;

(3) $\dfrac{1+5x^3}{-2x\sqrt{x}}$;　(4) $\dfrac{7}{8\sqrt[8]{x}}$;

(5) $\dfrac{1}{2\sqrt{x}}\sin 2(1+\sqrt{x})$;　(6) $\dfrac{1}{x\ln x\ln\ln x}$;

(7) $-(3x^2+1)[\sin 2(x^3+x)]\cos[\cos^2(x^3+x)]$;

(8) $\dfrac{1}{x(1+\ln^2 x)}$;

(9) $\dfrac{\sqrt{2x+1}}{(x^2+1)^2 e^{\sqrt{x}}}\cdot\left(\dfrac{1}{2x+1}-\dfrac{4x}{x^2+1}-\dfrac{1}{2\sqrt{x}}\right)$;

(10) $(\sin x)^{\cos x}(-\sin x\ln\sin x+\cos x\cot x)$.

8. (1) $y'=\dfrac{\cos 3x-x^2}{y^2+2}$;　(2) $y'=\dfrac{y^2-xy\ln y}{x^2-xy\ln x}$.

9. $2\Phi(x)$.

10. (1) $\dfrac{e^x}{f(e^x)}f'(e^x)$;　(2) $f'(e^x\sin x)(e^x\sin x+e^x\cos x)$.

11. (1)$\left(2x\sin\frac{1-x}{x}-\cos\frac{1-x}{x}\right)dx$； (2)$\ln x dx$；

(3)$\frac{1-x^2}{(1+x^2)^2}dx$； (4)$(\sin 2x+2x\cos 2x)dx$；

(5)$\frac{2\ln(1-x)}{x-1}dx$； (6)$2x(1+x)e^{2x}dx$.

12. (1)$\frac{-2-2x^2}{(1-x^2)^2}$； (2)$f'''(0)=-8$； (3)$y^{(n)}=(-1)^{n-1}(n-1)!\ x^{-n}$.

13. $f(x)$在$x=0$处不可导；$f(x)$在$x=1$处可导且$f'(1)=2$；$f(x)$在$x=2$处不可导.

14. $f'(0)=u|_{x=0}=(0-1)(0-2)\cdots(0-99)=-99!$.

15. 10 cm^2/s.

16. $2\pi R_0 h$.

17. 略.

18. (1)0.795 4；(2)2.745 5.

习 题 3.1

1. (1)不满足$f(x)$在$[0,1]$上连续； (2)不满足$f(x)$在$(-1,1)$内可导；

(3)不满足$f(0)=f(1)$； (4)满足，$\xi=\frac{\pi}{2}$.

2. (1)满足，$\xi=\sqrt{\frac{4}{\pi}-1}$； (2)满足，$\xi=\sqrt{\frac{2}{\sqrt{3}}}$.

3. 有三个实根，分别在区间$(1,2)$、$(2,3)$、$(3,4)$内部.

4. 提示：利用拉格朗日中值定理的推论1.

5. 提示：作辅助函数$f(x)=\ln x$，$x\in[a,b]$.

6. (1)$\frac{0}{0}$型，1； (2)$\frac{\infty}{\infty}$型，0； (3)$\frac{\infty}{\infty}$型，0；

(4)$\frac{\infty}{\infty}$型，0； (5)$\frac{0}{0}$型，1； (6)$\frac{0}{0}$型，$\frac{1}{2}$.

7. (1)$+\infty$；(2)2；(3)1；(4)$\frac{1}{2}$；(5)1；(6)1.

习 题 3.2

1. (1)单调减区间$\left(-\infty,\frac{5}{2}\right)$，单调增区间$\left(\frac{5}{2},+\infty\right)$；

(2)$(-\infty,0)$，$\left(\frac{2}{5},+\infty\right)$是单调增区间，$\left(0,\frac{2}{5}\right)$是单调减区间；

(3)$\left(0,\frac{1}{2}\right)$是单调减区间，$\left(\frac{1}{2},+\infty\right)$是单调增区间.

2. (1)上凹区间$(-\infty,0)$和$(1,+\infty)$，下凹区间$(0,1)$，拐点$(0,1)$和$(1,0)$；

(2)上凹区间$(-\infty,4)$，下凹区间$(4,+\infty)$，拐点$(4,2)$.

3. (1)水平渐近线 $y=1$，铅垂渐近线 $x=2$；

(2)水平渐近线 $y=0$；

(3)水平渐近线 $y=-3$，铅垂渐近线 $x=1$，$x=-1$.

习 题 3.3

1. (1)不正确；(2)正确.

2. (1)极大值 $f(-1)=6$，极小值 $f(3)=-26$；

(2)极小值 $f(1)=1$；

(3)极大值 $f(-1)=\frac{1}{\mathrm{e}}$，$f(1)=\frac{1}{\mathrm{e}}$；极小值 $f(0)=0$；

(4)极大值 $f(1)=\frac{7}{3}$，极小值 $f(3)=1$.

3. (1)$(-\infty,-1]$，$(5,+\infty)$是单调增区间，$(-1,5)$是单调减区间，极大值 $f(-1)=10$，极小值 $f(5)=-98$，上凹区间$(2,+\infty)$，下凹区间$(-\infty,2)$，拐点$(2,-44)$；

(2)$(-\infty,0)$，$(2,+\infty)$是单调增区间，$(0,2)$是单调减区间，极大值 $f(0)=-1$，极小值 $f(2)=-5$，上凹区间$(1,+\infty)$，下凹区间$(-\infty,1)$，拐点$(1,-3)$.

习 题 3.4

1. (1)最大值 $f(-2)=35$，最小值 $f\left(\frac{3}{2}\right)=\frac{21}{16}$；

(2)最大值 $f(3)=28$，最小值 $f(-1)=0$；

(3)最大值 $f(4)=8$，最小值 $f(0)=0$.

2. 9 750 元.　　3. $p=25$.　　4. 长 18 m，宽 12 m.

习 题 3.5

1. 总成本 125，平均成本$\overline{C}(10)=12.5$，边际成本 $MC(10)=\frac{10}{2}=5$，

当产量为 10 个单位时，再多生产 1 个单位产品需要增加 5 个单位成本.

2. $L'(Q)=-0.1Q+20$，$L'(150)=5$，$L'(400)=-20$.

3. $-3\ln 4$.

4. (1)$\frac{\mathrm{d}Q}{\mathrm{d}p}\Big|_{p=4}=-2p\Big|_{p=4}=-8$.

(2)$\frac{EQ}{Ep}=\frac{p}{Q}\cdot\frac{\mathrm{d}Q}{\mathrm{d}p}=\frac{2p^2}{p^2-75}$，$\frac{EQ}{Ep}\Big|_{p=4}\approx-0.54$.

当价格由 $p=4$ 增加 1%时，需求量将减少 0.54%.

(3)$R=p\cdot Q=75p-p^3$，$R'=75-3p^2$，令 $R'=0$，得 $p=5$，

$R''=-6p\Big|_{p=5}=-30<0$，所以 $p=5$ 时总收入最大，最大值为 $R\Big|_{p=5}=250$.

复习题 3

1. (1)满足，$\xi=0.25$； (2)满足，$\xi=0$.

2. (1)满足，$\xi=1$； (2)满足，$\xi=e-1$.

3. 利用拉格朗日中值定理的推论 1.

4. 利用拉格朗日中值定理.

5. (1)2；(2)∞；(3)0；(4)0；(5)∞；(6)4；(7)$-\frac{1}{2}$；(8)0.

6. (1)1； (2)否，不满足洛必达法则的条件.

7. (1)$(-\infty,-1)$，$(3,+\infty)$是单调增区间，$(-1,3)$是单调减区间；
(2)$(-\infty,-2)$，$(2,+\infty)$是单调增区间，$(-2,0)$，$(0,2)$是单调减区间；
(3)$\left(-2,-\frac{4}{3}\right)$，$(0,+\infty)$是单调增区间，$\left(-\frac{4}{3},0\right)$是单调减区间.

8. (1)上凹区间$(-\infty,-1)$，$(1,+\infty)$；下凹区间$(-1,1)$；拐点$\left(1,-\frac{5}{3}\right)$，$\left(-1,-\frac{5}{3}\right)$；
(2)上凹区间$(-1,1)$；下凹区间$(-\infty,-1)$，$(1,+\infty)$；拐点$(1,\ln 2)$，$(-1,\ln 2)$.

9. (1)水平渐近线 $y=0$，铅垂渐近线 $x=2$；(2)水平渐近线 $y=0$；
(3)水平渐近线 $y=0$，铅垂渐近线 $x=-1$.

10. (1)极大值 $f\left(\frac{1}{2}\right)=2\frac{1}{4}$； (2)极小值 $f(2)=-1$，极大值 $f(0)=3$.

11. $a=2$，$\sqrt{3}$.

12. $(-1,1)$是单调增区间；$(-\infty,-1)$，$(1,+\infty)$是单调减区间；极大值$f(1)=2$，极小值 $f(-1)=-2$；上凹区间$(-\infty,0)$；下凹区间$(0,+\infty)$；拐点$(0,0)$.

13. $y=-x^3+3x$.

14. (1)最大值 $f(10)=66$，最小值 $f(2)=2$；
(2)最大值 $f\left(-\frac{1}{2}\right)=\frac{1}{2}$，最小值 $f(0)=0$；
(3)最大值 $f(0)=0$，最小值 $f(-2)=-7\sqrt[3]{4}$.

15. $Q=4\,000$，$p=500$.

16. $Q=200$，$L=300$.

17. (1)①$Q=20$；②$Q=10$；③$Q=10$；(2)①$Q=10$；②$Q=6$；③$Q=12$.

提示：

(2)①总成本函数 $C=0.3Q^2+9Q+30+10$；

②总成本函数 $C=0.3Q^2+9Q+30+8.4Q$；

③利润函数 $L=-1.05Q^2+21Q-30+4.2Q$.

18. (1)$C=900+4Q$，$R=10Q$，$L=6Q-900$； (2)$Q=150$ 件；

(3) $C'(Q)=4$，$C'(10)=4$ 元/件.

19. (1) $E_p=\dfrac{bp_0}{bp_0-a}$；(2) $p=1.2$　$Q=1.2$；(3) $0<p<\dfrac{a}{2b}$.

提示：销售额 $R=p\cdot Q=p(a-bp)=ap-bp^2$，应有 $\dfrac{dR}{dp}>0$.

习　题　4.1

1. $A=\int_1^2 \ln x dx$.

2. (1) 1；　(2) $\dfrac{1}{2}\pi a^2$；　(3) $-\dfrac{1}{2}$；　(4) 0.

3. (1) $>$；　(2) $=$；　(3) $<$；　(4) $>$.

习　题　4.2

1. $-e^{-x}+C$.
2. $y=x^2-1$.
3. $C(q)=7q^2-280q+4\ 300$.
4. (1) $e^x-\ln|x|+C$；　(2) $\dfrac{2^x}{\ln 2}+\dfrac{1}{3}x^3+C$；　(3) $\dfrac{8}{15}x^{\frac{15}{8}}+C$；

   (4) $\dfrac{6^x e^{2x}}{2+\ln 6}+C$；　(5) $x-\arctan x+C$；　(6) $\tan x-\sec x+C$.

习　题　4.3

1. (1) $\dfrac{\pi}{12}$；　(2) $\ln 2+6$；　(3) $1-\dfrac{\pi}{4}$；

   (4) $\dfrac{1}{3}a^{\frac{3}{2}}$；　(5) 1；　(6) 4.

2. (1) $\dfrac{\sin x}{x}$；　(2) $-\cos x-x^2+3x$.

习　题　4.4

1. (1) $\dfrac{1}{3}x^3+x^2+x+C$；　(2) $-\dfrac{3}{2}e^{-\frac{2}{3}x}+C$；　(3) $e^{x^2}+C$；

   (4) $\dfrac{1}{2}\ln(1+x^2)-\arctan x+C$；　(5) $-\dfrac{1}{4}\cos(2x^2+1)+C$；

   (6) $-2\cos\sqrt{x}+C$；　(7) $\dfrac{2}{3}(\sqrt{8}-1)$；

   (8) $\dfrac{1}{3}$；　(9) $\dfrac{3}{2}$；　(10) $\dfrac{\pi}{2}$.

2. (1) $\sqrt{2x}-\ln(1+\sqrt{2x})+C$；　(2) $-2[\sqrt{3-x}-\ln(1+\sqrt{3-x})]+C$；

   (3) $\dfrac{9}{2}\arcsin\dfrac{x}{3}+\dfrac{1}{2}x\sqrt{9-x^2}+C$；　(4) $2(2-\ln 3)$；

(5)π；　　(6)$1-\frac{\pi}{4}$.

习　题　4.5

1. (1)$-(x+1)e^{-x}+C$；　　(2)$\frac{1}{3}\left(x-\frac{1}{3}\right)e^{3x}+C$；

(3)$(x^2-2)\sin x+2x\cos x+C$；　　(4)$(x+1)\ln(x+1)-x+C$；

(5)$\frac{1}{4}(e^2+1)$；　　(6)$2-\frac{2}{e}$.

2. (1)$\frac{\pi^2}{2}-4$；　　(2)0.

习　题　4.6

1. (1)$\frac{5}{2}$；(2)$\frac{9}{2}$；(3)2；(4)$4-\ln 3$；(5)18.

2. (1)9 987.5；　　(2)19 850.

3. (1)400 台；　　(2)0.5 万元.

4. (1)1 200 台；　　(2)1 920 000 元.

复习题 4

1. $\int_4^5\left(3+\frac{1}{3}x\right)dx$，　$\int_4^5(7-x)dx$.

2. $y=1+\ln x$.

3. 略.

4. (1)$<$；(2)$>$.

5. (1)$\frac{1}{3}x^3+\frac{1}{\ln 2}2^x-2\ln|x|+C$；　　(2)$2x^{\frac{1}{2}}-\frac{4}{3}x^{\frac{3}{2}}+\frac{2}{5}x^{\frac{5}{2}}+C$；

(3)$\tan x-x+C$；　　(4)$\tan x-\cot x+C$；

(5)$\frac{2}{3}\arctan x+\frac{4}{3}\arcsin x+C$；　　(6)$\sin x-\cos x+C$.

6. (1)$\frac{1}{1+x^2}$；　　(2)$-e^{2x}\cdot\sin x$.

7. (1)$\frac{3}{8}$；　(2)$-\frac{3}{2}$；　(3)$\frac{\pi}{3}$；　(4)$\frac{5}{2}$；　(5)$\frac{11}{6}$.

8. (1)$\frac{1}{57}(3x+1)^{19}+C$；　(2)$-\frac{1}{2(2x-3)}+C$；　(3)$\frac{1}{3}(1+x^2)^{\frac{3}{2}}+C$；

(4)$e^{e^x}+C$；　(5)$-2\cos\sqrt{x}+C$；　(6)$\arctan(\ln x)+C$；

(7)$2\sqrt{\tan x-1}+C$；　(8)$\frac{2}{\sqrt{\cos x}}+C$；　(9)$3(1-e^{-\frac{1}{3}})$；

(10)2；　(11)$\frac{1}{3}$；　(12)-1.

9. $2^{2x-1}+2x^2+C$.

10. (1)$2\sqrt{x+1}-2\ln\left|1+\sqrt{x+1}\right|+C$；　(2)$\frac{1}{2}\ln\left|\frac{2-\sqrt{4-x^2}}{x}\right|+C$；

(3)$\frac{1}{2}\arctan x-\frac{1}{2}\cdot\frac{x}{1+x^2}+C$；　(4)$\sqrt{x^2-4}-2\arccos\frac{2}{x}+C$；

(5)$\frac{2}{375}(3\sqrt{3}-7)$；　(6)$\frac{\pi}{12}$；　(7)$\frac{3}{2}+3\ln\frac{3}{2}$；　(8)$\frac{\pi}{12}$.

11. (1)$\frac{1}{2}xe^{2x}-\frac{1}{4}e^{2x}+C$；　(2)$x\cdot\arccos x-\sqrt{1-x^2}+C$；

(3)$-x\cos(x+1)+\sin(x+1)+C$；　(4)$-2\sqrt{x}\cos\sqrt{x}+2\sin\sqrt{x}+C$；

(5)$\frac{\pi}{2}$；　(6)$\frac{\sqrt{3}}{3}\pi-\ln 2$；　(7)$\frac{e^2+1}{4}$；　(8)$5-5e^{-4}$.

12. (1)$\frac{4}{3}$；　(2)1；　(3)$\frac{9}{2}$；　(4)$\frac{3}{2}-\ln 2$.

13. $C(q)=24e^{0.5q}+2$.

14. (1)总成本函数$\frac{x^3}{3}-2x^2+6x+100$；总收入函数 $105x-x^2$；

总利润函数$-\frac{x^3}{3}+x^2+99x-100$；

(2)11 台，$\frac{1\,999}{3}$万元；

(3)$-\frac{128}{3}$，当产量 $x=11$ 台时再多生产 2 台，总利润将减少$\frac{128}{3}$万元．

习　题　5.1

1. $(x,y,-z)$，$(-x,-y,-z)$.
2. 1.
3. $xy+2x+4y$.
4. 7.
5. $\{(x,y)\mid 1<x^2+y^2\leqslant 4\}$，图形略．

习　题　5.2

1. (1)$\frac{\partial z}{\partial x}=10x$，$\frac{\partial z}{\partial y}=-3$；　(2)$\frac{\partial z}{\partial x}=y^x\ln y$，$\frac{\partial z}{\partial y}=xy^{x-1}$；

(3)$\frac{\partial z}{\partial x}=\frac{1}{x}$，$\frac{\partial z}{\partial y}=\frac{1}{y}$；　(4)$\frac{\partial u}{\partial x}=y+z$，$\frac{\partial u}{\partial y}=x+z$，$\frac{\partial u}{\partial z}=y+x$.

2. (1)18，16；　(2)e，sin1；　(3)1.

3. (1)$z''_{xx}=56x^6e^y$，$z''_{yy}=x^8e^y$，$z''_{xy}=z''_{yx}=8x^7e^y$；

(2)$z''_{xx}=-4\sin(2x+3y)$，$z''_{yy}=-9\sin(2x+3y)$，$z''_{xy}=z''_{yx}=-6\sin(2x+3y)$.

4. 7，-14；经济解释：在劳力投入 3 个单位和资本投入 10 个单位的基础上，若保持资本投入不变，每增加一个单位的劳力投入，产量增加 7 个单位．若保持劳力投入不变，每增加一个单位的资本投入，产量减少 14 个单位.

5. 自身价格弹性为-2，交叉价格弹性为 3，相互替代.

习 题 5.3

1. $dz=\ln y dx+\frac{x}{y}dy$.

2. $dz=(2xy^2+3x^2)dx+(2x^2y+4y^3)dy$.

3. -0.119，-0.125.

4. $du=2dx+3dy+4dz$.

5. 约 0.96.

6. 体积减小了 125.6 cm^3(-40π cm^3).

习 题 5.4

1. 在点(1,0)处取得极小值-1.

2. 极大值 $z(0,0)=0$；点(2,0)不是极值点.

3. 当长宽高都为 10 m 时用料最省.

4. $C(18,12)=1\ 262$.

复习题 5

1. $(1,0,0)$，$(-1,0,0)$.

2. $\frac{2xy}{x^2+y^2}$.

3. (1) $\{(x,y)\mid x\geqslant y\}$； (2) $\{(x,y)\mid x^2+y^2\leqslant 4\}$；
(3) $\{(x,y)\mid x\in\mathbf{R},\ y\in\mathbf{R}\}$； (4) $\{(x,y)\mid x^2+y^2<1,\ y>x^2\}$.

4. (1) $\frac{\partial z}{\partial x}=3x^2y-y^3$，$\frac{\partial z}{\partial y}=x^3-3y^2x$；

(2) $\frac{\partial z}{\partial x}=\sin(x+y)+x\cos(x+y)$，$\frac{\partial z}{\partial y}=x\cos(x+y)$；

(3) $\frac{\partial z}{\partial x}=2xe^{x^2+y^2}$，$\frac{\partial z}{\partial y}=2ye^{x^2+y^2}$；

(4) $\frac{\partial z}{\partial x}=2yx^{2y-1}$，$\frac{\partial z}{\partial y}=2x^{2y}\ln x$；

(5) $\frac{\partial z}{\partial x}=-\frac{y}{x^2+y^2}$，$\frac{\partial z}{\partial y}=\frac{x}{x^2+y^2}$；

(6) $\frac{\partial z}{\partial x}=\ln\sqrt{x^2+y^2}+\frac{x^2}{x^2+y^2}$，$\frac{\partial z}{\partial y}=\frac{xy}{x^2+y^2}$.

5. $f'_x(3,4)=\frac{2}{5}$，$f'_y(3,4)=\frac{1}{5}$.

6. (1) $\frac{\partial^2 z}{\partial x^2}=6x+4y$，$\frac{\partial^2 z}{\partial x\partial y}=\frac{\partial^2 z}{\partial y\partial x}=4x-10y$，$\frac{\partial^2 z}{\partial y^2}=-10x$；

(2) $f''_{xx}(x,y)=2ye^{xy}+xy^2e^{xy}$，$f''_{yy}(x,y)=x^3e^{xy}$，

$f''_{xy}(x,y)=f''_{yx}(x,y)=2xe^{xy}+x^2ye^{xy}$；

(3) $\frac{\partial^2 z}{\partial x^2}=-y\cos x$，$\frac{\partial^2 z}{\partial y^2}=-x\sin y$，

$\frac{\partial^2 z}{\partial x\,\partial y}=\frac{\partial^2 z}{\partial y\,\partial x}=1+\cos y-\sin x$.

7. (1) $\frac{\partial C}{\partial x}=\frac{\ln(5+y)}{2\sqrt{x+1}}$，$\frac{\partial C}{\partial y}=\frac{\sqrt{x+1}}{5+y}$；　(2) $10-\frac{\ln(5+y)}{2\sqrt{x+1}}$，$9-\frac{\sqrt{x+1}}{5+y}$.

8. (1) $\frac{\partial Q}{\partial x}=x+4y$，$\frac{\partial Q}{\partial y}=4x+3y$；　(2) 23，27.

9. 自身价格弹性为 -2，交叉价格弹性为 -1；相互补充.

10. (1) $dz=2xydx+(x^2+2y)dy$；　(2) $dz=\frac{2x}{x^2+y^2}dx+\frac{2y}{x^2+y^2}dy$.

11. 0.25e.

12. (1)约 1.06；(2)约 2.95.

13. (1)极大值 $z(0,0)=0$；(2)极小值 $z\left(\frac{1}{2},-1\right)=-\frac{1}{2}e$.

14. $L(5,5)=925$.

习　题　6.1

1. (1)通解；　(2)特解；　(3)是解；　(4)不是解.

2. (1) $C=2e$；　(2) $C_1=0$，$C_2=1$.

3. (1) $y'=y$；　(2) $\begin{cases}\frac{dR}{dt}=-kR,\\ R|_{t=0}=R_0,\\ R|_{t=1\,600}=\frac{R_0}{2}.\end{cases}$

习　题　6.2

1. $y=Ce^{x^2}$.

2. $y=\sqrt{4-3x}$.

3. (1) $y=\frac{x^3}{5}+\frac{x^2}{2}+C$；　(2) $y=e^{\frac{C}{\sqrt{x}}}$.

4. $y=e^x(2x+C)$.

5. (1) $y=e^{-x}(x+C)$；　(2) $y=e^{-x^2}\left(\frac{x^2}{2}+C\right)$；

(3) $y=2x-2+3e^{-x}$；　(4) $y=xe^{-\sin x}$.

习　题　6.3

1. $Q=\left(-\frac{5}{2}\ln p+10\right)^2$.

2. (1)$Q(t)=(Q_0-Q_a)e^{-kt}+Q_a$;　　(2)60 min.

3. $p(t)=\frac{1}{kt+1}+1$.

习　题　6.4

1. (1)线性相关；　　(2)线性无关；　　(3)线性无关.

2. (1)$9y''-6y'+y=0$;　　(2)$y''+3y'+2y=0$;　　(3)$y''+\sqrt{3}y'=0$.

3. (1)$y=C_1e^{2x}+C_2e^{-\frac{4}{3}x}$;　　(2)$y=(C_1+C_2x)e^{-x}$;

   (3)$y=\left(C_1\cos\frac{x}{2}+C_2\sin\frac{x}{2}\right)e^x$;　　(4)$y=4e^x+2e^{3x}$;

   (5)$y=e^{2x}$;　　(6)$y=(7-3x)e^{x-2}$.

4. (1)$y=(C_1+C_2x)e^{-x}-2$;　　(2)$y=C_1e^{-3x}+C_2e^{-x}-\frac{9}{2}xe^{-3x}$;

   (3)$y=C_1+C_2e^{-3x}-xe^{-3x}$;　　(4)$y=C_1e^{2x}+C_2e^{3x}-\frac{1}{2}e^{3x}(\cos x+\sin x)$.

复习题 6

1. (1)不是解；　　(2)(a)(b)均是特解；　　(3)通解.

2. (1)$y^3+e^y=\sin x+C$;　　(2)$y=Cxe^{\frac{1}{x}}$;

   (3)$y=\ln\left(\frac{1}{2}e^{2x}+C\right)$;　　(4)$e^y=\frac{C}{e^x+1}+1$.

3. (1)$x^2+y^2=25$;　　(2)$y=e^{\sin x}$.

4. (1)$y=3-\frac{3}{x}$;　　(2)$y=x^2(e^x-e)$;

   (3)$y=e^{x^2}(\sin x+C)$;　　(4)$y=\frac{1}{x}(\sin x-x\cos x+C)$.

5. $P=10e^{\frac{\ln 2}{10}t}$(或 $P=10\times 2^{\frac{t}{10}}$).

6. $Q=1\ 200\times 3^{-p}$.

7. $y(t)=\frac{1\ 000}{1+9e^{-\frac{\ln 3}{3}t}}\left(\text{或 } y(t)=\frac{1\ 000\times 3^{\frac{t}{3}}}{9+3^{\frac{t}{3}}}\right)$.

8. (1)$y=C_1e^{3x}+C_2e^{-3x}$;　　(2)$y=C_1+C_2e^{2x}$;

   (3)$y=(C_1\cos x+C_2\sin x)e^{-3x}$;　　(4)$y=C_1e^{5x}+C_2e^{-2x}$;

   (5)$y=2xe^{3x}$;　　(6)$y=3e^{-x}-2C_2e^{-2x}$.

9. (1)$y=\left(\frac{5}{6}x^3+C_2x+C_1\right)e^{-3x}$;　　(2)$y=C_1e^{-4x}+C_2e^x+xe^x$;

   (3)$y=C_1+C_2e^{-9x}+x\left(\frac{1}{18}x-\frac{37}{81}\right)$;　　(4)$y=(C_1x+C_2)e^{-\frac{1}{2}x}+\frac{1}{4}e^{\frac{x}{2}}$.

习　题　7.1

1. (1)10;　　(2)1;　　(3)-10;　　(4)24.

2. $M_{32}=-71$；$A_{32}=71$.

习 题 7.2

1. (1)√；　(2)×；　(3)×；　(4)×；　(5)√.

2. $x=3$，或 $x=1$，或 $x=-1$.

3. (1)−795；(2)40.

习 题 7.3

1. (1)×；　(2)×；　(3)×；　(4)×.

2. (1)零矩阵，列矩阵；(2)行矩阵；(3)普通矩阵；(4)单位矩阵；(5)单位矩阵.

3. $a=\frac{5}{2}$；$b=\frac{3}{2}$；$c=\frac{15}{2}$；$d=\frac{1}{2}$.

习 题 7.4

1. (1)①3，6，3，6；②6，任意，3，n；③ 任意，3，m，6；④3，任意，n，6.

(2)$\begin{pmatrix}9 & -1 & -2\\ 0 & -1 & 6\\ 3 & 1 & 6\end{pmatrix}$.　(3)$\begin{pmatrix}8 & -2\\ 0 & 11\end{pmatrix}$.　(4)$\begin{pmatrix}1 & -8 & 3\\ -2 & -5 & 6\end{pmatrix}$.

(5)$\begin{pmatrix}-1 & 4\\ 3 & -2\\ 6 & 5\end{pmatrix}$.　(6)$(\boldsymbol{AB})^{\mathrm{T}}$.

2. (1)$\begin{pmatrix}5 & 6 & 5 & 6\\ 9 & 9 & 11 & 8\\ 12 & 13 & 12 & 13\end{pmatrix}$；(2)$\boldsymbol{X}=\begin{pmatrix}-1 & -2 & -1 & -2\\ -3 & -3 & -5 & -2\\ -4 & -5 & -4 & -5\end{pmatrix}$；

(3)$\boldsymbol{Y}=\begin{pmatrix}2 & \frac{4}{3} & 2 & \frac{4}{3}\\ 2 & 2 & \frac{2}{3} & \frac{8}{3}\\ \frac{8}{3} & 2 & \frac{8}{3} & 2\end{pmatrix}$.

3. $\boldsymbol{AB}=\begin{pmatrix}-1 & 3 & -2\\ 3 & 1 & 6\\ 2 & -1 & 4\end{pmatrix}$；$\boldsymbol{BA}=\begin{pmatrix}1 & 3\\ 1 & 3\end{pmatrix}$.

习 题 7.5

1. (1)$\boldsymbol{A}\to\begin{pmatrix}1 & 0 & 1\\ 0 & -1 & -1\\ 0 & 0 & 1\end{pmatrix}$；　(2)$\boldsymbol{A}\to\begin{pmatrix}1 & 1 & 2\\ 0 & 2 & -1\\ 0 & 0 & 1\end{pmatrix}$；

(3)$\boldsymbol{A}\to\begin{pmatrix}2&1&2&3\\0&-1&-1&-1\\0&0&0&0\end{pmatrix}$.

2. (1)$\boldsymbol{A}\to\begin{pmatrix}1&\frac{4}{3}\\0&0\end{pmatrix}$;　(2)$\boldsymbol{A}\to\begin{pmatrix}1&0&0\\0&1&0\\0&0&1\end{pmatrix}$;　(3)$\boldsymbol{A}\to\begin{pmatrix}1&0\\0&1\\0&0\end{pmatrix}$.

习　题　7.6

1. (1)$r(\boldsymbol{A})=1$;　(2)$r(\boldsymbol{B})=2$;　(3)$r(\boldsymbol{C})=2$;　(4)$r(\boldsymbol{D})=2$.
2. $\boldsymbol{A}^{-1}$存在时.
3. (1)×;　(2)×;　(3)√.
4. (1)$\begin{pmatrix}-\frac{1}{3}&-\frac{4}{3}\\\frac{2}{3}&\frac{5}{3}\end{pmatrix}$;　(2)$\begin{pmatrix}\frac{1}{4}&0&0&0\\0&\frac{1}{3}&0&0\\0&0&\frac{1}{2}&0\\0&0&0&1\end{pmatrix}$;　(3)$\begin{pmatrix}1&-3&-2\\1&-5&-3\\-1&6&4\end{pmatrix}$.
5. $\boldsymbol{X}=\begin{pmatrix}2\\1\end{pmatrix}$.

复习题 7

1. (1)14;　(2)196;　(3)96;　(4)-2.
2. $a=3$.
3. $\begin{pmatrix}4&9\\-1&13\end{pmatrix}$; $\begin{pmatrix}0&1\\3&1\end{pmatrix}$; $\begin{pmatrix}-1&-1\\8&18\end{pmatrix}$; $\begin{pmatrix}-1&8\\-4&7\end{pmatrix}$; -3.
4. $(0\quad 14)$.
5. (1)$r(\boldsymbol{A})=3$;　(2)$r(\boldsymbol{B})=2$;　(3)$r(\boldsymbol{C})=4$.
6. (1)$\boldsymbol{A}^{-1}=\begin{pmatrix}0&-1&1\\-1&2&-1\\2&-1&0\end{pmatrix}$;　(2)$\boldsymbol{B}^{-1}=\begin{pmatrix}1&0\\-3&1\end{pmatrix}$;

(3)$\boldsymbol{C}^{-1}=\begin{pmatrix}\frac{1}{5}&\frac{2}{5}\\\frac{1}{5}&-\frac{3}{5}\end{pmatrix}$;　(4)$\boldsymbol{D}^{-1}=\begin{pmatrix}-\frac{1}{5}&0&\frac{2}{5}\\\frac{2}{5}&1&-\frac{4}{5}\\\frac{3}{5}&0&-\frac{1}{5}\end{pmatrix}$.

7. (1)$\boldsymbol{X}=\begin{pmatrix}-\frac{10}{3}&5&-\frac{7}{3}\\-\frac{1}{3}&1&-\frac{7}{3}\end{pmatrix}$;　(2)$\boldsymbol{X}=\begin{pmatrix}2\\1\\-1\end{pmatrix}$.

习 题 8.1

1. (1)$\begin{cases} x_1=C_1 \\ x_2=C_1 \\ x_3=1+C_2 \\ x_4=C_2 \end{cases}$ (C_1，C_2为任意常数)； (2)无解；

(3)唯一解$\begin{cases} x_1=3, \\ x_2=2, \\ x_3=1; \end{cases}$ (4)$\begin{cases} x_1=4+C, \\ x_2=3+C, \\ x_3=C, \\ x_4=-3 \end{cases}$($C$为任意常数).

2. (1)$\begin{cases} x_1=C_1+C_2+4C_3 \\ x_2=-2C_1-2C_2-5C_3 \\ x_3=C_1 \\ x_4=C_2 \\ x_5=C_3 \end{cases}$ (C_1，C_2，C_3为任意常数)；

(2)零解.

习 题 8.2

1. (1)B； (2)A.
2. (1)$\lambda=-2$； (2)$\lambda\neq\pm2$； (3)$\lambda=2$.
3. 当$a\neq1$时，$r(\mathbf{A})=4=n$仅有零解；
   当$a=1$时，$r(\mathbf{A})=3<n$有无穷多组解.
4. $a=-8$，$\begin{cases} x_1=-13-C \\ x_2=7-2C \\ x_3=-3 \\ x_4=C \end{cases}$ (C为任意常数).
5. (1)仅零解；

   (2)$\begin{cases} x_1=7C \\ x_2=-5C \\ x_3=C \end{cases}$($C$为任意常数).

习 题 8.3

1. max $z=6x_1+10x_2$，

   s. t. $\begin{cases} 0.18x_1+0.09x_2\leqslant72, \\ 0.08x_1+0.28x_2\leqslant56, \\ x_1，x_2\geqslant0 \text{ 且为整数}. \end{cases}$
2. min $z=x_1+x_2+x_3+x_4+x_5+x_6+x_7$，

$$\text{s. t.}\begin{cases}2x_1+x_2+x_3\geqslant 120,\\ x_2+3x_4+2x_5+x_6\geqslant 150,\\ 2x_3+x_5+2x_6+3x_7\geqslant 100,\\ x_i\text{为非负整数}(i=1,2,\cdots,7).\end{cases}$$

3. $\max\quad z=260x_{11}+300x_{12}+400x_{13}+210x_{21}+250x_{22}+550x_{23}+180x_{31}+400x_{32}+350x_{33}$,

$$\text{s. t.}\begin{cases}x_{11}+x_{12}+x_{13}\leqslant 900,\\ x_{21}+x_{22}+x_{23}\leqslant 800,\\ x_{31}+x_{32}+x_{33}\leqslant 1\,000,\\ x_{11}+x_{21}+x_{31}\leqslant 1\,200,\\ x_{12}+x_{22}+x_{32}\leqslant 800,\\ x_{13}+x_{23}+x_{33}\leqslant 650,\\ x_{ij}\geqslant 0(i=1,2,3;j=1,2,3).\end{cases}$$

复习题 8

1. (1) $\begin{cases}x_1=1-C\\ x_2=-C\\ x_3=-1+C\\ x_4=C\end{cases}$ (C 为任意常数);

(2) $\begin{cases}x_1=6-2C_1-2C_2-6C_3\\ x_2=-4+C_1+C_2+5C_3\\ x_3=C_1\\ x_4=C_2\\ x_5=C_3\end{cases}$ (C_1, C_2, C_3 为任意常数).

2. (1) $\begin{cases}x_1=-\dfrac{3}{2}C_1-C_2\\ x_2=\dfrac{7}{2}C_1-2C_2\\ x_3=C_1\\ x_4=C_2\end{cases}$ (C_1, C_2 为任意常数);

(2) $\begin{cases}x_1=C_1+3C_2\\ x_2=-2C_1-4C_2\\ x_3=C_1\\ x_4=2C_2\\ x_5=C_2\end{cases}$ (C_1, C_2 为任意常数).

3. (1) $\lambda=17$, $\mu\neq 2$; (2) $\lambda\neq 17$; (3) $\lambda=17$, $\mu=2$.

4. (1) $\min\quad z=60x_1+10x_3+20x_4$,

$$\text{s. t.}\begin{cases}9x_1+2x_2-3x_3-8x_4=0,\\x_1+x_2+x_3+x_4=500,\\x_i\text{为非负整数}(i=1,2,3,4);\end{cases}$$

(2) $\max\quad z=7x_1+5x_2$,

$$\text{s. t.}\begin{cases}x_1+2x_2\leqslant 28,\\4x_1+x_2\leqslant 42,\\x_1\geqslant 0,\ x_2\geqslant 0.\end{cases}$$